# 알 수 없는 중성미자

__역자약력__


## 임인택

고려대학교 대학원 입자물리 이학박사
현 전남대학교 사범대학 물리교육과 교수
itlim@jnu.ac.kr

## 고영구

전남대학교 사범대학 과학교육과 지학전공 이학사
서울대학교 지연과학대학 지질과학과 이학석사, 이학박사
현 전남대학교 사범대학 지구과학교육과 교수



알 수 없는 중성미자

**인쇄 |** 2018년 1월 22일
**발행 |** 2018년 1월 25일

**역자 |** 임인택 · 고영구
**발행인 |** 정병석
**발행처 |** 전남대학교출판문화원

**등록 |** 1981. 5. 21. 第53호
**주소 |** 61186 광주광역시 북구 용봉로 77
**전화 |** (062) 530-0571~2
**영업부 |** (062) 530-0573
**팩스 |** (062) 530-0579
**홈페이지 |** http://www.cnup.co.kr
**이메일 |** cnup0571@hanmail.net

값 15,000원

ISBN 978-89-6849-459-8 (93420)

이 도서의 국립중앙도서관 출판예정도서목록(CIP)은
서지정보유통지원시스템 홈페이지(http://seoji.nl.go.kr)와
국가자료공동목록시스템(http://www.nl.go.kr/kolisnet)에서 이용하실 수 있습니다.
(CIP제어번호 : CIP2018001990)

NICKOLAS SOLOMEY 저
임인택 · 고영구 역

# THE ELUSIVE NEUTRINO

# 알 수 없는 중성미자

전남대학교출판문화원

# 역자서문

중성미자는 태양에서 오는 빛만큼 우리 주위를 지나고 있다. 그렇지만 우리는 지금까지 전혀 모르고 지냈다. 이렇게 모르게 생활해도 우리 인간에 영향을 미치지 않는다면 좋겠지만 그렇지 않다. 중성미자는 우주 초창기의 빅뱅시대에 큰 영향을 주었고 그 결과가 지금까지 이어지고 있다. 지금의 태양의 핵융합도 중성미자가 없다면 일어나지 않고 태양빛도 없을 것이다. 우리가 모를 정도로 지금 우리에게 영향을 주지 않는다고 해서 먼 훗날까지 우리 미래에 전혀 영향을 주지 않는다고 단정 할 수 없다. 중성미자는 별의 일생에도 큰 영향을 준다.

이렇게 우주와 우리 주위에 영향을 줌에도 불구하고 중성미자는 1930년대에 파울리에 의해서 처음 제안되었고 실험적 발견은 거의 30년이 지난 이후에야 있을 정도로 검출하기가 어려운 입자이다. 현재도 중성미자 질량은 얼마인지 모른다. 그래서 전 세계적으로 중성미자 연구가 많이 진행되고 있다. 이러한 중성미자에 대하여 본 책은 20여년 전에 출간된 책임에도 불구하고 정확하고 명확한 설명으로 처음 접하는 사람도 쉽게 이해할 수 있을 정도로 잘 설명된 책이어서 지구과학 교육과 고영구 교수님과 같이 번역하기로 하였다. 번역이 어려운 지라 원래의 설명이 잘못 전달 될 수도 있지만 이에 대한 책임은 번역자에게 있다.

의문사항 있으시면 itlim@jnu.ac.kr로 문의해주십시오.

2018년 1월

임인택·고영구

# 서 문

'알 수 없는 중성미자'는 필자가 시카고 대학 엔리코 페르미 연구소의 39번째 컴프톤 강연자(Compton lecturer)로 위촉되었을 때, 공개강의 시리즈의 하나로 처음 출간되었다. 필자는 중성미자가 가장 수수께끼적이고 미지의 입자일 뿐만 아니라 입자물리에 대한 구체적인 이해를 하는데 많은 도움을 주는 기본적 발견이 많이 수반되었다고 생각하여 강좌의 주제로 선택하였다. 중성미자 탐구를 통한 과학연구에서, 새롭고 매우 마음을 들뜨게 하는 분야인 입자물리학의 발전과 근간에 대한 흥미로운 관점을 찾을 수 있을 것이다.

과학자들과 일반 대중들이 섞인 청중에게 행해졌던 이 강좌는 독자 여러분이 알게 될 이 책의 내용들을 정리하는 데 있어 절호의 기회를 제공하였다. 강좌의 청중들이 제기한 많은 훌륭한 질문들은 책의 구성과 배열을 다듬는데 좋은 방법이었다. 비록 이 책의 10개 단원이 단일 컴프톤 강좌에 속해 있기는 하지만, 단원을 재배치하고 재구성하여 명쾌하고 읽는 즐거움을 느끼게 될 것이다.

필자는 컴프톤 강좌를 허락해 준 시카고 대학에 감사를 표한다. 이 강좌는 John W. Watzek Jr. I 유산의 재정적 지원으로 John A. Simpson에 의해 설립되었다. 필자는 그 강좌 내용을 책으로 출간하게 격려한 Vicki Jennings와 책의 출간에서 원고 준비의 여러 과정에 도움을 준 Roland Winston에 깊이 감사한다. 필자는 또한 최종원고에서 세심한 교정을 한 비서 Judy Gilbert에게 감사한다.

미국 과학도서관의 Susan Moran과 함께 Jenny Brosek과 Vicki Jennings는 각 단원의 물리학적 내용에 대한 훌륭한 질문들을 하였다. 그들의 제언은 필자의 원고가 일반 대중에게 다가갈 수 있게 노력하는 데 많은 도움을 주었다. 이 책의 내용에 포함된 발견과 연구내용과 관계하여 여러 물리학자들이 필자에게 도움을 주었다. 그들은 Dave Ayrez, Samuel Bilinkey, Geroges Charpak, Malcolm Derrick, Charles Enz, Ugo Fano, Leon Lederman, P. J. Peebles,

Chaerles Peyrou, Frederick Reines, James Rodman, Robert Sachs, Abdus Salam, David Schramm, John Simpson, Jack Steinberger, Earl Swallow, Yau Wah, Bruce Winstein, Roland Winston, 그리고 Tom Ypsilantis이다. 원고 각 부분에 대한 그들의 검토 의견은 원고의 정확성을 높이는데 큰 도움이 되었다. 최종 원고는 John Bahcall, Amol Dighe, John Ellis, Robert Wald가 숙독하였다. 그들의 제안은 원고의 정확성과 일관성을 크게 높였다.

'알 수 없는 중성미자'가 개요적인 책은 아니지만, 모든 입자물리학의 실험과 이론을 이처럼 완벽히 설명한 책은 없었다. 중성미자에 관한 여러 소재들을 다루었음에도 이 책에는 흥미를 끌 많은 것들이 담겨있다. 필자는 이 책에서 이전의 결과를 재확인하거나 발견되지 않은 것을 탐색하고, 실질적이지 않은 비정상적 과정으로 알려진 결과를 설명하려는 실험들은 언급하지 않았다. 그런 실험들은 시간과 함께 망각되나, 사실 그런 실험들이 없었으면 현재 우리를 명확하고 확실한 방향으로 인도할 수는 없었을 것이다. 필자의 모든 작업에 대한 솔직한 고백이 이 작은 책에 진솔하게 다 담길 수는 없었다.

오늘날 수 백 명의 물리학자들이 거대규모 실험의 성공을 위하여 기여하고 있다. 통상 중요한 결과를 취득하는 실험의 대표만이 공공의 인정을 받는다. 그러나 실험장치를 제작하는 사람들을 포함하여 가속기를 작동하는 사람들, 자료 분석을 맡아 컴퓨터를 작동하는 사람들 모두가 그들이 일을 완수하려는 노력을 하였던 것에 대해 찬사를 받아야 한다. 필자는 작업에 참여했던 사람들과 그 작업을 도왔던 대중, 정부, 회사들에 대해 전 물리학자 사회를 포함하여 감사를 표하고자 한다.

'알 수 없는 중성미자'를 집필하면서, 필자는 독자들과 함께 자연에 대한 물리학자들의 열정과 자연의 수수께끼를 해결하려는 그들의 뜨거운 마음을 공유하고자 한다. 이러한 열정이 우리가 실험실이나 실험실 밖에서냐를 불문하고 과학을 탐구하는 인간 본연의 자세라고 여겨진다. 다양한 탐구영역을 보유하는 현대 과학연구는 정말로, 우리 선조들이 밤하늘을 응시하면서 우주에서의 우리의 위치가 무엇인지, 그리고 우리의 세상이 어떻게 이루어져왔는지를 생각하면서 느꼈던 호기심, 바로 호기심의 확장인 것이다. 중성미자는 그처럼 오래 지속되었던 노력에서 보면 어쩌면 그리 중요한 것이 아닐 수도 있다.

니콜라스 솔로미

1997년 2월

# 차 례

제1장

# 수수께끼의 중성미자

우주의 탄생에서, 모든 종류의 물질은 빅뱅(Big Bang)이라 불리는 엄청난 폭발로 밖으로 터져나갔다. 이 물질이 모여 은하들을 이루고 허블 우주 망원경에 이중 일부가 찍혀 눈에 보이고 있다. 이 대폭발의 순간에 형성된 광자와 중성미자들은 아직도 우주 전체에 전파되고 있으며 빅뱅 직후의 조건에 관한 실마리를 제공한다.

태양이나 다른 별들 심지어 우리 우주를 탄생시켰던 대폭발(big bang)로부터 방사된 작은 입자들이 우주공간의 모든 방향으로 전파되고 있다. 지금 현재도 이 수 천 개의 입자들이 특별한 반응도 없이 우리 각자를 통과하고 있다. 중성미자(neutrino)라 불리는 이들 입자들은 어떤 형태의 물질과도 거의 상호작용을 하지 않아 수 백 광년[주석: 빛이 1년 가는 길이] 두께의 납을 통과할 정도이다. 중성미자와 관련된 우리의 지식과 경험에 비추어 중성미자가 현 우주의 작동에 크게 어떤 영향을 미칠 것으로 보이지는 않는다. 그러나 우주 대폭발 당시에 형성되었던 중성미자들은 우주를 구성하는 물질 생성에 매우 큰 영향을 미쳤고 심지어는 물질의 운명까지도 바꿀 수 있는 것으로 생각된다. 이런 가능성들은 1930년대에 중성미자의 존재를 예견했던 물리학자들은 생각도 할 수 없던 것이었다. 이들 과학자들은 단지 자연의 법칙과 물질의 특성을 이해하기 위한 깊은 사고를 하였으며 중성미자에 대한 연구가 그들의 연구에 핵심적인 역할을 할 것으로 기대했을 것이다.

근대 물리학자들도 아주 오래전 고대인들에 의해 제기되었던 의문을 계속 가지고 있었다. 고대 그리스와 이집트 사람들은 그들 주위의 세계의 물리적 구조를 설명하기 위하여 놀라울 정도로 정확한 개념을 주장했었다. 기원전 약 430년 전에 살았던 뛰어난 그리스 철학자이며 수학자였던 Democritus는 모든 물체는 −그리스어로 "더 이상 나눌 수 없다"는 의미의 아토미스(atomis)에서 유래한− "원자(atom)"로 구성된다고 생각하였다. 그가 의미했던 것은 물체를 이루는 모든 물질을 계속 분할하여 더 이상 나눌 수 없는 상태인 물질의 기본적인 구성단위였다. 이런 생각은 얼핏 타당하게 들리지만, 고대 철학자들은 기술 부족 때문에 그들의 예측이 옳다는 것을 입증할 수 있는 실험을 할 수 없었다. 그들은 오늘날 과학자들의 연구 방법과는 거의 반대 관점인 실험적 증명이 없는 단순한 명상적 사고에 의해 자연을 이해하려 했었다.

오늘날 우리는 모든 물질이 가장 가벼운 수소부터 현재까지 알려진 가장 무거운 원소인 마이트네륨(meitnerium)에 이르는 원자들로 이루어진다는 것을 잘 알고 있다. 이 서로 다른 원자들은 우리가 보고 있는 우리 주위 우주에 있는 다양한 물체들의 기반을 이룬다. 일반적으로 원자의 연구와 물질의 특성에 대한 연구 분야가 물리학인 것이다. 그중 가장 기본적인 연구 분야가 원자핵과 입자물리이며, 필자처럼 원자 그 자체를 이루는 것이 무엇인가를 이해하려 노력하는 연구자들의 영역이다. 지난 세기 말 경에, 원자를 이루는 것이 무엇인가에 대한 충분한 해답을 얻을 만큼 과학자들의 실험적 기술은 발전하였다. 그 후, 원자는 단지 소수의 구성요소인 아원자 입자(subatomic particle)[주석: 원자를 이루는 구성 입자]로 이루어진다는 것이 알려졌다. 이들 아원자적 구성요소는 전자, 양성자 및 중성자이다.

근래의 연구는 이들 세 가지 입자들에 대한 것보다는 궁극적인 기본 입자인 쿼크(quark)와 경입자(lepton), 그리고 이들 기본 입자의 상호작용과 관계되는 몇몇 입자들에 대해 이루어지고 있다. 일반적인 물질[주석: 단지 두 개의 쿼크와 전자로 구성됨]과 달리 모든 물질은 이들 소수의 기본입자들로 이루어진다. 즉, 우리 주변의 일반물질들은 단지 두 종류의 쿼크와 하나의 경입자(전자)로 구성되나, 우주의 다른 부분－고에너지 우주선, 폭발하는 별 그리고 은하의 핵 등－에 존재하는 특이한 물질을 설명하기 위해서는 모든 종류의 쿼크와 경입자들이 필요하다. 여기 지구상에서 과학적 연구에서는 가속기를 사용하여 이런 특이한 물질들을 생성시킨다.

중성미자는 이들 기본입자들 중에서도 가장 이해하기 힘든 입자 중의 하나이다. 중성미자는 전자와 상당히 유사하나 전하를 가지지 않고 질량이 거의 없다. 이러한 특징들이 중성미자를 더욱 수수께끼 입자처럼 보이게 하는 것이다. 상당한 질량을 갖는 중성입자나 어떤 크기의 질량을 갖는 하전입자들도 그들이 물질과 만나면 상호작용을 한다. 그러나 중성미자는 마치 물질이 있다는 것을 모르기라도 한 것처럼 현대의 가장 정교한 검출기조차도 통과한다. 중성미자의 수수께끼 같은 이 특성 때문에 이 입자가 처음 제안되었을 때 그 존재에 대한 격렬한 논쟁이 발생하였다. 앞으로 알겠지만 결과적으로 물리학자들은 직접 이 수수께끼 같은 입자를 실험적으로 검출하지 않고 그 존재를 입증하려 했었다. 심지어 중성미자의 존재가 입증된

위에서 보는 것처럼 1마일 직경의 페르미랩(Fermilab) 가속기. 이 유형의 거대 가속기는 실험적 연구를 위한 새로운 중입자들을 생성시키기 위해 고에너지로 입자들을 서로 충돌시킨다. 이런 가속기를 사용해 생성된 중성미자들은 전자기적 약력(electro－weak force) 연구를 가능하게 한다.

이후에도 실험실에서 이 입자를 관측하기까지 30년 이상의 시간이 걸렸으며, 더구나 관찰된 그 입자가 중성미자 그 자체가 아니고 중성미자와 상호작용에서 생성되었던 입자였다. 현재까지도 중성미자가 질량을 보유하느냐에 대한 논쟁이 지속되고 있다[주석: 현재는 중성미자 진동이라는 간접적인 실험을 통하여 중성미자가 질량을 가지고 있다고 알려져 있다].

중성미자 검출을 어렵게 하는 바로 그 특성이 역설적으로 우주의 비밀을 파헤치는 중요한 도구가 된다. 중성미자는 물질과 거의 상호작용을 하지 않기 때문에 지구에 도착하는 빛이 만들어지는 똑같은 태양 속의 핵반응에서 생성되어 변화되지 않고 태양의 핵(core)으로부터 탈출할 수 있다. 심지어 죽어가는 별의 초신성(super nova) 폭발에서도 엄청난 양의 중성미자가 만들어져 지구에까지 도달한다. 그러나 대부분의 중성미자들은 수십 억 년 전 우주 대폭발 시기에 만들어졌다. 이 중성미자들의 대부분은 물질을 통과하면서 어떤 신호도 검출되지 않으면서, 이 순간까지도 우주공간을 전파해 가고 있다. 이런 중성미자 검출을 통해 과학자들은 우리 태양과 먼 우주의 별들 내부에서 일어나는 현상들에 대해 알 수 있으며, 우주 대폭발 후 매우 초기 우주의 상수(parameters)를 측정함으로써 우주의 창생 당시로 돌아갈 수 있게 도움을 줄 수 있는 것이다.

검출기 건립을 추진했던 4명의 과학자들이 유럽 핵 연구센터(European Center for Nuclear Research)의 알레프(Aleph) 입자 검출기 앞에 서있다. 이 거대한 검출기는 고에너지 입자 상호작용 연구에 필수적인 대표적 기기이다. 전자-양전자 충돌을 관측하는 이 검출기를 사용하는 과학자들은 그런 관측으로부터 자연계에 어떻게 그처럼 여러 유형의 중성미자가 존재할 수 있는지를 파악할 수 있었다.

입자물리학(elementary particle physics)의 영역은 광범위해서 이를 이해하려는 꿈을 가진 신진 연구자들에게는 상당히 버거울 수 있다. 하지만 이 신비로운 입자는 입자물리 연구영역의 역사에서 중요한 역할을 하였기 때문에, 입자물리학 영역으로 통하는 좋은 창문 역할을 할 수 있다. 중성미자를 중심으로 연구하다보면, 방사능의 발견에서 소립자의 기원, 그리고 그 질량에 대한 현대의 이론적 관점들에 대한 입자물리학의 발전과정까지 잘 살필 수 있을 것이다. 이는 바로 약 백 년 전에 방사능의 발견과 함께 시작되었던 검출과정에 대한 탐정 이야기이다. 초기의 실험 관찰에서 물리학자들은 어떤 의문을 가졌었고, 이에 대한 해결책으로 중성미자의 존재를 가정하였다. 그런 과정에서 물리학자들은 과학적 탐구를 하면서 물리 법칙들에 대해 많은 내용들을 알게 되었던 것이다.

특히 앞으로 알게 되겠지만, 입자가 다른 입자들과 상호작용 하는 네 가지 기본적인 힘(force) 중의 하나를 연구하는데 중성미자의 연구는 연구자들에게 하나의 지표가 되었다. 원자의 구성을 이해하는 것만큼, 이러한 힘들을 이해하는 것은 바로 입자물리학의 중요한 기본이다.

우리 모두에게 친숙한 힘은 우리를 지구상에 있게 하는 중력이다. 중력은 고대 그리스인들에 의해 가상적으로 제안되었지만 수학적으로 공식화된 표현은 단지 3백 년 전 정도이다. 전기력의 발견은 대개 뇌우 속에서 연을 날린 Benjamin Franklin의 영감에서 유래한 것으로 알려졌지만, 고대 이집트인들도 비록 호기심의 마술적 트릭 또는 도둑을 쫓아버릴 목적으로 사용되기는 했지만 그 존재는 알고 있었다. 그럼에도 불구하고 150년이 지나서야 이 힘을 수학적 공식을 통하여 완전히 알게 되었다. 더욱 최근인 2차 대전 말에는 아원자적인(subatomic) 강한 핵력을 사용하여 엄청나게 강력한 에너지의 분출[주석: 원자 폭탄을 뜻함]을 우리 지구에서 볼 수 있었다. 그 원자폭탄의 폭발은 우주의 물질 구성과 그 구성요소들의 상호작용으로 인한 힘에 대한 우리의 이해가 새로운 수준에 도달했다는 것을 명확하게 보여준 것이었다. 중성미자 실험은 새로운 힘(지금은 존재하는 것으로 잘 알려진)인 약한 핵력을 규명하는데 중요하다. 이 힘은 우리가 만나게 될 3가지 방사능 유형 중 하나(베타붕괴)의 원인이 된다. 이 힘은 비록 두 가지 핵력 중 약한 것이지만 양성자와 중성자 내의 구성요소를 보다 더 잘 이해하는데 도움이 된다.

과학자들은 입자물리학에 대해서 더욱 더 알면 알수록 중성미자는 원래 생각했던 것보다 더 혼란스러운 입자라는 것을 알게 되었다. 우리는 물리학의 초석으로 믿어져 왔던 정확한 보존법칙이 이 입자 때문에 성립하지 않으므로 그 법칙을 버려야한다는 것을 마침내 알게 되었다. 더구나 중성미자는 자연계에서 유일하게 다른 입자들은 가지지 못한 즉, 중성미자 스스로가 반입자일 수도 있다는 독특한 특성을 가졌다. 이러한 것들이 중성미자의 힘과 관련된 상호작용, 그리고 중성미자의 여러 특성과 함께 물리학자들에게는 매혹적인 것이다. 이러한 매력 때문에 물리학자들은 우리가 사는 세상을 만든 것이 무엇인가를 이해하려고 연구에 몰두하게 된다. 필자는 이 책을 통하여 입자물리학의 광범위한 부분에서 이론적인 발전을 보여줌은 물론 관련된 실험과 그 결과에 여러분이 몰입되게 하려는 바램을 가지고 있다. 이런 실험 결과와 이론은 우리가 실제로 이들 입자들과 이들의 수수께끼를 어떻게 알게 되는지를 보여준다. 과학의 서로 다른 관점인 이론과 실험은 현대 과학에서는 서로 분리할 수 없으며 더 나은 과학적 이해와 발전을 위해서 이 두 관점은 매우 상호의존적이다.

## 방사능의 발견

소량의 우라늄이 들어 있는 이 유리 설탕병은 매우 아름다운 오렌지색을 띤다. 이 설탕병의 제작 시기는 약 1850년대이다.

약 백 년 이전에 일상적인 가정의 집기들은 놀라울 정도로 아름다운 청색과 오렌지색을 띤 경우가 많았다. 이처럼 섬뜩할 정도로 아름다운 색의 집기들은 코발트와 우라늄 같은 중금속을 함유한 특별한 광석이 약간 첨가되어 제작되었다. 현대의 소비자들은 코발트 블루나 우라늄 오렌지 같은 색을 띤 유리잔, 꽃병, 커피 탁자 등을 구입하는데 상당히 조심스럽지만, 그 당시의 사람들은 이런 종류의 장식에 대해서 그냥 보통으로 생각하였다. 이런 종류 원소들과 나중에 알려지는 더 많은 비슷한 원소들은 과학사회에서 곧 특별한 의미를 지니게 된다.

1896년 프랑스 물리학자인 Henri Becquerel은 이런 중금속을 함유한 광석시료가 특이한 효과를 보유함을 우연히 알게 되었다. 그가 그 광석 근처에 개봉하지 않은 채로 놓아둔 사진건판이 마치 빛에 직접 노출된 것처럼 검게 변해있었다. 즉, 광석은 어떤 새로운 유형의 에너지를 방사하는데 그 에너지는 적어도 빛과 어느 정도 비슷한 특성을 가지고 있는 것으로 생각되었다. 베크렐의 이 발견은 현대 핵물리학의 탄생을 알리는 것이었는데, 그는 원자의 방사성 붕괴(radioactive decay)라 불리는 현상을 인지한 최초의 사람이었다.

베크렐은 그 광석이 우라늄을 포함하고 있다는 것을 알았다. 그의 우연한 발견 수 년 후, Marie와 Pierre Curie 부부는 주의 깊은 연구 끝에 이 광석들이 토륨(thorium)과 그 전에는 알려지지 않았던 원소인 라듐(radium)을 함유하는 것을 알았다. 이 세 원소(우라늄, 토륨, 라듐)는 퀴리부부가 명명한 방사성 붕괴라 부르는 일종의 변환을 겪는다는 것을 퀴리 부부와 다른 과학자들은 보았다. 이 붕괴과정에서 한 원자가 무게가 다른 전혀 다른 원자로 변환될 뿐 아니라 막대한 에너지를 가진 입자들이 방출된다.

방사성 원소들은 알파(alpha), 베타(beta), 감마(gamma)라 불리는 세 가지 다른 유형의 입자들을 방사한다는 것이 간단한 실험에서 밝혀졌다. 전술한 것처럼 좁은 슬릿(slit)이 있는 용

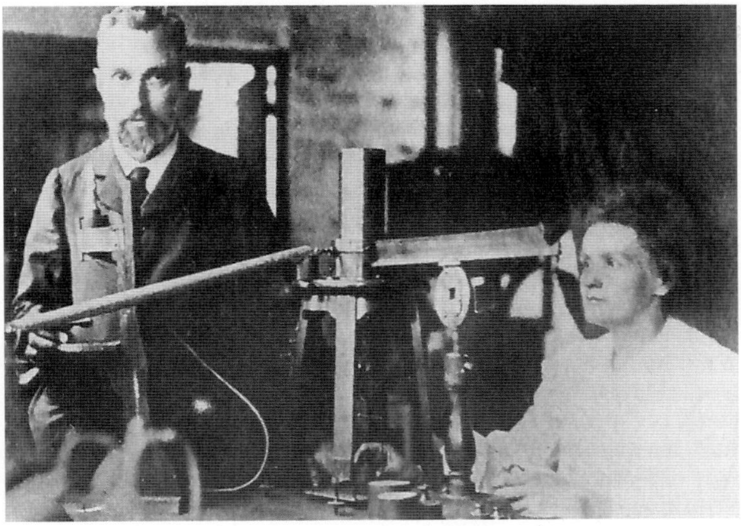

1898년 원소 라듐을 발견한 후 실험실에서의 피에르와 마리 퀴리

기 안에 방사성 광석 시료가 있다면 좁은 슬릿을 통하여 좁은 빔(beam)의 입자들이 18쪽 그림에 표현된 것처럼 방사된다. 그 빔은 자기장을 통과하면서 양전기를 띤 알파 입자는 한 방향으로 휘고 음전기를 띤 베타 입자는 반대로 휘어진다. 중성의 감마 입자는 휘어지지 않는다. 오늘날 알파 입자는 무거운 원자핵에서 방출되는 양전하를 띠는 헬륨 원자핵이라는 것을 알고 있다. 베타 입자는 음전하를 가진 전자이며 감마선은 입자와 파동의 특성을 가지는 빛의 불연속적 입자 덩어리인 고에너지 광자(photon)이다. 대다수 방사성 광석들은 매우 다양한 원소들의 혼합물이므로 세 가지 방사성 유형을 다 방사한다. 순수한 단일 원소는 거의 한 유형만을 방사한다. 방사성 원소에서 방사되는 고에너지 입자 자체가 강력한 연구도구임을 과학자들은 잘 알고 있다. 그래서 그들은 원자 자체의 구성을 연구하기 위하여 방사선을 이용한 실험을 설계하기 시작하였다.

방사성 원소가 발견되었던 20세기 초 무렵, 영국의 J. J. Thompson은 전자를 발견하였고, 이와 관련된 원자모형인 건포도 푸딩 모형(plum-pudding model)을 제안하였다. 그는 푸딩 안의 건포도처럼 양전하의 바다(sea)에 고루 음전하의 전자가 분포하는 것을 상상하였다. 당시에는 그러한 모델이 음전하의 전자가 양전하와 결합하여 전기적으로 중성인 원자를 구성하는 수단을 제시하여 합리적인 것으로 생각되었다. 원자의 건포도-푸딩 모형은 단지 추측이었으나 쉽게 테스트될 수 있는 생각이었다.

1911년, 톰슨의 학생이었던 Ernest Rutherford는 실험을 진행하여 스승의 원자모형이 틀렸다는 것을 증명하였다. 러더퍼드는 그가 바랐던 데로 원자 내의 전하분포를 밝히기 위한 실험 방사성 광석에서 방사된 알파입자와 베타선은 자기장 내에서 휘어지나, 감마선은 직선상 행로로 휘어지지 않는다.

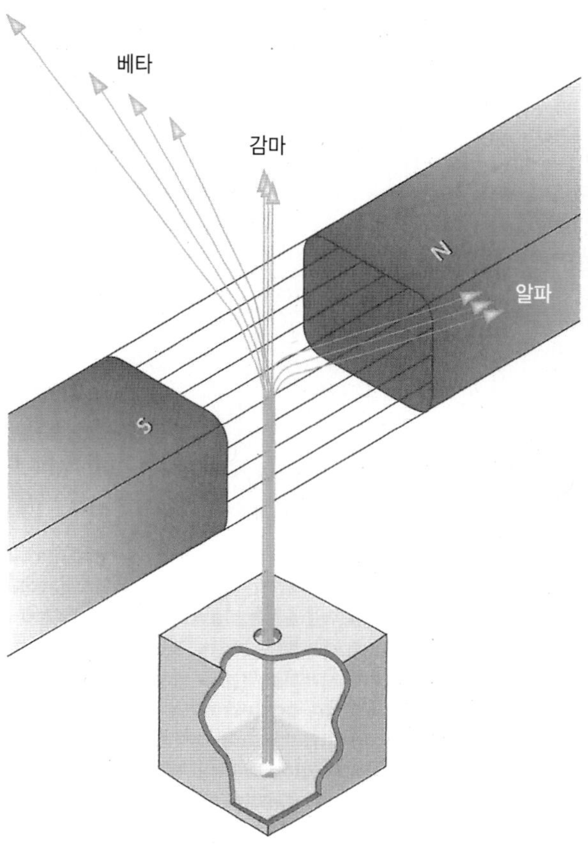


을 고안하였다. 그는 금원자로 된 박막(thin foil)에 방사성원소에서 방사된 알파 입자들의 평행 빔을 조준 발사하였으며 박막 뒤에는 알파 입자의 산란을 관측할 수 있는 형광 스크린을 배치하였다. 물리학의 정전기 법칙에 의하면 같은 전하는 서로 반발하므로 양전하의 알파 입자는 금박으로 들어가 금원자의 양전하에 가까워지면서 편향되어야 한다. 양전하가 톰슨의 예측된 모형처럼 원자 내에 고르게 분포한다면, 알파입자의 행로는 원래 궤적에서 약간만 휘어질 것이다. 그러나 어떤 알파 입자는 90도 이상 휘어지고 놀랍게도 다른 입자는 되 튕겨 나오기도 했다.

러더퍼드는 그것이 마치 포탄을 벽에다 쏘아 되돌아오는 것 같다고 익살을 떨었다. 이 실험은 여러 번 행해졌고 항상 같은 결과가 나왔다. 이런 결과의 의미는 의심의 여지없이 명확한 것이었다. 즉, 원자의 양전하는 상당히 밀집되어 있어야 한다는 것이다.

20세기 초에 입자를 가지고 하는 실험은 힘들었다. 형광 스크린에서 알파입자의 산란을 관측하는 유일한 방법은 육안 관찰이었다. 러더퍼드의 학생이 되려면 매우 밝은 눈을 가진 사람

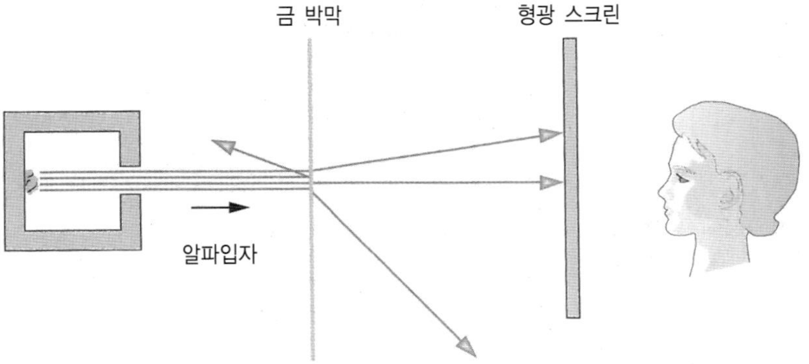


러더퍼드의 알파입자 산란실험. 방사성 물질에서 나온 에너지를 가진 입자는 금 박막에 충돌하고 이 입자들이 형광 스크린을 때리면 산란각을 측정할 수 있다. 알파선의 근원은 확실히 큰 각도의 산란을 스크린에서 관측하기 위해 회전할 수 있다.

이어야 했다. 선발된 학생들은 형광 스크린이 있는 쪽의 암상자 속에 여러 시간 앉아있어야 했다. 학생들은 알파입자가 형광 스크린에 충돌하여 나오는 매우 약한 빛에 적응해야 했다. 선발된 학생들은 충돌한 알파입자에 의해 만들어진 6개 광자로 된 빛을 볼 수 있어야만 했다(평균적으로 사람들은 적어도 10개 광자 이상의 빛만 볼 수 있다). 그래서 러더퍼드의 알파입자 빔을 이용한 유명한 실험들은 매우 약한 빛을 볼 수 있는 예리한 눈에 의하여 이루어질 수 있었다.

러더퍼드의 재능 있는 학생 중의 하나였던 Hans Geiger는 입자가 지나간 지를 전자기적으로 기록할 수 있는 기구를 발명하여 스승의 산란실험을 보다 용이하게 하였다. 가이거 계수기(Geiger counter)로 알려진 이 유용한 전자계측기는 현재까지 복사량(radiation levels)을 측정하는데 널리 이용된다.

1908년 영국 맨체스터 대학교(Manchester University) 실험실에서의 한스 가이거와 어니스트 러더퍼드. 이들과 함께 알파입자 산란에 사용했던 장치가 보인다.

처음에는 원자에서의 양전하의 분포가 밀집되어 있다는 것이 형광 스크린 상에서의 알파 입자의 분포로부터 규명되었지만 유사한 음전하의 밀집됨은 관찰하지 못했다. 러더퍼드는 원자가 태양계의 구성과 비슷하다는 것을 천명하였다. 원자는 그가 제시한 것처럼 무거운 핵과 그 주위를 행성처럼 도는 음전하의 전자로 이루어진다. 전자는 반대되는 전하사이에 작용하는 인력 즉, 전자기력에 의해 양전하의 핵 주위에 구속(bound)되어 있다.

## 깨뜨려지는 법칙

물리학은 계(system)가 무엇이든 준수되어야 하는 몇 가지 기본적인 법칙을 근본으로 이루어진다. 이들 중의 하나가 에너지 보존의 법칙인데, 한 계의 전체 에너지는 임의로 주어진 순간 전후에 동일해야 한다는 것이다. 공과 언덕길이 바로 그러한 계(system)를 보여준다. 공 하나가 언덕길 꼭대기에 놓여있다면, 공은 언덕 아래로 굴러 내려와 다른 쪽으로 가려할 것이다. 에너지보존 법칙은 공이 굴러 내렸던 높이보다 더 높이 올라갈 수 없다는 것을 말해준다. 더 높이 올라가려면 즉, 공이 놓여 있는 점에서 공을 강하게 밀거나 공이 굴러온 행로 중간에서 다른 방법으로, 공에 에너지가 가해져야 한다. 유사하게, 공이 굴러 내렸던 높이에 도달하지 못했다면 굴러 내린 경로를 따라 에너지가 유실되었을 것이고, 대부분 마찰력에 손실되었을 것이다. 공이 굴러 내린 바로 직후에는 속력이 없고 공의 모든 에너지는 위치적(potential) **[주석: 에너지 양이 위치의 크기로만 표현]**인 것이다. 어떤 힘도 작용되지 않는 공에 중력이 작용해서 언덕 아래로 굴러 내려오게 된다. 공의 모든 위치에너지(potential energy)는 운동에너지(kinetic

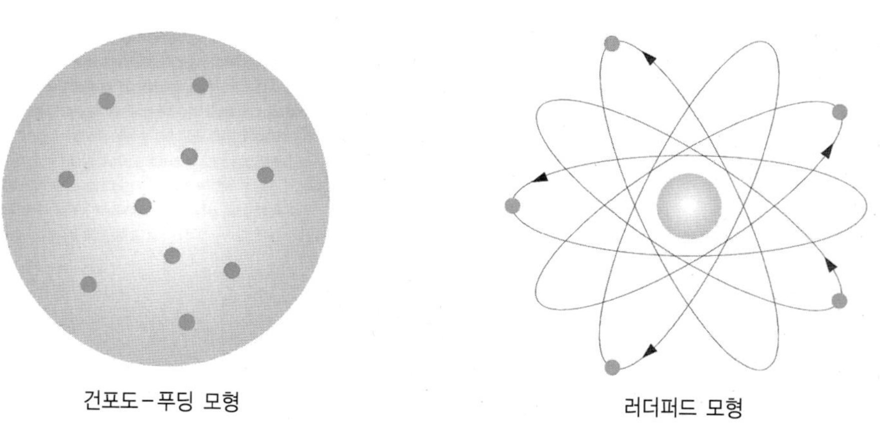

건포도-푸딩 모형　　러더퍼드 모형

실험 결과에 바탕을 둔 원자 모형들. 톰슨의 건포도-푸딩 모형은 양전하의 바다에 전자가 있는 것이고 러더퍼드의 모형은 무거운 중심 양전하의 핵 주위를 전자가 궤도를 도는 것이다.

energy)로 전환되어 언덕 밑에 도달할 때는 빠르게 구른다. 공이 위에서 아래로 구르면서 잃어버린 위치에너지는 언덕 밑에서 공의 운동에너지와 똑 같다. 그래서 에너지는 보존된다.

에너지는 다른 형태로 전환되어 나타날 수 있다. 들고 있던 책이 탁자에 떨어지면, 책이 탁자에 떨어지는 순간 움직인 거리에 따라 운동에너지를 얻는다. 그러나 책이 떨어지고 나면 움직임이 없고 운동에너지도 없어진다. 떨어지는 책은 처음에는 에너지 보존 법칙에 위배되는 것처럼 보이나 실제로는 그렇지 않다. 책이 탁자에 떨어질 때 시끄러운 소리가 난다. 소리는 에너지를 가지고 있다. 또한 책과 탁자는 에너지 일부가 열로 전환되므로 아주 약간 가열된다.

또 다른 기본 법칙은 운동량 보존(conservation of momentum)이다. 여기서 운동량은 물체의 질량과 속도를 곱한 것이다. 에너지와 마찬가지로 입자의 계에서(a system of particles) 운동량은 항상 보존된다. 어떤 입자의 충돌 전후에 운동량의 합은 항상 같다. 얼핏 보면 외력(external force)이 가해지면, 에너지 보존 법칙처럼 운동량 보존법칙이 성립하지 않은 것처럼 보일 수 있다는 것을 기억해야 합니다[주석: 그래도 운동량 보존칙이 성립하는 경우가 있다는 것을 뜻함]. 운동량 보존의 좋은 예는 미식축구에서 볼 수 있는데, 특히 두 명의 프론트 라인맨(front lineman)이 박치기하는 과정에서 볼 수 있다. 이들 두 명이 같은 질량과 속도로 박치기하면, 둘은 충돌 점에서 정지할 것이다. 서로 같고 방향이 반대인 그들의 운동량은 충돌 후 합이 영(zero)이 될 것이다. 그러나 한 라인맨의 속력이 더 빠르면 서로 충돌 후 합쳐져 속력의 대부분을 읽고 더 빠른 사람이 나아가는 방향으로 나아갈 것이다. 라인맨의 몸무게도 비슷한 역할을 한다. 더 큰 질량은 정지하기 어렵다. 두 라인맨이 같은 속도로 충돌할 때, 무거운 라인맨은 충돌 전처럼 빠르게 움직일 수는 없으나 앞으로 나아갈 것이다.

과학자들은 방사성 베타 붕괴를 보다 상세히 연구하면서 이 붕괴에서 위에서의 법칙들이 맞지 않는 것에 대해 충격을 받았다. 그들은 특히 사실상 에너지 보존 법칙이 맞지 않는 것에 대해 의문을 가졌다. 물질이 붕괴할 때 원래 입자의 질량과 붕괴된 입자의 질량은 다르다. 질량은 일종의 위치 에너지(potential energy)이므로 이러한 불일치는 설명을 필요로 한다.

Einstein의 유명한 질량–에너지 방정식인

$$E = mc^2$$

은 질량과 에너지의 등가를 설명한다. 이 방정식에서 질량 $m$ 은 포텐샬 에너지 $E$와 같으며 광속 $c$는 변환인자이다. 입자물리학자들은 자주 질량을 에너지로 표시한다. 그 기본단위는 전자볼트(electron volt)이며 eV로 줄여 쓰는데 1볼트의 전위차를 통과할 때 하나의 전자가 가지는 에너지이다. 예를 들어 물리학자들은 양성자의 질량을 938 MeV/$c^2$로 말하는데 실제 의미하는 것은 양성자의 질량이고 이는 양성자가 순수하게 에너지로 전환된다면 938 MeV 라는 것이다. 여기서 M은 백만의 의미로 사용한다. 비교하여 전자의 질량은 단지 0.511 MeV/$c^2$ 인데 양성자에 비해 거의 2000배나 가볍다. 입자의 질량을 논의할 때 항상 암시하는 것은 논의되는 질량이 움직이지 않은 상태의 정지질량(rest mass)이라는 것이다. 광속에 가깝게 움직이는 물체의 "상대론적" 질량은 어떤 특수한 물리적 환경[주석: 아주 빠른 속도]에서 매우 중요하게 된다.

질량과 에너지가 같다고 하는 아인슈타인의 유명한 방정식은 베타 붕괴에서 일어나는 에너지 보존법칙의 깨짐을 설명하는데 도움을 준다. 초기 입자 질량보다 줄어든 질량은 다른 에너지로 전환된다는 것이다.

알파 입자가 방출되는 핵의 알파 붕괴는 질량의 에너지 변환을 가장 잘 표현한다. 방사성 붕괴의 일부 에너지는 붕괴 후 남아 있는 핵의 되튐(recoil) 에너지로 변환되고, 붕괴 에너지 대부분은 방출되는 양 전하의 알파입자에 전해진다. 알파 입자의 이 운동에너지는 붕괴 동안에 사라진 것처럼 보이는 질량의 대부분에 해당한다. 그러므로 에너지 보존은 명확하다.

알파 입자에 명쾌하게 적용되었던 이런 설명은 베타 붕괴에서 일어나는 문제점을 해결하지 못했다. 베타 붕괴에서 에너지방출 분포는 알파 입자에서 관측되는 에너지 분포와는 다르게 예측하지 못했던 에너지 분포를 가졌다. 이러한 에너지 분포는 물리학자들에게 많은 관심을 불러일으켰고, 이를 해결하려는 물리학자들에게 여러 난관에 봉착하게 하였다.

제1차 세계대전 발발 직전, 1913년, 베를린에서 연구하던−가이거가 연구소 책임자− 영국학자인 James Chadwick이 베타붕괴에서 방출된 전자의 에너지 측정을 시도하였다. 채드윅은 베타 붕괴에서 나온 전자를 자기장에 통과시켰다. 자기장에 의해 전자가 편향된 정도는 몇 차례의 계산 끝에 전자의 에너지로 환산되었다. 전자의 에너지가 알파 붕괴처럼 모든 경우에 동일한 값을 가지지 않음을 James Chadwick의 측정에 의해 명확히 알게 되었다. 대신 연속적이고 넓은 분포치를 기록하였다. 즉, 동일한 핵들의 서로 다른 베타 붕괴에서 나오는 전자는 서로 다른 에너지를 가지고 있었다. 채드윅이 여러 종류의 베타 방사체(radioactive beta-emitter)를 사용해 매우 많은 실험을 수행하였고, 전자의 에너지를 측정하기 위해 두 가지 방법을−편향 후 전자수를 세는 방법과 이온화 에너지를 측정한 방법− 사용하였지만 결과는 항상 같았다. 즉 수수께끼 같은 넓은 스펙트럼이 관측된 것이다. 베타 붕괴에서 전자의 에너지 분포가 명확하게 정해진 단일 값(single value)의 알파 붕괴 에너지 분포와 다른 이유는 기존에 알려

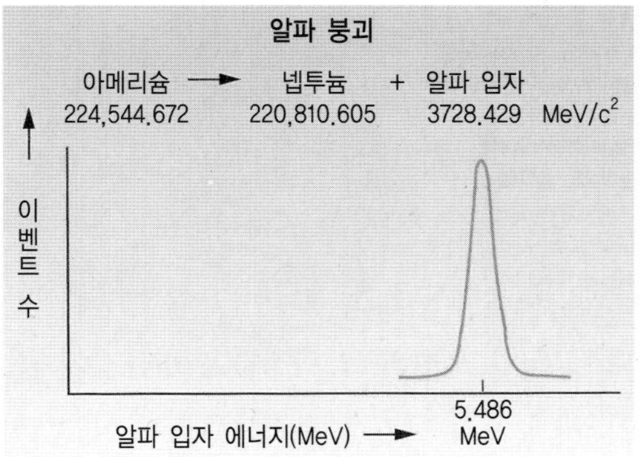


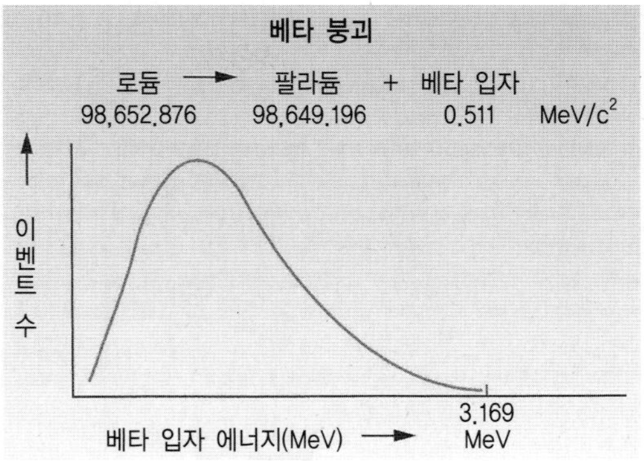


아메리슘(americium)의 알파 붕괴와 로듐(rhodium)의 베타 붕괴에서 방출된 입자들의 측정된 에너지. 알파 붕괴는 각 붕괴에서 정해진 양만큼 에너지를 방출한다, 반면 베타 붕괴는 초기에 보유할 수 없었던 많은 에너지를 잃어버리면서 넓은 에너지 분포를 나타낸다.

진 물리 법칙으로는 해석이 불가능한 것이었다. 특히 베타 붕괴의 에너지 스펙트럼(spectrum)이 에너지 보존 원리에 위배된다는 것이 문제였다. 모든 붕괴하는 입자들은 동일한 위치 에너지를 가지고 출발한다. 결국에 에너지가 보존된다면 어떻게 방출되는 입자들이 서로 다른 에너지를 가지고 관측되는 것일까? 이 난제는 15년 동안 적절한 설명을 할 수 없었다.

채드윅의 흥미로운 스펙트럼 측정 후에 제안되었던 하나의 설명은, 전자들이 방사선원(radioactive source)을 포함하는 물질을 통과하면서 서로 다른 양의 에너지를 잃어버린다는 것이었다. 방사선원은 절대로 순수한 것이 아니다. 방사선원은 그때까지 붕괴하지 않고 있는 또 다른 방사능 핵을 가진 물질 뿐만 아니라 이전에 붕괴를 한 후 남은 핵, 그리고 안정된 핵들도 포함한다. 방출된 베타 입자들은, 그들이 방사선원을 탈출하기 전까지 방사선원 속에서 얼마나 많은 상호작용을 했느냐에 따라 잃어버리는 에너지양이 다를 수 있다. 이러한 설명은 전자가 양전하의 알파입자보다 물질과 더 쉽게 상호작용한다는 것이 옳다면 상당히 그럴듯하게 전자 스펙트럼의 특이함을 설명할 수 있게 된다.

이런 가설을 입증하기 위해, 1927년 Charles D. Ellis와 William A. Wooster는 어떤 붕괴에 대한 전체 에너지를 측정하는 실험을 고안하였다. 채드윅의 실험은 전자의 운동에너지만 측정하고 열로써 비산되는 에너지를 놓치고 있었다. 열로써 잃어버리는 에너지를 측정하기 위해, 엘리스와 우스터는 열량계에 방사성 시료를 보관하였는데 그것은 절연이 잘 된 용기로서 열량에 민감한 전자 온도계로 열량을 측정할 수 있는 것이었다. 자기적 분석이 관측하지 못하는 붕괴의 전자 에너지는 열로써 측정되어졌다. 엘리스와 우스터는 그들의 장비를 정확한지 시험하기 위하여 이미 알려진 양만큼의 전류가 흐르는 전선에서 나오는 열을 측정하였다. 그 실험체계는 믿을 만한 것으로 판명되었다.

강한 베타 방사체가 일정한 시간 동안 열량계에 놓아지면, 그 장비는 방사성 붕괴에서 나오는 상호작용 입자가 운반하는 전체 에너지를 측정하였다. 만약 베타 붕괴의 전자가 알파 입자처럼 고정된 값의 에너지만 가지고 방출되나 각 전자들이 방사선원을 빠져나오기까지 다른 경로를 감으로서 각기 다른 에너지를 잃게 된다면, 그 에너지 값은 채드윅의 전자-에너지 스펙트럼의 가장 높은 값과 동일한 값이 될 것이다. 그러나 오히려 그 측정값은 평균값에 근접했다. 이러한 결과로부터 베타 붕괴의 전자-에너지 분포가 물질을 통과하는 전자의 경로에 의한 편차 때문이 아니라는 것을 알 수 있었다. 그래서 이러한 베타 붕괴에 대한 설명은 다시 수수께끼로 남게 되었다.

베타 붕괴에 의해 제기된 문제는 단지 전자-에너지 분포(spectrum)의 불일치에 제한된 것은 아니었다. 러더퍼드의 알파 입자 산란 실험은 핵이 양전하를 가지고 있고 음전하를 가진 전자는 핵 주위를 궤도 운동하며, 원소는 핵 내에 양전하 또는 양성자의 수에 의해 결정된다는 것을 명확히 밝혔다. 알파 붕괴 동안에 핵은 두 개의 양전하를 잃는다. 중성의 감마 붕괴 동안에는 핵은 변화가 없다. 그러나 베타 붕괴 동안 전자의 방출로 핵은 하나의 양전하가 증가한다. 그러면 전자가 핵 자체에서 방출된다는 말인가!

## 문제의 해결

이런 문제를 앞두고 Wolfgang Pauli-취리히에 있는 연방기술연구소(ETH) 이론물리학자 교수 중의 뛰어난 교수-는 베타 붕괴의 전자-에너지 분포를 설명하는 두 가지 방법을 제안하였다. 그 두 가지 중 첫째는 수많은 이벤트 중에서 에너지 보존 원리가 통계적으로 타당하지만 각각의 원자붕괴 수준에서는 그렇지 않거나, 둘째는 에너지 보존은 정확하나 또 다른 새로운 입자가 전자를 따라 방출되는데 이 입자는 관측될 수 없으나 붕괴 에너지의 일부를 운반한다는 것이었다. 이런 제안 때문에 파울리의 입장이 곤란하게 되었다. 관측할 수 없는 입자에 관한 그의 제안을 다른 물리학자들이 서로 다 돌려본 후에도, 그 제안에 자기 이름이 계속 따라다니는 것을 알고 파울리는 엄청 당황하였다. 그는 그의 제안이 틀렸다면 양자역학에서의 그의 업적이 훼손되는 상황이 올 수 있다고 느꼈지만 결국 그는 1945년 양자역학 업적으로 노벨상을 수상하였다. 그는 친구에게 "나는 검출될 수 없는 입자를 제안해 어떤 이론물리학자들도 지금껏 하지 못하였던 매우 안 좋은 무엇인가를 한 것 같네"라고 말했다. 물론,

1929년 코펜하겐에서 양자역학을 강의하는 취리히 ETH의 볼프강 파울리. 파울리는 수수께끼의 관측되지 않은 입자가 베타 붕괴에 존재한다고 제안하였다.

그 입자는 이 책의 주제인 알 수 없는 중성미자이다.

마지막으로 파울리는 중성미자를 공개적으로 제안하는가의 여부를 놓고 몹시 고심한 후에 1930년 12월 4일 회의(컨퍼런스) 주관자에게 중성미자를 소개하는 편지를 작성하였다. 이때 그는 그 편지 전달자[주석: 파울리 대신 읽어주는 사람]가 중성미자의 존재가 무엇인가를 말하고 베타 붕괴에서 방출되는 전자의 수수께끼를 어떻게 설명하는지에 대해 잘 들어줄 것을 회의 주관자에게 요청하였다. 그 편지에는 양전하의 양성자보다 더 많은 입자들이 원자 속에 있다는 내용이었다. 이 입자들은 중성자로 불렀다(실제 얼마 안가 러더퍼드 실험실에서 연구하는 채드윅에 의해 중성자 발견이 공표된다[주석: 그 당시에는 중성자와 중성미자를 구분하지 못했다]). 중성자는 붕괴하여 전자와 중성미자를 만들고 그 둘은 핵을 이탈하지만 그 핵 속의 양성자는 잔류하게 된다. 물론 파울리는 중성자와 중성미자를 그 편지에서 구별하지 않았지만 이 뒤 페이지에 그의 이 아이디어가 담긴 멋진 편지가 있다. 현재 우리는 이 두 입자가 완전히 다른 것임을 잘 알고 있다. 파울리는 그 컨퍼런스에 참가하지 않았고 대신 핑계거리로 마을 무도회에 참석하였다(결국 더 중요한 것은 마을 무도회인가 아니면 가능한 새로운 입자의 발표인가?). 파울리는 그가 이룩한 높은 명성이 퇴색되지 않고 세상에 중성미자의 존재를 알리는 편리한 방법을 찾은 것이었다. 파울리는 중성미자가 실제로 존재한다는 것을 증명할 수 있는가에 대하여 계속 불확실하게 생각하였다.

물론 파울리가 중성미자를 처음으로 제안하기는 했지만, 그 입자를 실존의 영역에 최초로 도입한 것은 이탈리아의 젊은 물리학자 Enrico Fermi이다. 이미 피사 대학교에서 과학 박사 학위를 취득한 페르미는 연구를 위해 이탈리아에서 멀리 떨어져 여름을 보내고 있었다. 1920년대 말 여름 동안에 그는 독일 괴팅겐(Göttingen)에서 Max Born으로부터 새로운 양자역학을 학습하였다. 1930년 여름 동안에는 벨기에 브뤼셀에서 양자 전기역학의 새로운 테크닉을 공부한다. 이 분야는 후에 QED(Quantum Electro Dynamics)로 발전하게 된다. 양자역학과 QED는 전자와 같은 하전입자들이 전기장(electric field)과 어떻게 상호작용하는 것을 다루는 것이다. 이런 해외 연구를 통하여 페르미는 베타 붕괴 문제에 의해 제기된 도전에 대하여 대비를 한 것이다.

양자 전기역학 체계 내에서 페르미는 수수께끼의 베타 붕괴 전자-에너지 분포를 설명하는 방향으로 연구를 하였다. 그는 어떻게든 양전자(positron)가 핵에 의해 포획되기만 한다면, 중성자가 전자와 최근에 발견된 반전자인 양전자로 붕괴될 수 있다고 생각하였다. 파울리는 중성미자의 존재에 대해 회의적인 부분이 있어 결코 이에 대한 논문을 쓰지는 않았으나 베타 붕괴에 관한 문제를 생각하는 데 있어 다른 물리학자들을 이끄는 것을 중단하지 않았다. 파울리는 페르미에게 이런 제안이 옳지 않을 것이라고 말하였다. 파울리는 중성미자가 포함된 이론이 정당하게 확립된다 하더라도 입자가 직접 검출되지 않고 입자가 존재할 수 있느냐에 대해 확신하지 못하였다.

그런데 엔리코 페르미가 결국 베타 붕괴 에너지 스펙트럼을 수학적으로 기술한 "4점 베타 붕괴(4-point beta decay)"이론을 발전시켰다. 새로운 양자 전기역학과, 검출되지 않고 확실하지 않지만 부족한 에너지를 운반한다고 생각하였던 파울리 중성미자를 사용하여, 페르미는 이론의 수학적 공식화를 이룩하여 중성자-원자핵에서 양성자와 결합하여있는-가 양성자로 붕괴하면서 동시에 전자와 중성미자를 방출한다는 것을 밝혔다. 페르미 이론에서는 붕괴 전에는 하나의 입자가 붕괴 후에는 세 개의 입자가 되므로, 붕괴의 변환 점에서 네 개의 입자가 함께하기 때문에 4점 이론으로 불린다. 베타 붕괴 과정에서 방출되는 세 번째 입자의 존재는 전자의 광역적인(broad) 에너지 분포가 설명이 된다. 그런 관측되지 않은 입자(중성미자)는 전자에서 부족한 에너지[주석: 베타 붕괴마다 전자의 부족한 에너지는 각기 다름]를 가지고 간다. 페르미는 베타 붕괴에서 이 관측되지 않은 입자를 이탈리아어로 "작은 중성의 것"이라는 의미의 중성미자(neutrino)로 명명하였다.

페르미의 4점 베타 붕괴는 베타 붕괴 동안 중성자가 양성자, 전자, 중성미자로 붕괴한다고 제안하였다. 탈출하는 중성미자는 베타 붕괴 스펙트럼에서 보이는 유실 에너지에 대한 설명을 제공한다.

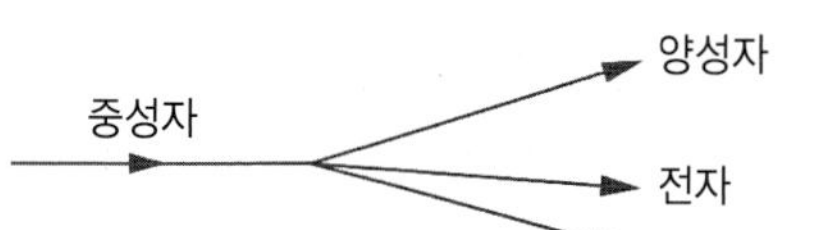

Physikalisches Institut
der Eidg. Technischen Hochschule
Zürich

Zürich 4 dec. 1930
Gloriastr.

Dear Radioactive Ladies and Gentlemen

As the bearer of these lines will explain to you in more detail—and I beg you to listen to him with benevolence—I have considered, in connection with the 'wrong' statistics of $^{14}N$ and $^{6}Li$ as well as with the continuous $\beta$ spectrum, a way out for saving the 'law of change' of statistics and the conservation of energy: i.e. the possibility that inside the nuclei there are particles electrically neutral, that I will call *neutrons,* which have spin 1/2 and follow the exclusion principle and that in addition differ from photons because they do not move with the velocity of light. The mass of the neutrons should be of the same order of magnitude of that of the electrons and anyhow not greater than 0.01 protonic masses. The continuous $\beta$ spectrum would then be understandable, assuming that in the $\beta$ decay together with the electron, in all cases, also a neutron is emitted, in such a way that the sum of the energy of the neutron and of the electron remains constant.

The question is now to see which forces act on the neutrons. The most probable model appears to me to be, for wave mechanical reasons (the detail can be given to you by the bearer of these lines), for the neutron at rest to be a magnetic dipole of a certain moment $\mu$. The experimental data certainly require for the ionizing power of such a neutron to be not greater than that of a gamma ray and therefore $\mu$ should not be greater than $e \times 10^{-13}$ cm. I do not consider advisable, for the moment, to publish something about these ideas and first I apply to you with confidence, dear Radioactives, with the question: what do you think about the possibility of providing the experimental proof of such a neutron, if it would possess a penetrating power equal or ten times greater of that of gamma rays?

I admit that my solution may appear to you not very probable, because if the neutrons would exist, they would have been observed long since. But only who dares wins, and the gravity of the situation in regard to the continuous $\beta$ spectrum is enlightened by the opinion of my predecessor in the chair Mr. Debye, who long since told me in Brussels: 'Oh, the best thing to do is not to talk about, like for new taxes'. For this reason one should consider seriously any way towards safety. Thus, dear Radioactives, consider and judge. Unfortunately I cannot come personally to Tübingen, because I am necessary here for a ball that will take place in Zürich the night from 6 to 7 December.

With many greetings to you as well as to Mr. Back.
Your devoted servant,

*W. Pauli*

입자물리학의 초기 시절에 이 입자는 중성미자로 불렸으나, 엄밀히 말해 반중성미자였다. 물리학자들이 이것을 이해하는 데는 오랜 시간이 걸렸다. 이 책에서는 이러한 차이를 이해하기 위한 필요한 개념이 5장 말미에 제시될 때까지는 이 내용을 소개되지 않을 것이다. 반중성미자를 언급할 때 간략히 중성미자라는 단어를 사용하는 것이 통상적인데 이는 마치 입자의 질량이 1 GeV/$c^2$ 일 때 이를 1 GeV 로 표시하는 것의 관례와 같다. 여기서 G는 십억을 뜻한다. 필자는 이 두 중성미자들을 중성미자로 언급할 것이며 이 책의 전반부 네 장들에서도 중성미자의 기호를 사용하지 않고 "중성미자"라는 단어를 사용할 것이다.

페르미가 그의 이론을 기술한 논문을 끝낸 후에, 그는 자신의 방으로 몇 친구들을 초청하였다. 흥분한 젊은 페르미는 침대 중간에 걸터앉아서 여러 가까운 친구들과 동료들—Emilio Segré, Edoardo Amaldi 그리고 Franco Rasetti 등은 침대 가장자리에 있는 페르미 주위에 앉아—에게 그의 논문을 읽어주었다. 논문을 읽으면서 페르미는 즉석에서 이 논문이 그에게 얼마나 중요하고 역사에 그의 업적이 남을 내용을 포함하고 있는 가에 대해 익살을 떨었다. 아이러니하게도 이 논문이 페르미가 베타 붕괴에 관해 남긴 처음이자 마지막 논문이며 그의 가장 최상의 이론적 업적으로 알려진다. 그의 가장 유명한 실질적인 업적과 중성미자의 직접적인 검출에 끼친 영향은 4장에서 논의될 것이다.

페르미의 4점 베타 붕괴 이론에 대한 성공을 과소평가해선 안 된다. 그 이론은 결론적으로 원자의 본질에 대한 중요한 논란을 종식시켰으며 전자가 어떻게 핵에서 방출되는 지에 대한 원인과 과정을 설명한 것이었다. 가장 중요한 것은 페르미의 이론적 모델이 실험 관측과 잘

젊은 이론 물리학자 엔리코 페르미(왼쪽)가 친구들과 알프스 등반 중에 휴식을 취하고 있다.
가운데가 넬로 카라라(Nello Carrara), 오른쪽은 프랑코 라세티(Franco Racetti).

일치하는 것이었다. 물리학자들은 전자-에너지 분포에 관련된 중성미자의 물리적 효과를 잘 알 수 있어, 설령 중성미자가 직접 검출되지 않았다 하더라도 새롭게 제안된 이 이론에 동의하였다. 이론과 실험이 일치하지 않으면 아무도 신뢰하지 않았을 것이다. 실험에 의해 확증되지 않은 이론은 고대 그리스 철학자들의 믿음 같은 것이다. 그들은 실험적인 탐구가 필요하지 않고 자연의 본질은 철학적 사고-과학에 반대되는 믿음-를 통해 발견할 수 있다고 믿었다.

1934년 페르미의 베타 붕괴 이론에 관한 논문이 출간되었으며 이는 핵과 입자 물리학의 보다 넓어진 학문 영역 내에서 새로운 연구 분야를 예고하는 것이었다. 이 새로운 분야는 약한 핵력(weak nuclear force) 분야였는데 이 힘은 베타 붕괴에서 최초로 알려졌고 이 힘과 관련된 수많은 업적 중에서 상당수가 이 중성미자 연구로부터 나오게 되었다. 현재 우리는 물질이 상호작용하는 네 가지 힘에 대해 알고 있다; 질량의 상호작용인 중력(gravity), 전하의 상호작용인 전자기력(electromagnetism), 핵 내의 양성자와 중성자를 결합시키는 상호작용인 강한 핵력(strong nuclear force), 베타 붕괴의 근본인 약한 핵력(weak nuclear force) 등이다.

1930년대 미국에서는 아원자 입자물리학에 관한 연구가 거의 이루어지지 않았다. Albert Einstein이 프린스턴 대학교에 재직 중이었지만 그는 에너지 보존 법칙이 절대적인 것이라는 확신을 가지고 있어서, 어떤 문제를 에너지 보존 법칙 외에 다른 방법[주석: 에너지 보존 법칙이 깨진다면 문제가 해결됨]으로 해결할 수 있다는 것은 생각하지 도 않았다. 결론적으로 베타붕괴는 물리학의 기본원리를 따른 것이었으나, 기본원리외의 다른 대안이 연구되지 않았다면, 자연의 깊이 묻어진 비밀은 오랫동안 알려지지 않은 채 남아 있었을 것이다.

• • •

이 장에서 베타 붕괴의 전자-에너지 분포에 관련된 비교적 작은 문제가 이미 잘 알려진 물리학의 원리로 이해될 수 없었다는 것을 알았다. 이런 문제를 해결하기 위해 볼프강 파울리는 그 때까지 검출되지 않았던 중성미자가 에너지 일부를 운반한다는 것을 제안하였다. 에너지를 운반하는 중성미자가 제안되지 않았다면 에너지 보존 법칙은 의문에 싸이게 될 것이고 매우 받아들이기 힘든 상황으로 전개되나갈 것이었다. 엔리코 페르미는 제안된 중성미자를 이용하여 베타 붕괴의 특이한 전자-에너지 분포를 정확하게 기술하는 최초의 이론을 전개한 것이다.

언뜻 보기에 작은 문제지만, 이로부터 입자물리학의 새로운 분야가 탄생하였다. 양자 역학의 이론이 짧은 시간동안 확립된 것에 반해, 약한 핵력과 관련된 상호작용의 이해를 위한 노력이 지난 60년 동안 진행되어왔지만 현재까지도 완성된 것은 아니다.

제2장

# 우주론과 중성미자의 질량

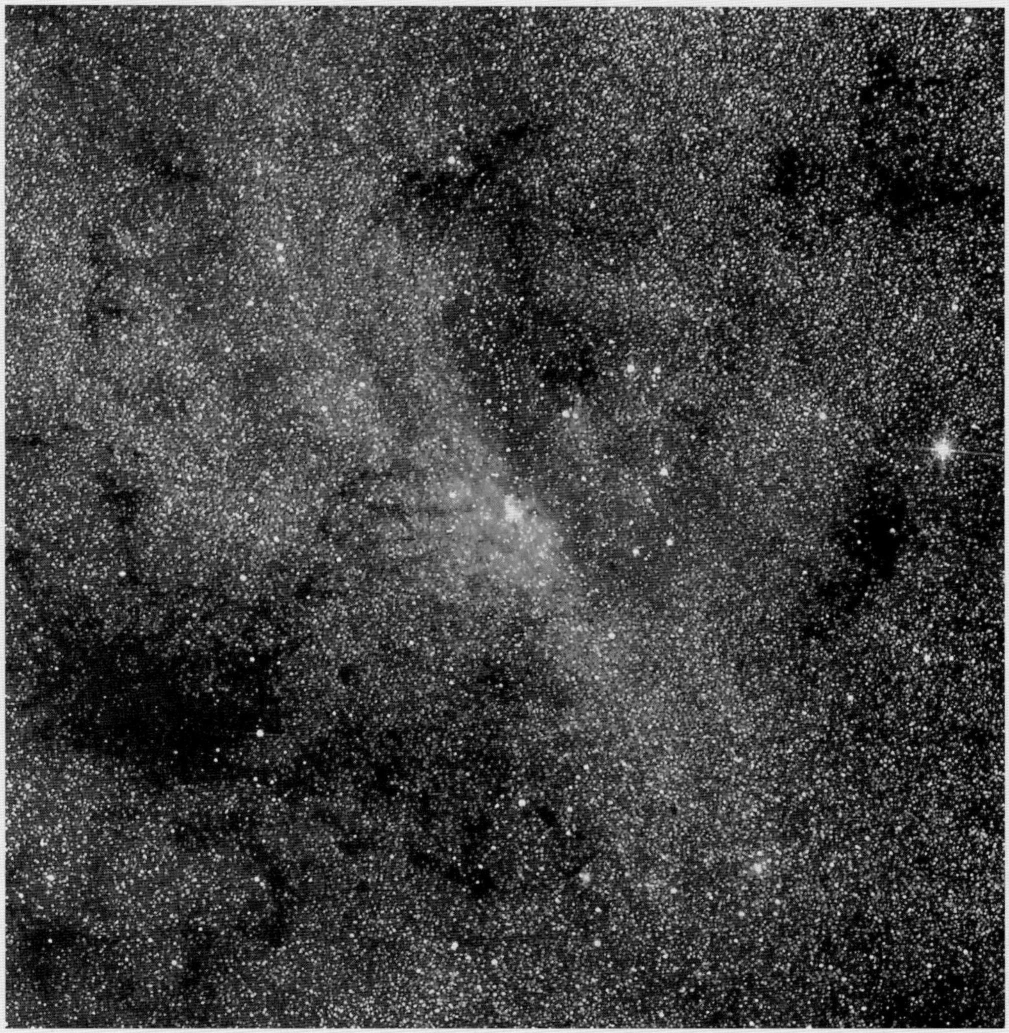

적외선 망원경에 의해 촬영된 영상이 우리 은하 중심의 별들이 고밀도로 모여 있음을 밝혔다. 이들 별들이 형성되고 핵반응을 일으키고 있어 많은 중성미자가 형성되어 외부로 전파되고 있다.

베타 붕괴에 대한 페르미의 새로운 이론이 제공한 첫 번째는 중성미자의 질량을 측정하는 방법이었다. 그 것은 정말 중성미자 그 자체가 직접 검출되기 전에 이론상 그 질량 측정을 가능하게 하는 방법이었다. 중성미자가 전혀 검출되지 않은 상태로 많은 양의 에너지를 운반할 가능성은 그 질량이 기본적으로 전자보다 작다는 것을 암시한다. 중성미자는 심지어 질량이 없는 입자일 수도 있다. 그러나 기본적인 양자 전자기학 이론에서 질량이 영(zero)이어야 한다는 광자에 비교해 중성미자가 질량이 영이어야 한다는 이론은 없다. 많은 세월 동안 중성미자는 질량이 없는 것이 아니고 매우 작은 것으로 알려졌으나 그 질량에 관한 불확실성은 그 수수께끼를 더 커지게 하였다.

나중에 과학자들은 아주 흥미로운 특별한 이유 때문에 중성미자의 질량에 관해 관심을 갖게 되었다. 중성미자 질량이 특별한 매개변수(parameter) 내에서 영이 아니라면, 중성미자와 우리 우주의 궁극적인 운명과 긴밀한 관계가 만들어질 수 있다는 것이다. 우주의 궁극적인 운명을 예측하려는 시도는 우주론(cosmology)이라는 과학 영역에 속한다. 중성미자의 질량과 우주론이라는 서로 무관할 것처럼 보이는 주제들이 이제 서로 연관을 짓게 되었으나, 그전에 우리는, 필자가 우주론에 관한 주 내용을 개관할 때가 오겠지만, 그런 주제의 기본적인 일부 내용들과 어떻게 마주하게 될 것인지 알 수 있을 것이다.

## 우주론의 역사적인 기원

밤하늘을 응시하면, 우리 대다수는 먼저 별과 별자리들을 본다. 별의 기원, 특히 그 별이 이 우주에서 우리가 있는 장소에 대해 무엇을 이야기 할 수 있는지는 철학적 상념의 주제와 역사를 통하여 대다수 사람들의 과학적 탐구 대상이 되어 왔다. 우주론 분야의 전문가들은 현재 보이는 것과 보이지 않는 모든 물질의 존재를 포함하는 전우주(the entire universe)의 성장과 발전을 연구하고 있다. 그들의 목적은 과학적 수단을 통하여 우주의 기원과 궁극적인 운명을 찾는 것이다.

1609년 초, Galileo의 망원경–원래 망원경은 해안의 상인들이 상선이 다가오는 것을 알아볼 목적에서 발명됨– 개량은 천문학자들이 밤하늘에서 전에는 단지 한 점의 빛에 지나지 않았던 천체를 보다 확대해서 볼 수 있게 하였다. 그들은 맨눈으로는 보이지 않던 수백 개의 새로운 별들을 발견하였다. 갈릴레오의 가장 큰 발견 중의 하나는 목성의 위성들과 금성의 위상변화에 대한 그의 주의 깊은 관측 결과에서 나온 것이었다. 이 연구들은 태양계의 중심에 지구가 아닌 태양이 있다는 증거를 그에게 제공한 것이었다. 종교적인 신념 때문에 당시의 사람들은 지구가 우주의 중심이 아니라는 것을 납득할 준비가 되어 있지 않았다. 갈릴레오는 고문 때문에 그의 주장을 폐기하고 그의 생의 나머지 9년 동안 추방당했다.

위로부터 본 우아한 모습의 나선은하 NGC 2997. 은하의 밀집된 핵과 거대한 나선팔이 분명히 보인다.

관측을 통해 천문학자들은 이 별들이 무리지어 은하를 이루는데, 은하들은 매우 다양한 모습을 가진다. 이중 가장 멋진 것은 길게 휩쓰는 것 같은 모습의 나선은하(spiral galaxy)이다. 달이 없는 밤에 도시에서 멀리 떨어진 산꼭대기에 서있는 관측자는 하늘을 가로 질러 직선상의 넓은 띠 모양으로 빛을 퍼뜨리는 우리 자신의 은하인 은하수(Milky Way)의 팔(완, arm)을 볼 수 있을 것이다.

별들은 서로에게 작용하는 상호 중력적인 끌림에 의해 은하 내에 함께 있게 된 것이다. 은하들 그 자체도 은하단(galactic cluster, 단순하지만 정확한 용어)이라 불리는 집단으로 서로 밀집되어 있는 것들이 자주 발견된다. 천문학자들이 망원경으로 관측 가능한 가장 먼 은하까지의 지도를 작성하기 시작했을 때, 모든 방향으로 은하들과 심지어 은하들의 집단까지도 균일하게 분포하는 것 같다는 것을 알아차렸다. 이 단순한 관측은 우주 어디에서나 똑같이 실제로도 그렇다는 것을 확장시킨 것이었다. 우주 원리(cosmological principle)라 부르는 이 원리는 충분히 큰 규모에서 우주는 균일하고 등방성(isotropic)이어서 물질의 분포는 어디나 같고 우주는 어디서도 똑같이 보인다는 것을 말하고 있다. 우주 원리는 우주는 어디서나 똑같기 때문에 중심을 가지지 않는다는 것을 말하는데 이용되고 있다.

별과 은하의 발전을 연구하기는 어렵다. 매우 오래되고 느리게 변화하는 이들 대상물들은 평균적인 인간의 생애동안에 어떤 눈에 띠는 변화를 하지는 않는다. 다행히, 빛이 우리에게 도달하는 데는 시간이 걸린다. 우리에게 가장 가까운 은하를 관측할 때, 우리는 거의 우리 세상의 나이만큼 먹은 은하를 관측하나 더 먼 은하는 우리가 보는 시간보다 더 이전으로 거슬러 올라가야 한다. 이러한 추정은 의미가 있는 것 같으며 제한된 정도에서 우리가 시간을 되돌려 볼 수 있게 한다. 우주 원리가 옳다고 가정하면, 연구하기에 용이한 우리에게 근접해 있는 물체는 우주의 나머지 부분을 대표한다고 확언할 수 있다. 이러한 주장은 심지어 우주에서 관측이 불가능한 부분까지를 포함하여 우주에 관한 이론을 정형화 할 수 있게 한다.

우주론에 있어 실험은 거의 불가능하다. 그래서 우주론은 대부분 관측 과학인 것이다. 도플러 편이(Doppler shift)의 측정 같은 관측기술은 단순한 측정방법이지만 천체물리학자들의 엄청난 결과를 이끌어내게 한다. 도플러 편이에 의해 그 때까지 해결하지 못한 우주에 관한 기본적인 수수께끼가 드러났지만 그 해결은 중성미자가 포함되는 것으로 생각하게 되었다.

도플러 편이는 설사 그 이름을 알지 못했다고 할지라도 우리 거의 모두는 이 현상을 관찰하고 있다. 도플러 편이는 파동의 근원이 관찰자에게 다가가는지 아니면 멀어지는지를 판단할 수 있게 한다. 어떤 누군가가 제트기가 머리 위를 지나가는 소리를 들었다면, 듣는 사람에게 비행기가 다가가면 엔진 소리가 높아지고 다음에 비행기가 멀어지면 그 소리는 낮아진다. 비행기의 운동이 듣는 사람에게 접근하면 높고 날카로운 소리를 내면서 음파의 파장이 짧아지며 그 사람에게서 멀어지면 파장이 길어져 낮은 소리로 된다. 청취자에 들리는 제트 엔진 소리의 진동수는 엔진에 의해 생성되는 실제 진동수와는 다르다. 엔진 소리의 실제 진동수는 단지 비행기가 듣는 사람의 바로 머리 위에 있을 때 뿐이다.

청취자의 관점에서 음파의 파장은 듣는 사람과 음원 상호가 서로 멀어지는지(중간) 아니면 서로 가까워지는 가(가장 밑)에 따라 이동한다. 듣는 사람과 음파 방출체가 서로 운동이 없는 경우에만 이동이 일어나지 않는다(가장 위 그림). 이들 각각의 경우 음파의 파장의 차이는 소리의 높이에서 주목할 만한 차이가 나타난다. 빛의 속도에 가까운 속력으로 움직이는 비행기 날개 끝에서 나오는 빛은 비행기가 관찰자에게 멀어지면 적색편이가 일어나고 관찰자 쪽으로 움직이면 청색편이가 나타난다.

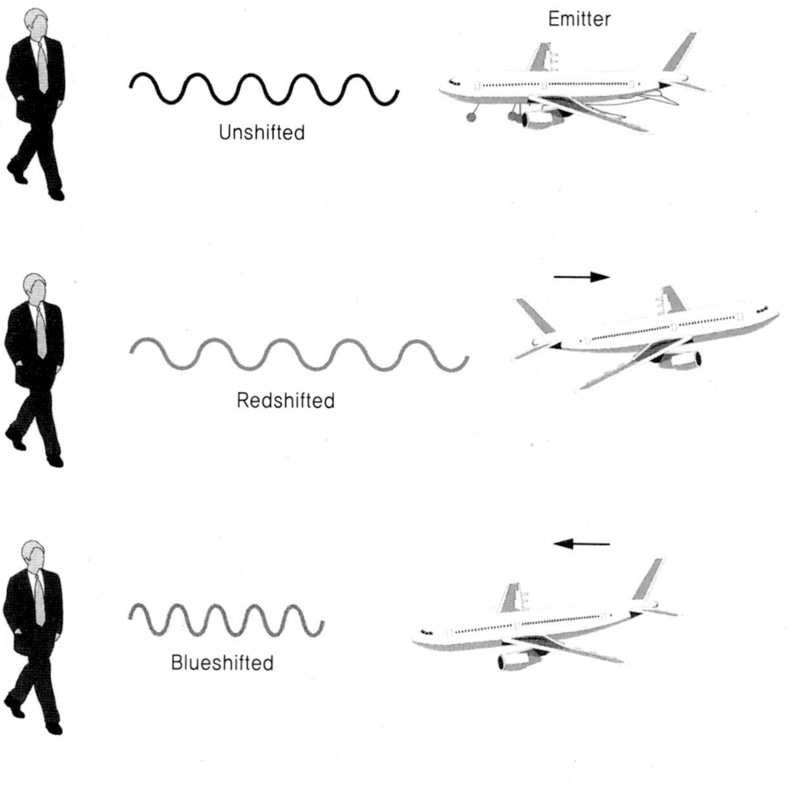

천문학자와 우주론자들에게 중요한 것은 소리가 아니라 빛이다. 광원과 관측자가 항상 같은 거리를 유지한다면 빛의 파장은 관측자의 위치에서나 광원의 위치에서나 똑같을 것이다. 마치 제트기가 움직이지 않는다면 제트기의 소리가 같게 유지되는 것과 마찬가지로. 물체가 관측자로부터 멀어지기 시작하면 빛의 파장은 쭉쭉 늘어나게 될 것이다. 이 때, 멀어지는 것이 관측자이든, 광원이든 아니면 양자(both)이든 그것이 문제가 되는 것은 아니다. 문제가 되는 것은 빛의 파장을 늘이는 두 물체 상호간의 거리가 멀어지는 것이다. 이런 종류의 파장길이가 늘어나는 것이 일어나면 적색편이(red shift)라 한다. 이 때 빛의 파장은 스펙트럼에서 적색 부분 쪽으로 편이가 일어나고 광원은 더 붉어진다. 비슷하게 두 물체가 접근할 때는 방출하는 빛의 파장은 짧아지는데 이런 빛의 파장단축은 청색편이라 한다. 적색 또는 청색으로의 파장 이동량(amount of wavelength shift)은 물체가 서로 멀어지는가 아니면 접근하는 속력에 따른다.

수소와 헬륨 같은 별의 주 구성원소들은 일종의 지문(fingerprint)을 보유한다. 각 원소들은, 스펙트럼으로 알려진, 원소마다 약간씩 다른 알려진 진동수의 빛을 방출한다. 1920년대에 천문학자인 Edwin Hubble은 캘리포니아 윌슨산 천문대의 100인치 망원경으로 별에서 나오는 수소와 헬륨의 도플러 편이를 관측하였다. 그는 처음에 이 스펙트럼들이 적색 쪽으로 치우친

프리즘을 통해 관측한 별의 집단은 서로 다른 스펙트럼을 나타낸다. 가지고 있는 수소를 다 태워버린 늙은 별들의 스펙트럼은 밝은 색 선들을 가지는 반면, 별의 외피(outer layer)에 있는 원소들이 휘선(emitted light)을 흡수한 젊은 별들은 어두운 색 선들을 보유한다.

다는 것을 깨달았다. 멀리 떨어진 은하들의 별들이 적색편이를 한다는 것은 그 은하들이 우리에게서 멀어진다는 것을 의미한다. 수 백 개 은하들의 스펙트럼 편이 관찰을 통해 허블은 은하가 멀리 떨어질수록 우리에게서 더 빨리 멀어진다는 것을 발견했다. 오늘날 천문학자들은 아직까지 그 기원이 논란이 되고 있으며 매우 밝은 빛을 내는 퀘이사(준성, quasar)의 적색편이를 측정하고 있다. 어떤 학자들은 퀘이사가 은하의 탄생 상태를 관측한 것이라 믿는 반면 다른 학자들은 은하들이 형성되기 훨씬 이전 과거 우주의 상태를 보고 있는 것이라 생각하기도 한다. 이 퀘이사들은 그들의 적색편이에서 우리에게서 매우 빠르게 멀어지는 것이 관측되어 우주에서 가장 먼 천체들로 알려진다.

우주공간의 모든 천체들이 우리에게서 빠르게 멀어지고 있다는 놀라운 발견은 지구가 우주의 중심에 있다는 것을 다시 가정하게 하였다. 그렇다고 지구의 위치에 대한 우리의 관점을 다시 갈릴레오 이전으로 되돌리는 것은 적절하지 않으므로, 천문학자들은 이 새롭게 관측된 현상을 다른 원인에서 찾으려는 노력을 시작했었다.

## 우주의 질량

여러 세기 전, 일찍이 Isaac Newton은 우주의 범위에 관한 생각을 하기 시작했었다. 뉴턴은 우주가 무한하게 확장되어 있다면 중심도 없을 것이고 중력이 우주의 모든 물질을 끌어당기는 공간도 없을 것이라고 추정했다. 만약 우주가 유한하였다면, 중심이 있을 것이고 중력이 물질을 서로 끌어당겨 마침내 우주가 한 장소에 모이게 되었을 것이다. 비록 뉴턴이 우주의 범위와 그 운명에 대한 중력의 역할에 대해 생각하긴 했지만, 그는 정말로 우주가 팽창하고 있다는 것은 절대로 추측하지 못했을 것이다!

앨버트 아인슈타인과 그의 지지자들의 이론은 관측된 우주의 팽창에 대해 그럴듯한 설명을 하였다. 현재의 일반 상대성 이론에서 우주 그 자체는 팽창하는 공간이다. 이 이론에 따르면, 관측자와 어떤 물체 사이의 공간이 커지면 이들 둘 사이의 공간은 더 커지려 해서 둘 사이의 거리는 더욱 더 멀어지게 된다. 커지는 수박 속의 씨들이 수박의 분홍색 과육이 커짐에 따라 서로 멀어지는 것처럼 우주의 은하들도 우주 공간이 커지면서 서로 멀어지게 된다. 커지는 수박 속에서 멀리 떨어진 씨들이 더 큰 운동 정도를 보이는 것처럼 멀리 있는 은하일수록 빠르게 우리에게서 멀어진다.

우주가 팽창하고 있다면 우주의 탄생시점에서는 우주는 아주 작았다는 결론에 이른다. 충분히 먼 과거의 어느 시점에 우주는 아마 하나의 작은 점이었을 것이다. 이 장에서 필자는 우주의 장래에 대한 논의도 일단 중지하고 먼 과거에 일어났을 사건들에 대한 논의도 9장으로 넘긴다.

우리가 이미 알고 있는 질량과 중력에 대한 지식으로는 우주가 팽창한다는 새로운 지식은 의문을 불러일으킨다. 우주에 팽창을 저지할만한 충분한 질량이 있는가? 그렇다면 역으로 우주는 붕괴(collapse)할 것인가?

여기에 네 가지 가능한 시나리오가 있다. 첫째로 중력이 없었다면, 우주는 대폭발에서처럼 매우 먼 훗날까지 일정한 속력으로 팽창을 계속할 것이다. 우리는 중력이 우주에 존재하는 것을 알고 있지만 아직까지 물질 사이에 중력적 상호작용이 없이 우주를 생각하는 것에 익숙하다. 우주가 중력의 영향이 없이 팽창하고 심지어 원자들이 전기적 인력으로 형성되었다면, 이 중성의 원자들은 함께 묶여있을 수 없을 것이다. 그러므로 아주 작은 입자에 이르기까지 작용하는 중력적 상호작용은 우주 전체 질량에 관한 의문에 열쇠를 제공하는 것이다. 중력은 분명히 존재하고 우주의 질량을 가진 모든 입자들은, 그들 간의 거리는 논외로 하고, 서로 다른 입자들과 쌍을 이루고 있기 때문에 중력적 이끌림은 우주의 팽창속도를 줄일 것으로 생각하는 것이다.

이제 우리 우주의 세 가지 가능한 운명이 남겨져 있다. 먼저, 충분히 강한 중력을 발생시킬 정도로 물질이 충분하지 않다면, 우주는 영원히 팽창할 것이며 그 속도가 느려지기는 하겠지만 팽창을 멈추지는 않을 것이다. 두 번째 가능한 운명은 "너무 많은" 물질이 있는 경우에 일어날 것이다. 그 경우 팽창은 중지될 것이고 모든 물질의 입자들은 서로 근접해서 우주 자체가 붕괴할 것이다. 마지막 세 번째는 물질이 우주의 팽창을 중지시킬 정도로 많지도 않고 우주가 영원히 팽창을 계속할 정도로 적지도 않은 매우 특이하고 임계적인 경우이다. 이 경우 그 팽창 주기는 하나의 종말을 향해 가기는 하나 안정되고 팽창하지 않는 우주일 것이다. 이

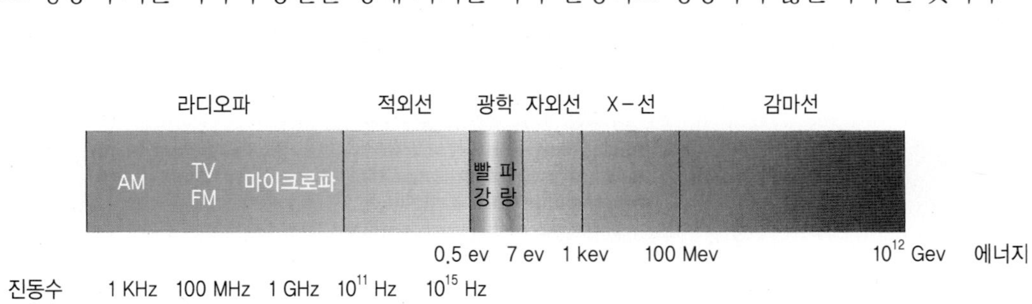


전자기 복사는 그 전자기 스펙트럼이 매우 광역적인 에너지 범위에 걸친다. 에너지가 커질수록 복사의 주파수는-초당 헤르츠(Hertz)나 사이클(cycle) 단위로 약자는 Hz-높아진다.

매우 특이한 시나리오는 물질의 정확한 양이 존재하거나, 과학에 의해 아직까지 밝혀지지 않은 원래의 우주 탄생(original creation)에서의 물리학적 원리들이 작용할 수밖에 없다. 우주의 운명은 우주 안의 물질에 따라 달라지므로 그 질량이 정확하게 측정되어야 그 운명을 예측할 수 있을 것이다.

우주의 이런 구상을 지지하는 실험적 증거들이 1960년 대 중반에 두 명의 과학자들이 예기치 않게 우주의 모든 방향에서 방사되는 배경복사(background radiation)를 검출하면서 제시 되었다. 1965년 벨 연구소에서 인공위성 통신을 연구하던 두 명의 공학자와 과학자인 Robert W. Wilson과 Arno Penzias는 새롭고 민감한 라디오 수신기를 제작하였다. 그들이 초단파 주파수에서 잡음 문제를 해결하려고 시도하는 중에 우주 공간의 모든 방향에서 일정하게 어떤 주파수로 배경잡음이 오는 것을 깨달았다. 이 배경 잡음은 흑체복사(blackbody radiation)와 기본적인 관계가 있다. 햇빛 아래 놓인 검은 색 대포알 같은 물체를 생각할 때, 그 포탄은 열을 흡수한다. 밤 동안에 그것은 냉각되면서 그 열을 방출한다. 우리가 열이라 부르는 것은 적외선 파장대에서의 복사이기 때문에 식어가는 포탄은 그 파장 영역에서 복사를 방출하는 것이다. 만약 우리가 밤 동안에 "열적" 방사를 볼 수 있다면, 그 포탄이 어떤 특징적인 스펙트럼으로 복사하는 것을 볼 수 있을 것이다. 그 복사 강도는 최대 주파수까지 서서히 올라간 다음, 영(0)으로 갑자기 떨어진다. 하늘에서 오는 초단파 방출 스펙트럼은 이러한 흑체복사 스펙트럼과 모양이 비슷하며 냉각과정에서 나타나는 것과 유사한 기원을 가진 것으로 생각되었다. 이 초단파 방출 스펙트럼은 좋은 FM 라디오로, 하나의 채널은 88MHz, 아래에 다른

밤하늘에서 오는 초단파 복사의 관측된 스펙트럼. 그 스펙트럼은 냉각되는 물체에서 나오는 흑체복사의 특징적인 모습을 지닌다. 스펙트럼의 피크는 온도가 단지 2.7K 임을 지시한다.

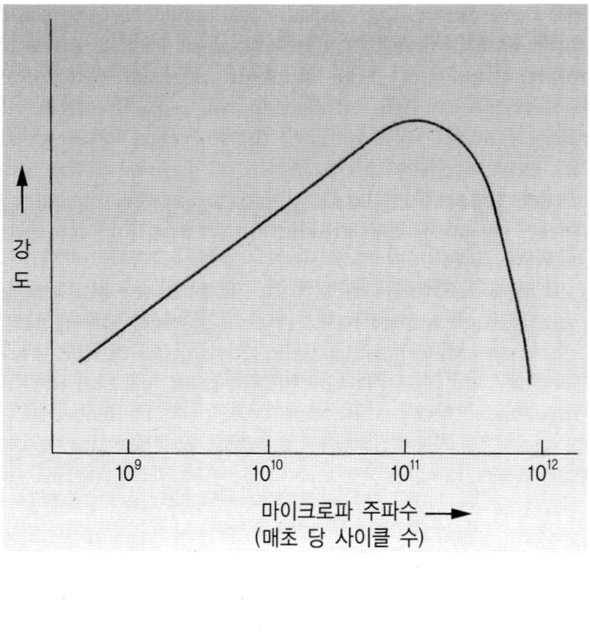

채널은 108MHz 위에 놓고, 들을 수 있다. 물론 근처에 어떤 방송국도 없는 상태여야 한다. 여러분들은 이 두 채널을 고정시키고 이 잡음을 들을 수 있다. 이 두 채널 사이에서 빠르게 스위치를 돌리면 고주파수 채널에서 일정하게 높은 강도로 이 잡음을 들을 수 있다. 이것이 초단파 배경 잡음 스펙트럼의 저주파 부분이다. 이 효과는 대도시 근처에서는 잘 알기 어려우나 산속의 계곡 바닥에서도 분명하게 나타난다.

우주의 대폭발 이론은 우주가 배경복사로 가득 찼었다는 것을 예측하게 된다. 대폭발 초기에 복사는 모든 방향으로 방사되었고 시간과 함께 냉각되어 현재는 초단파 신호로 지구에 도달하는 것이다. 윌슨과 펜지아스의 측정은 이 초단파 배경복사의 평균 열적 온도가 태양에서 멀리 떨어진 심연의 우주 공간 온도와 같은 2.7K 또는 화씨(Fahrenheit) 영하 −454.8°F로 절대영도보다 몇도 높은 정도이다.

1990년대 초에 NASA(미국 국립 항공 우주국)는 우주 배경복사 탐사를 위해 COBE라 불리는 과학위성을 발사하였다. COBE의 임무는 흑체 초단파 스펙트럼으로 나타나는 우주 배경복사의 균질성을 측정하는 것이었다. 이 위성은 하늘의 두 부분을 동시에 관측하고 그 부분들의 초단파 온도를 매우 높은 정밀성으로 비교할 수 있는 능력을 보유하였다. 그 위성은 물질이 밀집되어있다는 것을 나타내는 초단파 배경복사의 비균일성(non-uniformity)을 관측할 수 있게 고안되었다. 그 임무를 완수한 뒤, COBE는 100,000분의 1의 정밀도로 판단해도 우주가 균일함을 발견하였다. 이런 균일성은 우주의 기원에 대한 대폭발설의 지지와 함께 우주는 물리적인 중심이나 물질의 집중이 없다는 것을 더욱 지지하게 하였다. 그러한 거의 완전한 균일성은 우주 공간 그자체가 팽창한다는 일반 상대성 이론을 지지하는 것이었다.

## 놓치고 있는 물질

천문학자들은 빛을 내는 물질의 양을 관측하여 우주의 전체 질량을 추산할 수 있다고 생각하여 그 물질을 가지고 우주의 궁극적인 운명을 예측할 수 있다고 생각했다. 국소적으로, 즉 우리 은하 영역에서 우리는 직접 관측할 수 있는 빛을 내는 모든 물질들의 분포와 심지어 우리의 기기가 관측할 수 없는 빛을 내지 않는 모든 물질에 이르기까지도 잘 알고 있다. 물질의 중력적 이끌림에 의해 보이는 별이 작은 이동을 하게 되므로 국부적인 별의 운동은 보이지 않는 물질 때문에 어긋나게 되고 결국 그 장소의 모든 물질을 추산할 수 있게 한다. 예를 들어 궤도를 도는 행성의 운동 때문에 우리 태양계와 매우 근접한 어떤 별의 관측자에게는 태양계의 질량은 차이가 난다. 그 별의 관측자에게 측정된 질량은 태양 자체의 질량이 아니라 전체 태양계의 질량인 것이다. 그 이유는 모든 행성들은 중력적으로 태양에 구속되어 있고 그래서 이들 전체가 하나로 결합되어 운동하는 것으로 관측되기 때문이다.

국부적으로 빛을 내는 물질에 대한 물질의 밀도비는 멀리 떨어진 은하들뿐만 아니라 우리 은하의 나머지 부분의 질량을 추산하는데도 사용될 수 있다. 모든 알려진 은하들의 광도(국부적으로 보이지 않는 물질의 경우가 보정된)로부터 우주에 있는 물질의 계산이 추정될 수 있다. 이렇게 추정된 우주의 질량은 우주가 붕괴하기에는 불충분하다는 것을 발견하였다. 그런 붕괴가 일어나기에 충분하려면 현재보다 10배에서 100배의 더 많은 보이지 않는 물질을 필요로 한다.

하나의 은하는 각각의 별들이 서로 중력에 의해 끌어당겨진 상태로 이루어지기 때문에 은하가 강체(rigid body)처럼 회전하지는 않는다. 대신에 은하는 나선상 소용돌이 중심으로부터 거리에 따라 다른 속도로 회전하며 화장실 변기에서 내려가는 물과 같은 운동을 한다. 은하의 별들은 중심 핵 주위를 서로 다른 속력으로 공전하는데 중심에 근접한 별일수록 중심에서 멀리 떨어진 별에 비해 더 빠르게 공전한다. 천문학자들은 은하의 하나의 팔로부터의 도플러 편이와 그 팔에 반대방향 팔의 도플러 편이를 비교하여 면 은하의 회전속력을 측정할 수 있다. 은하 중심으로부터 서로 다른 거리에서의 도플러 효과를 비교함으로서, 은하 중심으로부터 거리에 대한 함수로써 회전속력을 측정하여 은하의 회전곡선을 얻을 수 있었다. 이 회전곡선은 은하 중심에서 특정한 거리만큼 떨어져 있는 장소의 질량밀도를 추정할 수 있는 방법을 제공한다.

천문학자들은 지구에서 나선은하 가장자리를 거의 모두 볼 수 있는 나선은하의 회전곡선을 측정했다. 놀랍게도 그들은 그 곡선이 빛을 내는 물질의 질량에서 예측된 곡선과는 다르다는 것을 발견한다. 은하의 핵을 공전하는 별과 물질의 속도는 핵으로부터 거리가 멀어짐에 따라 어떤 지점을 넘어서면 선형적으로 감소해야 한다. 회전속도는 은하 중심에서 멀어지면서 물질의 밀도가 줄어들기 때문에 감소할 것으로 기대되었다. 은하들의 사진으로부터 빛을 내는 물질이 줄어듦에도 불구하고 속도 측정 결과, 별들이 이 보다 큰 반경에서는 상당히 빠른 회전속도를 유지하는 것이 분명해졌다. 그것은 은하 중심에서 멀리 떨어진 곳에 관측할 수 있는 것보다 훨씬 많은 물질이 존재하는 것처럼 보인다.

새로운 질문이 생겨난다. : 은하핵에서 멀리 떨어진 곳에 존재하는 것이 무엇이든 간에, 이 암흑물질(dark matter)이 우주 물질의 전체 질량 추정 값(estimate)에 변화를 가져올 정도로 충분할 수 있을까? 그렇다면 우주의 장래에 대한 우리의 예측도 수정되어야 할까?

천문학자들이 빛을 내지 않는 암흑물질이 숨겨져 있을 만한 곳－초 질량적인 블랙홀 내부나 은하에 산재하는 수많은 갈색왜성(brown dwarf)－에 관하여 자신들의 의견을 제안하고 있지만, 입자 물리학자들도 역시 의견을 내놓고 있다. 그들이 제안하는 놓친 물질(missing mass)의 후보로는 자기적 단극(magnetic monopole), 매우 약한 상호작용을 하는 중입자(massive), 이 책의 범위를 넘어서는 많은 다른 것들 같은 특이한 입자들이 거론되고 있다. 그러나 그 후보 중 하나가 바로 중성미자이다.

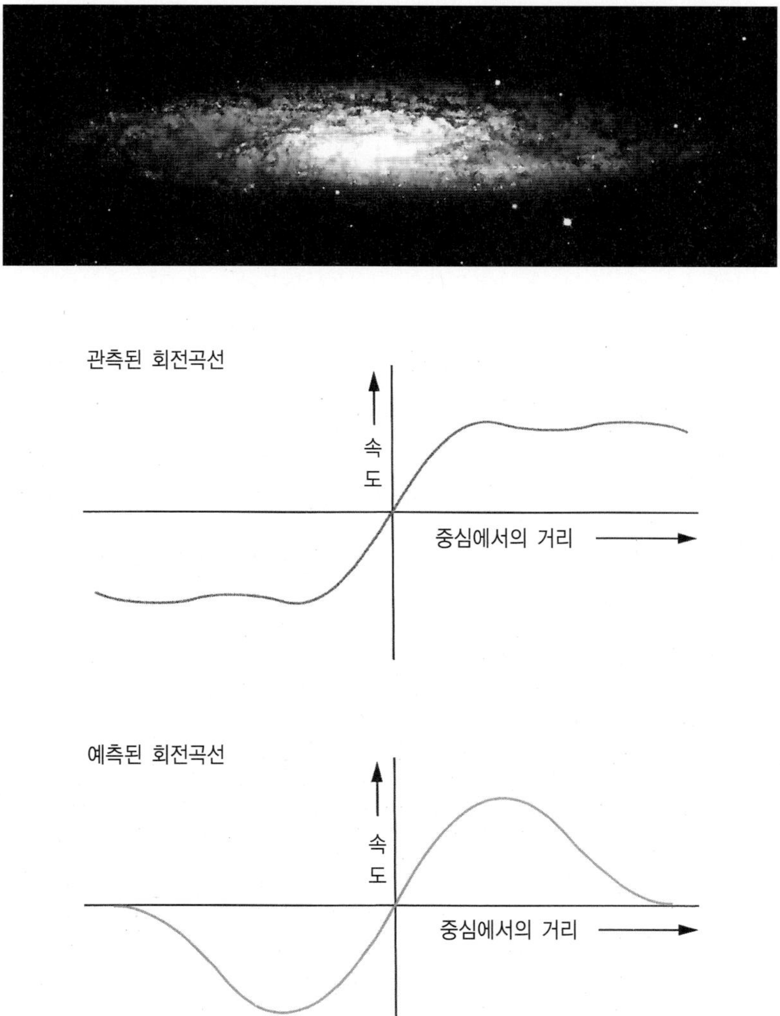


천문학자들은 위에 보이는 은하처럼 거의 가장자리 모습이 나타나는 나선은하에서의 회전속도를 측정할 수 있다. 이 속도에서 제일 밑과 같은 회전곡선을 얻는다. 그러나 이렇게 측정된 회전곡선은 빛을 내는 물질의 분포에서 계산된 예측 회전곡선과 들어맞지 않는다(가운데). 분명한 결론은 암흑물질이 존재한다는 것이다.

필자가 9장에서 논의하겠지만, 우주의 탄생 이래 엄청난 숫자의 중성미자가 만들어졌고 현재보다는 우주생성 초기에 훨씬 더 많이 만들어졌다. 만약 중성미자의 질량이 단지 22 $eV/c^2$ – 전자 질량의 1/25,000 – 이라도 이 질량의 중성미자는 궁극적으로 우주의 붕괴를 가져올 것이다.

은하핵의 물질의 양은 엄청나게 많다. 이 핵 내부에서 별들이 생성되고 핵반응을 일으키면서 많은 수의 중성미자를 만들게 되었고 그들은 밖으로 전파되었다. 이 중성미자들은 이미 은하의 빛을 내는 물질의 가장자리 너머까지 도달했을 것이다. 그리고 이들이 영이 아닌 질량을 가지고 있다면, 이들은 은하 회전곡선의 특성을 설명할 수 있는 은하 가장자리의 물질 밀도 상승에 공헌할 것이다.

초기 대폭발은 모든 다른 기원(sources)의 중성미자 형성을 압도할 정도로 어마어마한 수의 중성미자를 생성시켰다. 이들 빅뱅 중성미자들은 은하 전체에 걸쳐 고르게 퍼져있다고 생각된다. 그러므로 그 중성미자들은 은하의 회전곡선에서 "보이는" 암흑물질이 될 수는 없으나 우주의 붕괴를 가져올 수 있는 충분한 질량으로 설명될 수는 있을 것이다.

## 중성미자 질량의 결정

1934년 페르미가 베타 붕괴에 관한 전자의 에너지 분포의 수수께끼를 해결한 그 논문에서 중성미자의 질량이 전자의 에너지 분포에 어떤 영향을 줄 것이라고 정확히 설명하였다. 초기 핵에서 최종 입자로 진행할 때 일어나는 모든 질량 손실이 운동에너지로 전환되어 핵이나 중성미자보다는 전자에 주어져 베타 붕괴에서 나오는 전자는 가능한 최대 에너지를 얻는다. 이 최대 전자 에너지는 전자의 종료점 에너지(end-point energy)로 불리며 분명히 중성미자 질량과 관계된다. 중성미자가 질량이 없다면 전자 에너지 분포는 이 종료점 값으로 점진적으로 하강할 것이다; 만약 중성미자 질량이 적으나 0이 아니라면, 에너지 분포는 종료 점에 서서히 도달하다가 예측된 값에서 바로 빠르게 하강할 것이다. 중성미자의 질량이 크다면, 그 에너지 분포는 최대 가능 에너지 값에서 예리하게 잘리는 것처럼 빠르게 하강할 것이다. 중성미자 질량을 결정하기 위해서는 전자 에너지 분포의 끝 부근에서 최대 전자에너지 값이 중요하다.

이러한 측정을 하는 그 당시의 물리학자들에게는 상당히 단순하게 들렸겠지만 사실상은 그 측정은 어려운 것으로 밝혀졌다. 대부분의 에너지가 직접 전자에 주어질 때만 전자는 종료

점 값 부근의 에너지를 얻는다. 그리고 그러한 베타 붕괴의 수는 적다. 대체로 붕괴 에너지는 전자와 중성미자에 분배된다. 오염은 이 실험을 더 복잡하게 만든다. 고에너지 입자를 방출하는 원소가 없이 베타 붕괴 만을 하는 오염되지 않은 시료를 찾는 것은 극히 어렵다. 대기나 기구에 자연적으로 포함된 이온화 입자도 연계된 이 모든 것들은 그 실험을 매우 힘들게 한다. 비록 중성미자 질량을 측정할 수 있는 이론적 과정은 1934년 이래 알려져 왔지만 L. M. Langer와 R. J. D. Moffat이 보통의 양성자와 두 개의 중성자를 가진 희귀한 수소인 삼중수소(tritium, $^3$H)의 붕괴에서 중성미자 질량이 250 eV/$c^2$ 보다 적다고 측정했던 1952년까지 그 질량은 측정되지 못했다. 삼중수소는 전자와 중성미자를 방출하면서 하나의 중성자와 두 개의 양성자를 가진 헬륨-3($^3$He)으로 붕괴한다.

$$^3\text{H} \rightarrow {}^3\text{He} + \text{전자} + \text{중성미자}$$

랭어(Langer)와 모팻(Moffat)의 결과는 중성미자가 적은 질량을 가질 수 있다고 하였으나 질량이 0일 가능성도 암시한 것이었다.

실제로 흥분되는 일은 1980년에 과학자들이 새롭고 고도로 정제된 베타 붕괴 실험을 수행했던 소련 모스크바의 이론 실험 물리학 연구소(ITEP)에서 일어났다. ITEP 물리학자들은 위와 같은 삼중수소-붕괴과정에서 중성미자의 질량을 확실하게 14 eV/$c^2$ 보다 크고 46 eV/$c^2$ 보다 적다고 측정하였다. 이 결과는 물리학자들을 들뜨게 하였을 뿐만 아니라 천문학자들이 우주의 팽창과 놓치고 있는 암흑물질과 관련된 대폭발설을 이해하는데 필요한 정확한 범위를 제공하였다.

최초의 정확한 중성미자 질량측정 후, 다른 물리학자들은 그 결과를 재확인 하는 새로운 실험들을 설정하였다. 그러나 그들은 곧 ITEP 실험에 약간의 오류가 있다는 것을 깨달았다. 그 이유는 이 실험이 삼중수소의 냉동 실험 시료를 사용했기 때문에 전자가 고밀도의 고체 시료를 떠날 때 전자-에너지 분포에 왜곡을 유발한다는 것이었다. 새로운 실험은 더 정확한 값을 얻는다는 희망을 가지고 그런 문제를 피해 고안되었다.

취리히 대학의 한 연구그룹은 일련의 실험들을 최초로 수행하였는데 현재까지 최상의 측정으로 평가받고 있다. 이것은 취리히가 우리가 아는 한, 중성미자의 개념을 최초로 받아들였던 볼프강 파울리의 고향이었기 때문에 잘 어울리는 것으로 보인다. 삼중수소의 기체 원천(gaseous source)을 사용하여 취리히 그룹은 정확한 전기장을 적용하여 붕괴에서 방출된 전자

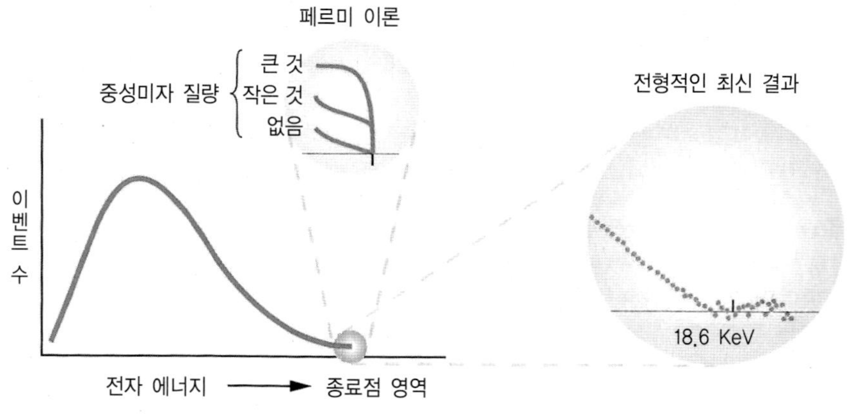


페르미의 이론은 서로 다른 중성미자 질량에 따라 종료점 부근 베타 붕괴에서 전자-에너지 분포의 모습을 예측했다. 실험적으로 실제 측정된 모습은, 오른쪽에 보이는 것처럼, 영의 질량 곡선에 가장 잘 일치한다.

를 가속하였다. 방출된 전자의 가속에 의해 보다 높은 에너지를 얻게 되었으며 전자 에너지를 보다 정확하게 측정하였다. ITEP 실험에서처럼 자기장에서 전자의 휘어짐을 정확하게 측정하여 위치 민감형 검출기(position-sensitive detector)로 그 최종 위치를 기록하였다. 1986년 최초의 일관된 중성미자 질량의 결과들이 0이 아닌 18 eV/$c^2$ 보다 크지 않은 것으로 얻어졌는데 이 값은 ITEP의 35 eV/$c^2$ 과는 다른 것이었다. 1990년 취리히 대학의 최신 실험결과는 중성미자의 질량이 0에 가까워 확정적으로 9 eV/$c^2$ 보다 작은 전자질량의 1/60,000 정도라 한다.

이 결과는 우주론자들을 실망시켰다. 지금까지 제안되었던 이론들보다 기본적으로 훨씬 더 많은 중성미자들이 초기 우주의 어떤 단계에서 형성되었지 않는 한 우주에서 잃어버리고 있는 물질이 중성미자라고 확답할 수 없게 되었기 때문이다. 그러나 현재 물리학자들과 천문학자들은 취리히 실험결과와 더 잘 부합하는 "인플레이션(inflationary)" 대폭발 이론을 연구하고 있다. 그러나 특히 나중에 소개할 어떤 이론에서는 새로운 유형의 중성미자가 잃어버린 물질에 대한 해답을 줄 희망이 있다.

ITEP 초기 실험을 반박했던 또 다른 정확한 실험들에 대해 언급하겠다. 로스 알라모스 국립 실험실(Los Alamos National Laboratory)에서, 중성미자의 질량이-아직까지 0일 수도 있는- 26.8 eV/$c^2$ 이하라는 것을 발견하였다. 이런 실험들 어떤 것도 ITEP 실험을 검증하지는 않기 때문에 더 이상 ITEP의 타당성을 고려할 필요는 없다. 어떤 결과들이 과학적 사실로 받아들여질 때까지 독립적인 연구 그룹들에 의해서 실험으로 확증시켜야 할 것이다.

• • •

1934년 엔리코 페르미가 직접 중성미자를 검출하지 않고 그 질량을 측정할 수 있는 방법을 설명하였다. 그럼에도 불구하고, 여러 실험들에 의해서 한계 값을 알게 되었으나, 정확하게 질량을 측정할 수 있을 정도의 충분한 감도를 가지게 설계된 실험은 아직까지 없는 실정이다. 1980년 한 실험에 의해서 우주의 잃어버린 질량을 설명하기에 충분한, 바로 그 0이 아닌, 질량을 상당히 정확하게 측정했던 흥분할 만한 사건이 있었다. 그러나 그 실험은 측정 기술의 한 오류의 결과로 밝혀졌다.

우리 우주의 먼 장래의 운명은 불명확하나, 충분한 양의 암흑물질이 존재한다는 것이 알려지면 미래를 보는 창문이 제공되는 것이다. 처음에는 중성미자가 이 잃어버린 물질의 후보로 거론되었다. 1980년 소련의 베타 붕괴 실험에서 측정되었던 중성미자 질량 때문에 일어났던 희망은 물리학자들이 소립자에 관한 지식이 은하 같은 거대구조에 관해 어떻게 광명을 던져 줄 수 있는지를 보여준 좋은 예를 제공한다. 오늘날 이런 흥분은 교훈처럼 남았지만, 현재까지도 물리학자들은 많은 양의 작은 입자들의 존재가 우주의 운명에 영향을 줄 수 있을 것이라고 믿는다. 근래의 중성미자 질량의 최상의 한계는 취리히 대학에서 나오고 있으며, 최고 9 $eV/c^2$에 이르는 정도까지 허용하기는 하나, 지속적으로 질량이 없는 결과를 산출하고 있다. 더 좋은 결과를 얻기 위해서는 더 우수한 분해능과 성능을 가진 실험이 요구되어지고 있다. 취리히 실험에서의 한계 값 때문에 최신의 통상적 모델에서 우주의 잃어버린 암흑물질 후보에서 중성미자가 제거되었지만, 또 다른 특이 현상인 이론적인 소립자나 블랙홀 등은 아직 후보에 남아있다. 중성미자 망원경은, 8장에서 설명할 것처럼, 그러한 우주의 이단아를 찾는 수단을 제공할 것이며 중성미자의 연구는 9장에서 보게 될 것이지만 극히 초기의 우주에서의 사건들을 밝히는데 도움을 줄 것이다.

제3장

# 모든 우회전 중성미자는 어디로 사라졌는가?

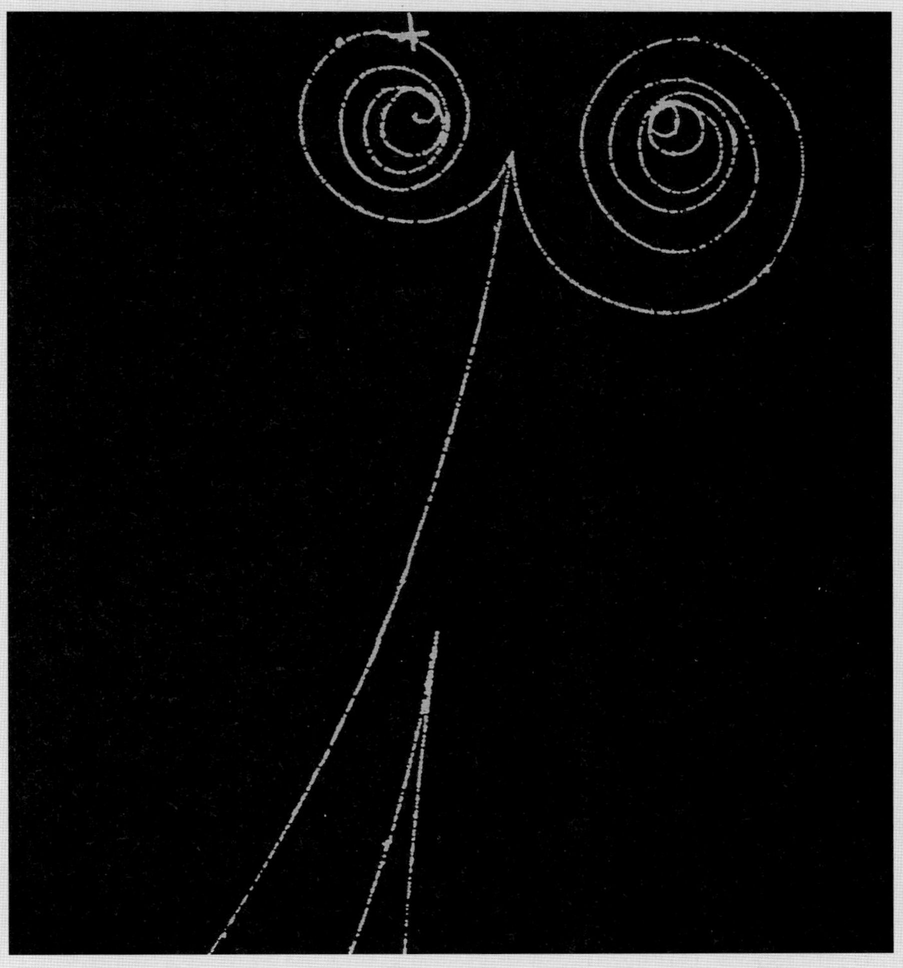

위로부터 들어온 보이지 않는 광자가 하나의 원자와 충돌해 전자-반전자 쌍을 형성하는데 그 궤적은 위색(false-color) 거품상자 영상에서 두 나선으로 보인다. 음전하와 양전하의 이 두 입자들은 자장 내에서 서로 반대방향의 곡선을 그린다. 전자기력의 지배 하에서 이 단순한 상호작용 이면의 이론을 이해하는 것은 중성미자가 베타 붕괴에서 전자가 어떻게 관련되는가를 설명하는 보다 발전된 이론으로 이끌게 될 것이다. 긴 직선상 트랙은 응축되는 원자각의 전자이다.

1958년 제네바에서의 베르너 하이젠베르크와 히데키 유가와. 두 물리학자는 약력의 입자 상호작용의 이론적 기반을 확립하는 기본적인 역할을 하였다.

페르미의 베타 붕괴 이론은 그 당시 알려진 모든 실험결과를 정확히 설명하고 있으나 그것이 물리학의 기본이론(fundamental theory)으로 보이지는 않았다. 하나의 상호작용 점에서 만나는 네 입자들의 작용은 단지 세 입자들 사이의 전자기적 상호작용에 비해 더 복잡한 것 같다. 무언가 더 근원적인 것이 원자의 베타 붕괴에서 작용하는 것 같고 무언가가 아직 발견되지 않는 것 같았다. 물리학자들이 베타 붕괴를 보다 잘 이해하기 위해 많은 실험과 이론적인 노력을 했지만, 중성미자는 계속 상상 이상으로 더 혼란스러운 입자가 되었다.

페르미의 4점(four-point) 베타 붕괴 이론은 베타 붕괴 전자-에너지 스펙트럼의 30년 동안의 수수께끼를 해결했다는 점에서 위대한 업적이었다. 그 이론은 약력을 매개로하는 모든 상호작용을 기술하는 일반적인 이론의 발전에서 중요한 하나의 단초가 되는 것이었다. 그러나 그 이론[주석: 페르미의 4점 베타이론]은 현재의 약한 상호작용 이론까지 진전이 이루어기 위해서는 변화해야만 했었다. 1936년 페르미가 그의 베타 붕괴 논문을 출판한지 얼마 되지 않아 일본 물리학자 Hideki Yukawa가 수정제안을 하였다. 즉 유가와는 약력이 각각의 입자들의 상호작용에 관여하는 전자기력과 상호작용하는 모습이 양자역학 수준에서 유사하다는 것을 이야기하였다.

## 입자 상호작용의 이해

전자기 상호작용에 관한 양자역학 이론에 의하면, 전하를 운반하는 모든 입자는 모든 방향으로 "가상의" 광자를 연속적으로 방출한다. 이 광자의 대부분은 어떤 것과도 만나지 않으나 만약 다른 하전 입자를 만나면 흡수될 수 있다. 이 광자들 중 하나가 다른 하전 입자에 흡수되면 하전입자들은 전자기력을 통해 상호작용한다고 한다. 하전입자들은 반대 전하에는 끌리고 같은 경우에는 반발한다. 교환하는 광자는 실제 입자와 반대인 "가상"입자(virtual particle)의 한 종류이며, 우리가 다음에 알게 될 특성들을 보유한다. 운동량을 가진 가상광자들은 운동량을 운반할 수 있으나 최대 빛의 속도가 $c$ 라는 점에서 일반 빛의 광자와 비슷하다. 보통의 광자들은 하전입자 사이에 교환하는 입자가 아니어서 전자기력을 발생하지 않으므로, 밝은 빛을 내는 물체는 빛을 내는 전구에 끌려가지 않을 것이다.

이제 가상 광자의 역할이 전자기력의 매개자(mediator)라는 가정을 해보자. 두 아이들이 연못에서 아이스 스케이트를 타고 있다고 상상하자. 그들이 공을 가지고 서로 던진다. 한 아이가 공을 던지면 그는 공을 던진 방향과 반대로 미끄러진다. –운동량 보존에서처럼. 공을 잡는 아이는 역시 뒤로 미끄러질 것이다[주석: 공이 던져진 방향에서 보아]. – 역시 운동량 보존에서 보면 이 아이들이 공 던지기 게임을 계속하면 매번 공을 던질 때마다 더욱 서로 멀어질 것이다. 이 운동은 같은 전하를 가진 입자들이 가상적인 광자를 교환하며 그 교환이 정전기적 척력을 형성하는 과정과 유사하다.

공을 던지고 노는 게임 대신에 두 아이들이 끈을 갖고 있다고 하자. 한 아이가 다른 아이에게 끈을 건네주고 서로 끈을 잡아당긴다면, 그들은 동시에 서로 끌려올 것이다. 이 운동은 서로 반대 전하를 가진 두 입자가 광자를 교환하는 인력과 유사하다.

가상입자가 존재할 수 있다는 가정이 틀리지 않다는 것은 유명한 Heisenberg의 불확정성 원리(uncertainty principle)로부터 설명할 수 있다. 원자크기의 시간과 공간을 인식하는 것은 우리가 눈에 보이는 물체 크기를 인식하는 것과는 다르다는 것을 양자역학에서 잘 보여줄 수 있다. 눈에 보이는 정도 크기의 물체사이 상호작용을 기술하는 고전역학(classical mechanics)에서 적용되는 법칙을 입자 사이 작용을 기술하는 미시적 상호작용에 적용할 수는 없다. 매우 작은 크기 공간에서 점 입자들은 두 장소에 동시에 존재할 수 있는 것처럼 행동한다. 이런 특성이 하이젠베르크의 불확정성 원리로 예측되는데 그것은 수학적으로 다음과 같이 표현된다;

$$\Delta x \, \Delta p > h/2\pi$$

또는 바꾸어서 다음처럼 표현하기도 한다.

$$\Delta E \, \Delta t > h/2\pi$$

변수 앞의 기호 델타($\Delta$)는 변수의 불확정성을 의미한다. 상수 $h$는 $6.58 \times 10^{-16}$(eV sec)로 위치 $x$와 운동량 $p$의 곱 또는 에너지 $E$와 시간 $t$의 곱에서 불확정성을 나타내는 수이다. 빛의 속도 $c$가 상대성이론을 대변하는 것처럼 플랑크 상수(Planck's constant) $h$는 양자역학을 대변하기 때문에 매우 중요하다. 위식의 양자적 해석은 입자의 위치와 그 운동량을 동시에 $h/2\pi$보다 더 정확하게 측정하는 것은 불가능하며 밑에 있는 식의 양자적 해석은 입자의 에너지와 그 수명을 동시에 정확히 측정하는 것이 불가능하다는 것이다. 입자 상호 작용에서, 어떤 입자가 점유할 수 있는 공간과 시간의 범위 및 에너지와 운동량의 범위가 이식에 의해 제한된다는 것이 불확정성 원리이다. 불확정성 원리에 의하면 한 입자는 고전역학에서 강조되는 에너지 보존을 무시하고 공간의 한 장소에서 다른 장소로 순간적으로 이동하는 것처럼 보일 수 있다 [주석: 불확정성 원리가 허용하는 한도 내에서는 한 입자가 위치의 오차 내에서 동시에 존재한다고 생각할 수 있다].

가상 입자의 특징으로는 질량과 에너지가 같지 않다는 것이다. 즉 질량 에너지 등가법칙[주석: $E=mc^2$]이 가상입자에게는 성립하지 않는 것이다. 입자 붕괴의 예를 들어보자. 최종과 초기 입자 사이의 질량 차이가 커서[주석: 초기 입자 질량이 최종 입자 질량보다 크다] 붕괴 후 방출입자의 에너지가 충분하다면, 붕괴에서 생성된 입자는 가상이 아니고 하이젠베르크 불확정성 원리에 의해 주어진 한계보다 더 수명이 길 것이다. 그러나 붕괴에서 충분한 에너지가 생성되지 못할 때는, 붕괴에서 발생된 입자는 가상입자일 가능성이 있다. 가상입자의 존재 기간은 불확정성 원리에 의해 제한되나, 그러한 불확정성에의해 제한되는 시간이내의 짧은 시간 동안은 가상입자는 실제 입자에서 성립하는 질량-에너지 공식[주석: $E^2=m_0^2c^4+p^2c^2$]을 만족할 필요는 없는 것이다. 그래서 가상 입자는 일종의 교환조건을 형성하게 된다; 그것은 기본적인 보존법칙이 성립되지 않는 것이 허용되나, 그 허용되는 시간은 불확정성 원리에 의해 매우 짧아야 한다. 가상입자는 운동량을 운반하나 질량을 가지지 않을 수도 있다(실제 입자는 그럴 수 없다). 그래서 가상입자는 한 점에서 다른 점으로 정보를 전달하나 실제입자와는 다르다.

어떤 의미에서 공간의 한 장소에서 다른 장소로 순간적으로 점프하는 입자는 불확정성 원리가 매우 제한된 시간 동안, 다시 말해서 불확정성 원리의 한계 내에서 만, 두 장소에서 존재할 수 있게 되는 것이다. 이런 현상은 실제 입자와 가상 입자 양쪽에서 다 일어난다. 불확정성 원리의 공식에 의해 한 입자가 가상적 점프가 일어날 최대한의 거리를 알 수 있고, 이때는 에너지 보존 원리를 따를 필요는 없다.

가상적인 입자의 점프는 가상입자가 존재하는 시간과 관계된다. 불확정성 원리에 의하면 100 MeV의 에너지를 가진 입자는 에너지 보존과 관계없이 $6.58 \times 10^{-24}$ 초 동안 존재할 수 있다. 이는 매우 짧은 시간이다. 한 입자가 진행할 수 있는 최대 속력은 초당 $3 \times 10^8$ m 즉 빛의 속력이다; 빛의 속력에 입자의 수명을 곱하면 그 입자는 실제로 $2 \times 10^{-15}$ m를 이동할 수 있을 것이다. 큰 질량의 가상입자도 아주 짧은 시간 또는 그와 비례하는 거리를 이동하는 동안 존재할 수 있다. 전자기력을 매개하는 광자처럼 질량이 없는 입자도 광속보다 빠르게 운동할 수는 없지만, 우주를 가로질러 그 힘을 전달할 수 있다. 만약 광자가 아주 작은 질량이라도 보유한다면, 전자기적 상호작용 거리는 매우 줄어들어 그 작용범위는 크게 제한될 것이다. 이 모든 효과는 원자나 분자 같은 작은 크기에 적용되는 양자역학의 영역에서 성립하며 거시적 입자에는 적용되지 않는다.

뛰어난 미국의 물리학자 Richard Feynman은 전자기적 상호작용을 그림으로 표시하는 기법(Feynman Diagram)을 고안하여 이론적인 계산에 사용하고 있다. 그 이론에서는 전자 같은 하전입자의 상호작용을, 전자기력의 전달자인 가상의 광자를 교환하는, 방법으로 기술한다. 이를 양자 전기역학(Quantum Electrodynamics)이라 부른다. 파인만의 그림 기법(Feynman Diagram)을 통하여 이론의 상세한 내용이 쉽게 이해된다. 입자 상호작용을 그림으로 표시하는 기법이 새로운 것은 아니지만, 파인만은 그것을 정교하게 다듬어, 양자 전자역학에 대한 파인만의 규칙을 어떤 상호작용에 그림 기법을 적용하면, 상호작용을 기술하는 완전한 물리적 방정식을 얻을 수 있고, 측정가능한 양을 이론 물리학자들이 쉽게 계산할 수 있게 하였다.

양자 전자역학에서 파인만 다이어그램을 정확하게 그리는 규칙은 상대적으로 알기 쉽다. 연속적인 직선은 하전입자를 표시하며 파동처럼 나타내는 선은 그 힘의 매개체인 광자를 나타낸다. 그 다이어그램(Diagram)에서 수평축은 진행되는 시간을 수직축은 공간을 의미한다. 흔한 오개념(common misconception)은 두 축이 공간의 규모를 나타내는 것으로 오해하는 것이나 그것은 기술적으로 옳지 않다.

몇 가지 예를 들면 이 다이어그램들을 어떻게 표현하는가를 쉽게 알 수 있다. 그래프 상에서 45°각도로 움직이는 입자는 빛의 속력에 가깝게 움직인다. 반면에 수평으로 움직이는 입자는 공간적으로 정지 상태이며 시간적으로만 움직인다. 파인만 다이어그램에서 수직으로 움직이는 입자는 공간의 한 점에서 다른 점으로 순간적으로 이동하는 가상입자여야 할 것이다.

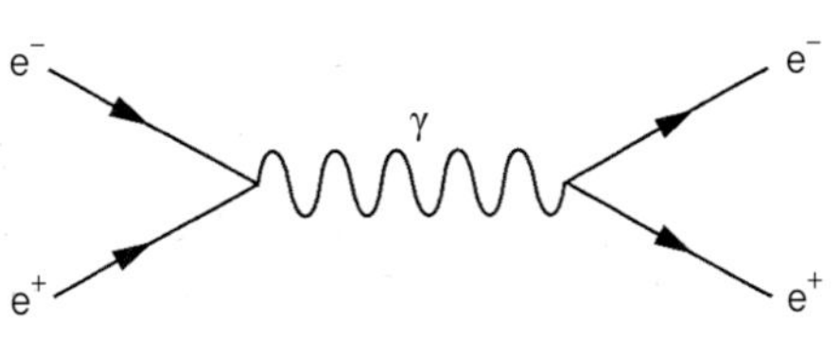


전자-양전자 소멸의 파인만 다이어그램. 이 다이어그램은 광자(γ)의 초기 생성과 뒤이은 광자 붕괴에서의 전자-양전자 쌍생성을 보여준다.

러더퍼드의 알파입자 산란 상호작용의 파인만 다이어그램. 산란은 핵의 심부에서 양전하를 가진 양성자들로부터의 척력 때문에 밀린 양전하의 알파(α) 입자에 의해 야기된다.

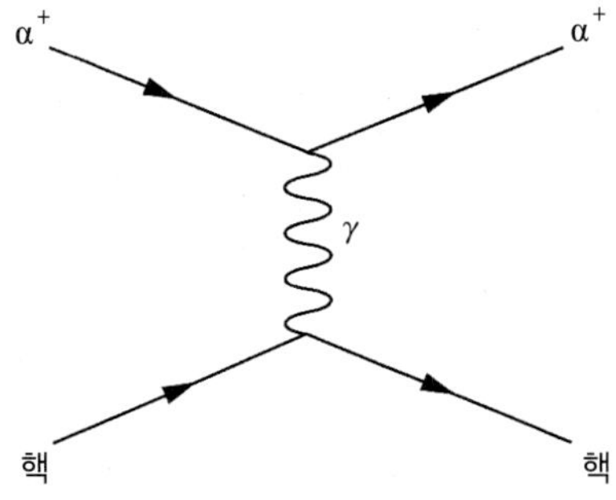


파인만 다이어그램으로 표시되는 가장 단순한 상호작용은 전자와 양전자(positron; 전자의 전하와 반대인 전하를 갖는 전자의 반물질적 대응체)의 소멸과정이다. 이 두 입자들은 만나서 소멸하여 광자를 생성한다. 그 광자는 시간축에서 짧은 시간동안만 앞으로 나아갈 것이다. 그러나 운동량을 보존하기 위하여 이 광자는 시간상 가상적일 수밖에 없다. 그래서 그 광자는 전자—양전자 쌍으로 되돌아간다. 그러나 전자—양전자 소멸이 운동량이 보존될 수 있는 하나의 원자 근처에서 일어나면 그 과정에서는 실제 광자(real photon)가 형성될 수 있다. 그 광자는 시간 축을 따라 실재 존재하므로 전자기력의 전달자로써 작용할 수 없다. 시간상 앞으로 움직이는 양전자가 시간상 뒤로 움직이는 전자로 해석될 수 있다는 것을 아는 것[주석: 증명은 여기서 어렵지만 기억하면 좋다]도 흥미로운 일이다.

러더퍼드의 알파입자 산란실험에서 보았던 것처럼, 알파 입자가 핵의 양전하를 가진 중심부에 근접하면 반발력 때문에 입자가 휘게 된다. 우리는 두 하전 입자[주석: 알파입자와 핵]에 해당하는 선들을 그리고 파동적인선(가상광자)을 수직으로 연결하여 이러한 유형의 상호작용을 파인만 다이어그램으로 표현할 수 있다. 서로 반대 전하를 가진 두 입자의 상호작용을 표시하는데도 똑 같은 다이어그램이 사용된다. 단 척력이 아니라 인력을 뜻한다는 점이 다르다. 이런 예에서 광자는 전자기력의 전달자로써 작용한다. 어떤 과정이나 상호작용에 관련된 모든 다이어그램들이 알려지면 산란각 분포나 하전입자들 간의 최근접 거리 등의 측정가능한 양이 계산될 수 있다. 정확한 상호작용을 알기 위해서는 한 개 이상의 다이어그램이 필요할 때도 있다. 예를 들어 정확한 전자기적 모멘트(Electromagnetic Moments)의 값을 구하기 위한 3차 보정(third-order correction[주석: 여기서는 3차지만 차수를 높일수록 더 정확한 값을 얻을 수 있다])은 무려 72개 다이어그램이 필요하다!

이론물리학자가 고차 보정(high order correction)을 계산하면서 몇 개의 다이어그램을 빠트리고 계산한 것을 나중에 알게 되어 그가 전에 출간한 논문이나 출간물(틀린 결과)을 수정할 수 밖에 없었다는 이야기를 가끔 듣는다. 한 예로, 한 이론학자의 아내는 일련의 파인만 다이어그램을 검토한 후에 그 다이어그램을 그리는 새로운 방법이 몇 가지 있다고 지적했다. 그 새로운 방법으로 그려진 그래프는 결과에 많은 영향을 미치므로, 새로 보정된 계산을 할 수 밖에 없었고 이를 이용한 새로운 논문이 출간되었다.

## 약력 전달 입자

유가와는 전자기력이 어떤 특정 입자(a special particle)를 통하여 작용한다면 그것이 약력일 것이라고 생각하였다. 유가와는 두 입자 사이에 약력의 전하를 전달하는 음전하를 가진 입자가 존재한다고 천명하였다. 마치 광자가 두 개의 전기적으로 하전된(electrically charged) 입자 사이의 전자기력을 매개하는 것과 매우 비슷하다는 것이다. 비록 파인만은 약한 핵력[주석: 약력 이라고도 함]의 상호작용 과정을 표현한 다이어그램을 만들지는 않았지만, 그의 이름을 딴 다이어그램들이 약력과·강한 핵력을 나타내는데 사용되었다. 유가와는 두 개의 삼점(three point)상호작용[주석: 세 개의 입자를 나타내는 3개 선들이 만나는 점]을 일명 **W**로 불리는 새로운 매개입자로 연결하여 베타 붕괴를 설명하였다. 이 **W**는 진한 볼드체 기호로 쓴다. 유가와의 이런 삼점 연결 다이어그램은 파인만의 4점 이론(four-point theory)의 다이어그램보다 훨씬 간결하다고 생각되었다. 각 정점(vertex; 선들이 만나는 점)에서 만나는 선들의 수가 적을수록 상호작용을 기술하는 식을 보다 쉽게 만들 수 있다. 페르미는 유가와의 제안에서 정점들이 광자 상호작용의 정점들과 유사하게 보였기 때문에 재빨리 그 제안을 받아들였다.

이 새로운 입자는 약력이 전자기력 보다 1/1,000 이나 약한 이유를 설명하는데 도움을 준다. 하이젠베르크의 불확정성 원리에 의하면 임의의 질량을 가진 입자가 가상입자로 창생(create)될 수는 있지만 그 가상입자의 수명은 아주 짧은 시간으로 제한된다. **W** 입자가 큰 질량을 가진다면, 물리적으로 붕괴 과정에서 만들어질 수는 없으며, 베타 붕괴의 파인만 다이어

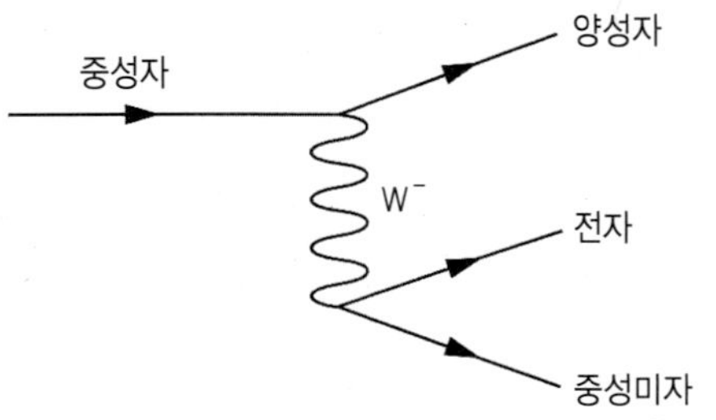


약력의 매개자로써 유가와가 제안한 W입자를 통한 정상적(normal) 베타붕괴의 파인만 다이어그램

어그램에서 표현된 것처럼, 가상입자로 존재할 수밖에 없다. 그 입자가 존재 하는 동안 시간은 흘러가지 않으며[주석: 순간적으로 존재], 따라서 그 질량이 크다고 할지라도 보존법칙들에 위배되지 않음을 알아야 한다. 아주 짧게 존재하는 가상입자로써 W 입자는 매우 짧은 거리만 움직인다. 그래서 그 입자가 작용할 수 있는 거리는 극히 짧아서 그 힘은 약하게 나타난다.

1934년 후반, Frederic Joliot와 Irene Joliot-Curie는 핵 베타 붕괴의 새로운 형태를 발견하였다. 보통의 베타 붕괴에서는 중성자가 덜 무거운 양성자, 전자 및 중성미자로 붕괴한다. 반면 이 새로운 붕괴에서는 양성자는–나트륨 22($^{22}$Na) 핵의 경우– 중성자로 붕괴하면서 네온 22($^{22}$Ne)가 만들어지고 그 과정에서 W 입자에 결합된 양전자–중성미자 쌍을 방출한다. 이 과정에서 에너지는 보존된다: 나트륨 22 핵은 실제로 네온 22 핵과 방출된 양전자 질량의 합보다 무겁다.

이 새로운 붕괴과정은 유가와가 제안한 이론과 잘 부합된다. 다만 이 새로운 베타붕괴과정에서는 W 입자가 보통의 베타 붕괴에서 발견되는 음전하가 아닌 양전하를 가지고 있다. 졸리오와 졸리오–퀴리의 새로운 베타 붕괴의 중요한 특징은 초기 입자인 양성자가 최종 입자들인 중성자와 양전자 보다 가벼움에도 불구하고 베타붕괴가 일어난다고 하는 것이다. 이 상호작용에서 중요한 점은 초기 핵의 질량은 최종 핵과 양전자를 합친 질량보다 커야 한다는 것이다.

Luis W. Alvares와 Oskar Klein은 1938년 세 번째 유형의 베타 붕괴 과정을 발견하였다. 그들은 한 양성자가 원자의 원자각(atomic shell)에서 나온 전자를 포획할 수 있다는 것을 발견하였다. 그 양성자는 중성미자를 방출하면서 중성자로 전환된다. 이 붕괴의 독특한 형태는 원소의 전하가 큰 상태에서 작은 상태로 변화한다는 것이다. 이 과정은 모든 종류의 핵에서 일어나지는 않지만 흔한 방사성 붕괴의 유형이다. 붕괴 후, 새로운 원소의 핵은 불안정해져

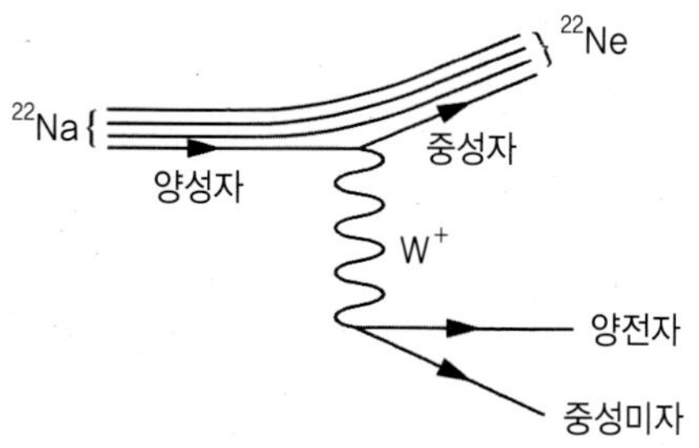


양성자 붕괴의 파인만 다이어그램; 이 붕괴는 양전하를 가진 W입자의 존재를 필요로 한다.

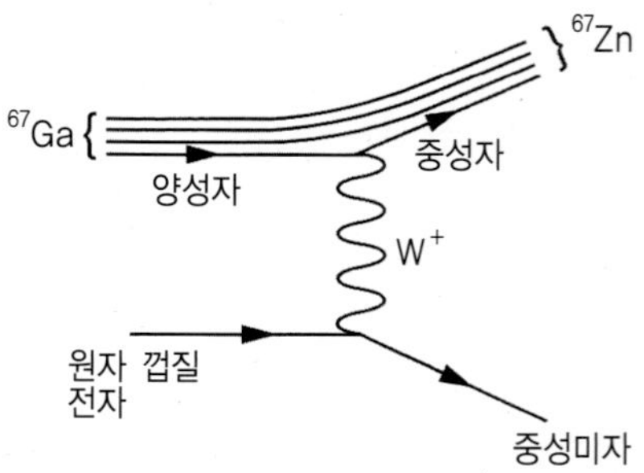


전자의 포획을 통해 진행되는 베타 붕괴 유형의 파인만 다이어그램

세 가지 알려진 방사성 붕괴과정[주석: $\alpha, \beta, \gamma$ 붕괴] 중 어느 하나 붕괴과정을 거쳐 붕괴할 것이다. 그러나 대부분 베타나 감마 붕괴를 거친다.

우리는 핵이 베타 붕괴를 겪는 세 가지 방법을 알아보았다. 그들 모두는 유가와에 의해 제안된 약력 전달 입자에 의해 설명될 수 있다. 또 그들 모두는 중성미자 방출을 포함한다. 그러나 유가와의 새로운 이론을 명확하게 증명하기 위해서, 물리학자들은 실제 **W** 입자를 직접 관측해야 하였다. 이론과 실험결과에서 약한 상호작용의 정도(magnitude of weak interactions)가 정확히 제시되지 않았기 때문에, 새로운 약력 전달 입자의 질량이 얼마만한 질량을 가지는가는 불확실하였다. 그 질량의 측정과 실제 생성은 50여 년을 기다려야 했다(이 책에서는 7장까지 기다리시오).

## 약한 붕괴에서의 반전성 위반

1장에서 에너지 보존원리는 자연의 당연한 법칙이라는 것을 알고 있다. 베타 붕괴의 특이한 전자-에너지 분포에 직면하여, 물리학자들은 아원자(subatomic) 수준의 모든 이벤트(event)에 있어서 이 에너지보존 법칙이 타당한지를 심사숙고해야 했었다. 결국 그 문제에 대한 해법은 필요치 않았으며 오늘날까지 에너지 보존은 계속 성립되고 있다. 이러한 경험으로부터 물리학자들은 그들을 미래로 인도하는 새로운 물리학 법칙을 찾게 되었다. 이것은 바로 대칭성(symmetries)을 탐구하는 것이다.

자연은 많은 대칭을 가지고 있다. 예를 들어 나뭇잎이나 인간의 신체는 중심을 지나는 선의 양쪽이 동일하다. 물리학에서 대칭성은 상호작용과 관련된 물리법칙을 바꾸지 않고 반전(invert)시킬 수 있다는 것이다. 그러한 특징을 가진 가장 쉬운 예가 전하이다. 상호작용에 참여하는 모든 입자들의 전하가 양에서 음으로, 음에서 양으로 변해도 전자기적 상호작용의 법칙들은 변하지 않는다는 것이다. 그러한 전하 역전(대문자 C로 축약해서 쓰는) 후, 모든 입자들은 마치 아무것도 일어나지 않은 것처럼 동일하게 서로 끌어당기거나 밀친다. 알려진 모든 전자기적 상호작용에서 전하 역전(reversal)을 해도 물리적 결과는 변하지 않는다는 것이 알려졌다.

비슷한 물리 법칙의 대칭성은 대문자 T로 축약해서 쓰는 시간 역전에도 존재한다. 이런 대칭원리는 각각의 입자들이 상호작용하는 미시 수준(microscopic level)에서, 앞으로 진행하는 시간에서 일어나는 입자 상호작용은 뒤로 가는 시간에서 마치 입자 상호작용(event)이 바꿔 보이는 것처럼 입자 상호작용이 일어날 수 있다. 시간 역전 변환에 관해 생각할 때는, 그 역전이 허용된다 할지라도 타당하지 않을 수 있으므로, 조심스러운 주의를 기울여야 한다. 이것은 입자 수준에서는 사실이다; 통상적인 물체의 거시 세계에서는 그러한 시간 역전은 솔직히 있기 어려울 것이다.

탁자에서 떨어져 깨지는 꽃병 영상이 있는 홈 비디오를 상상하자. 그 비디오를 뒤로 감으면 꽃병 조각은 바닥에서 튀어 올라와 탁자 위에서 재조립될 것이다. 바닥의 꽃병 조각이 그것이 떨어져 깨졌던 길을 따라 되돌려 튀어 오르게끔 어떤 힘이 작용될 수 있다고 생각할 수는 있지만, 그런 일이 일어날 수는 거의 없다. 따라서 그 꽃병의 재조립은 타당한 일이 아닌 것이다. 떨어지는 꽃병 같은 거시 세계 수준에서 꽃병 조각이 열역학 법칙을 위반하여 스스로 재조립될 수는 없다. 그러나 개개의 입자 수준에서 시간상 앞으로 진행하는 모든 과정은 시간상 역방향 진행도 역시 가능한 것이다.

대문자 P로 축약하여 쓰는 반전성(parity) 보존 역시 물리학의 법칙으로 가정되어 왔다. 간단히 말해, 거울의 반사에서 비추어지는 현상은, 거울 없이, 직접 관찰하는 현상과 똑같은 물리법칙을 따른다. 중력과 전자기적 상호작용에서 반전성 법칙은 널리 연구되었고 항상 옳은 것으로 알려졌다. 1956년까지 물리학자들은 약한 상호작용에서도 그것이 타당할 것으로 생각하였다. 그래서 물리학자들은 베타 붕괴가 반전성 대칭을 위반한다는 것에 크게 놀랐다. 이는 그 당시의 많은 학자들에게 예기치 않은 것이었다.

반전성을 설명하기 위하여 X축과 Y축을 보통의 경우처럼 X축은 수평으로 Y축은 수직으로. 종이에 있다고 하자. 우회전 좌표계(right-handed)라 불리는 것은 종이 위의 좌표(X, Y) 원점에서 시작하여 Z축이 여러분 쪽으로 오게 Z축을 가정하는 것이다. 그 축들 중 하나의 축을 역전(reverse)하여, 예를 들어 Z축을 여러분에게서 멀어지는 방향으로 바꾸면 대신 좌회전(left-handed) 좌표계가 만들어질 것이다. 우회전계에서 좌회전계로 가는 것은 거울에서의 반영(reflection)을 보는 것과 같다. 1956년 이전에는 통상적으로 모든 물리법칙이 우회전계나 좌회전계에서 동일한 것으로 생각되었다; 즉 한 계가 다른 계로 전환되어도 반전성(parity)이 보존된다는 것이었다.

1956년, 두 젊은 이론물리학자인 리(T. D. Lee)와 양(C. N. Yang)은 반전성이 실제로 베타 붕괴 같은 약한 상호작용에서 보존됨을 증명하는, 실험적 증거가 없다는 것을 지적하면서 고착된 생각을 가진 물리학계에 도전하였다. 이론학자들과 그 외 다른 학자들이 반전성에 대해 가지고 있던 어려움은 반전성이 위배될 수 있는 것을 보여주는 실험이 없다고 할지라도 반전

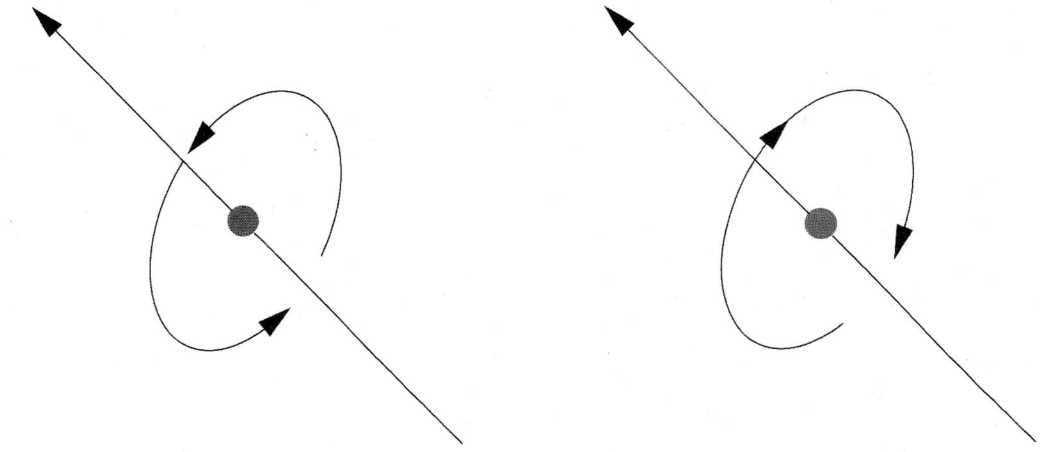


좌와 우회전 입자에서 그 회전방향 주위의 스핀

성이 항상 보존된다는 것을 입증하는 것도 극히 어렵다는 것이었다. 물리학자들이 어떤 결론에 도달하기 전에, 리와 양은 반전성의 본질을 더 깊이 파헤치기 위한 여러 실험들이 있어야 한다고 생각 했던 것 같았다. 그래서 리와 양은 여러 실험적 테스트들을 제안하였고, 그 중 일부는 실행되어 놀랄만한 결과를 얻었다.

이 실험들은 스핀(spin)의 특성에 초점이 맞추어졌었다. 많은 입자들은 스핀을 가진다. 지구는 하루 밤낮 24시간의 원인이 되는 축에 대한 스핀을 가진다. 지구에서 이륙하는 로켓은 비행의 추력(부스터) 단계 동안 안정을 유지하기 위해 스핀을 가지는 무거운 자이로스코프(gyroscope)를 가지고 있다. 핵물리학에서 입자의 운동방향에 대한 스핀은 특별한 의미를 가진다. 오른손을 사용하여 엄지손가락을 세우고 나머지 손가락들을 감는다; 그 엄지는 입자의 운동방향을 따른다고 가정하자. 입자의 회전방향이 손가락들이 감기는 방향과 같다면, 그 입자는 우회전 스핀을 가진다고 말한다. 그렇지 않다면, 그 입자는 좌회전 스핀을 가진다고 말한다. 이 단순한 설명에는 고려해야만 하는 한 가지 까다로운 점이 있다. 질량이 없는 입자는 입자의 운동방향을 따라 회전축을 가져야 하나 질량을 가진 소립자는 그렇지 않다. 그래서 헬리시티(스핀 성분값, helicity)라는 특별한 단어가 운동방향에 관한 스핀량(quantity of spin)을 표시하기 위해 사용된다. 질량이 없는 입자에 있어서 이 양[주석: 헬리시티]은 전체 스핀(total spin)인 반면, 질량을 가진 입자의 경우는 측정된 헬리시티는 전체 스핀과 다르다.

(여기서 별도의 내용을 소개한다. 물리학자들이 중성미자의 존재를 실증할 수 있는 또 다른 방법을 스핀으로부터 얻었다. 입자 물리에서 스핀은 전하처럼 불연속적인 양이나, 전하와

질량을 가지고 회전하는 입자는 운동방향에 따라 정렬하지 않는 전체 스핀을 가질 수 있다. 이 경우 운동방향에 따른 스핀 성분을 헬리시티라 한다. 질량이 없는 입자에서 전체 스핀은 운동방향 또는 그 반대 방향이 될 수 있는데 이때도 역시 헬리시티라 부른다.

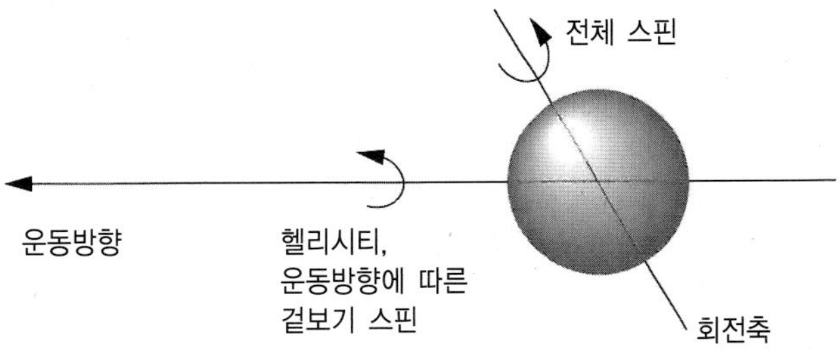


는 달리 스핀은 $h/2\pi$의 정수배(full-integer increment)나 반정수배(half-integer increment)를 가진다. 베타 붕괴 과정에서 나오는 입자들의 스핀합(sum of spins)은 초기 입자의 스핀과 같아야한다; 그렇지 않다면[주석: 스핀 합이 같지 않다면] 각운동량이 보존되지 않는다. 첫 번째 유형의 베타 붕괴를 예로 들어 보자. 초기의 중성자는 베타붕괴후의 양성자처럼 반정수 스핀을 갖는다. 그러나 반정수 스핀 입자인 전자가 방출되면 붕괴 전후 스핀합이 같지 않으므로 역시 문제가 된다[주석: 중성미자가 여기서 고려되지 않으면]. 그 전자가 단지 베타 붕괴에서 방출되는 유일한 입자라면[주석: 양성자와 함께 방출되는 유일한 입자라면], 각운동량은 보존되지 않을 것이다. 그러므로 전자의 반정수 스핀 균형을 맞추기 위해서는 반정수 스핀을 가진 또 다른 보이지 않는 입자가 전자 방출에 수반되거나(예: 중성미자), 아니면 운동량 보존법칙을 버려야 할 것이다. 이런 내용이 중성미자 도입에 유리한 강력한 논거이면서도, 이 입자의 직접적인 검출에 가장 도움을 줄 수 있는 것이다.)

전자가 냉각된 코발트원에서 하나의 의도된 방향으로 방출된다. 이 방향은 반전성 위반의 증거가 되었다.

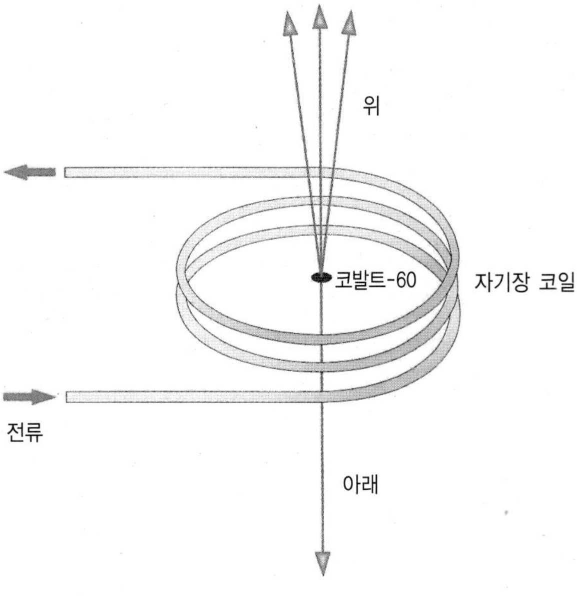

반전성 위반을 찾기 위한 최초의 실험이 미국 국립표준국(National Bureau of Standards)의 지원으로 뉴욕의 컬럼비아 대학교에 근무하는 우(Chien-Shiung Wu)에 의해 수행되었다. 입자의 발생원(source of particles)로 그녀와 동료들은 냉각된 코발트-60을 사용하였는데 정상적인 베타 붕괴에서는 하나의 전자와 하나의 중성미자가 방출된다. 그들이 이 실험에 코발트를 사용한 이유는 이 원소의 특징적인 외각 전자 배열 때문에 그 핵들의 자기장이 외부에서 유도된 자기장에 따라 쉽게 열을 지어 정렬될 수 있기 때문이었다. 이러한 핵들의 자기장에 의한 정렬은 모든 코발트 원자핵의 스핀을 같은 방향으로 정렬되게 된다. 코발트를 거의 절대영도까지 냉각시켜 원자의 열적 운동을 제거하면서, 유도된 자기장에 따라 원자들의 스핀이 쉽게 정렬될 수 있게 하였다.

코발트의 모든 원자 스핀이 같은 방향으로 일단 정렬되면, 그 원자들 모두는 서로에 대해 동일한 좌표계를 가지게 된다. 이런 좌표계 시스템에서는 베타붕괴가 어떤 특별한 방향을 선호하는지 아닌지를 알기 쉽게 된다.

우의 연구 그룹은 유도된 자기장을 원하는 방향으로 향하게 하여, 탈출하는 하나의 전자가 두 개의 가능한 방향 중 한 방향으로 진행하게 하였다. 만약 반전성이 보존된다면, 전자가

실험을 제어하고 있는 치엔 슝 우

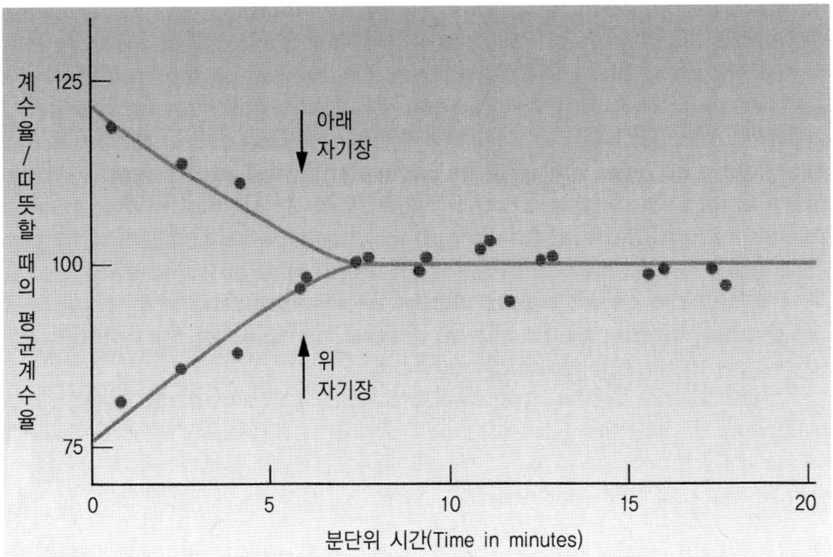


반전성 위반을 표현하는 실험적 증거: 우의 실험결과 스케치는 편향된 코발트 원자 베타 붕괴의 전자 방출에서 방향의 비대칭성을 보여준다. 실험은 서로 반대되는 자기장 세팅으로 두 번 행해졌다; 그러나 검출기는 동일 장소에 있었으며 거기에서 두 방향 중 한 방향에서만 방출되는 전자들만을 기록할 수 있었다. 그래서 그 실험은 한 세팅(아래 방향)에서 평균 이상의 많은 중성미자를 관측했으나 다른 세팅(윗 방향)에서는 소수만을 관측했다. 그 비대칭성은 냉각된 코발트 방사선원을 가열하면서 사라지게 되었다.

양쪽 방향에서 같은 수가 나와야 할 것이다. 그러나 그들이 코발트-60 원자들의 스핀을 정렬하기 위해 자기장을 적용시켰을 때, 전자들은 어느 한 방향에서 우세하게 나타났다. 자기장을 역전시키면 그 우세한 방향도 바뀌었다. 즉 이런 한쪽 방향의 편중은 약한 붕괴(weak decay)에서는 반전성이 보존되지 않기 때문에 발생되는 것이다. 물리학자들은 또한 코발트원(Cobalt source)을 가열했을 때 어떤 현상이 일어나는가를 체크했다. 코발트 원자의 열적(thermal) 운동은 그들의 스핀 방향의 정렬을 방해하여, 전자의 어떤 특정 방향으로 편중탈출은 발생되지 않았다. 이 결과는 그 실험이 측정상 체계적(systematic) 오류는 없었음을 입증하는 것이었다.

이 실험은 약력과정인 베타 붕괴가 좌회전 우세인 중성미자 방출을 보여주는 것이었다. 이 실험에서 명확하게 보이지 못한 것은 베타 붕괴 중성미자가 항상 좌회전인가의 여부였다. 그렇게 하지 못한 원인은 절대영도로 냉각된 코발트원(Cobalt source)에 강력한 자기장이 주어진다 할지라도 모든 코발트 원자의 스핀을 완전하게 정렬할 수는 없었기 때문인 것으로 설명할 수 있다. 정렬된 원자에서 방출되는 우회전 중성미자를 정렬되지 않은 원자에서 방출되는 좌회전 중성미자와 구분할 수 없기 때문에, 이 실험에서 완벽한 결과를 기대하는 것은 불가능하였다.

우와 그녀의 동료들이 약한 붕괴에서 반전성이 위반(violate)된다는 것을 보여준 후에, 이른바 CP 보존(CP conservation)이란 대칭성으로, 전하와 반전성이 함께 보존될 수 있다는 것이 제안되었다. 만약 이것이 타당하다면, 새로운 원리는 전하와 반전성 역전(reversal)이 동시에 적용될 때, 자연의 법칙은 영향을 받지 않음을 의미하는 것이 된다. 전하 역전을 얻기 위해서는 코발트-60대신 반코발트(anticobalt)-60을 사용하고 자기장을 역전시켜야만 했다. 반코발트-60을 실험에 투입하고 공간의 반전성의 반전을 실제로 하는 것 대신 거울의 반사 이미지를 관찰하는 것처럼 한다면, 베타 붕괴의 근원(source)이 마치 정상 코발트-60인 것처럼 보여야 할 것이었다. 그러나 반전성 역전만이 적용된다면, 반코발트-60의 붕괴는 정상 코발트-60의 붕괴와는 같지 않을 것이다. 전하와 반전성의 동시 역전이 적용되었음에도 어떤 실험에서의 동일한 결과가 발생되었다면 우리는 이를 CP 불변성 원리(CP invariance principle)로 부를 것이다.

우의 논문이 발표된 때와 거의 동시에 다른 연구 그룹이 다른 종류의 약한 상호작용에 있어서 반전성 위반의 발견을 발표하였다(그것은 5장에서 소개될 것이다). 텔레그디(Valentine Telegdi)가 이끌었던 시카고대학 연구그룹이 작성했던 논문 중 하나는 텔레그디 가족의 사망과 발표내용의 세부적인 부분을 더 다듬으려 했던 바램 때문에 발표가 지연되었다. 이 지연으로 인하여 시카고 연구그룹은 비싼 대가를 치르게 되었다.

대부분의 과학자들은 새로운 발견을 하려고 연구를 한다. 저명한 과학 학술지에 그들의 업적을 싣는 최초의 사람이나 연구 그룹은 새로운 연구 결과에 뒤따르는 일종의 분명한 권리에 대한 공헌을 인정받는다. 예를 들어 Alexander Graham Bell이 그의 경쟁자보다 단지 몇 시간 먼저 전화기에 대한 분명한 권리를 얻었을 때, 그의 신속한 발표로 인하여 많은 재정적인 대가와 첫 번째 발명자라는 명성을 얻게 되었다. 새로운 연구결과에 대한 우선권을 결정하는데 도움을 주기 위하여 미국 물리학회(American Physical Society)나 유럽 물리학회(European Physical Society) 같은 모든 전문 학회들은 제목과 저자 목록이 있는 각 논문의 첫 페이지에 학술지 편집자가 논문을 받은 날짜를 수록한다. 출판을 목적으로 투고된 각 논문은 그 논문이 잘 구성되어 있는지와 출판목적에 부합하는지의 여부를 한두 명의 과학자에 의해 검토된다. 물리학자들은 논란이 되는 새로운 결과를 출간하는 것을 꺼린다. 그 이유는 그들이 학계에서 그들의 전문가적 명망에 영향을 주기 때문에 그 연구결과가 오류인 것으로 판명되면 자연히 당혹스럽게 되기 때문이다. 일반적으로 새로운 연구결과를 발표하여 전문가적 명망에 피해를 입을 것을 각오한 첫 과학자는 그 연구에 대한 최상의 공헌도를 인정받는다. 논문 출판과정은 하나의 실험결과를 확인하는 중요한 과학적 방법이다.

시카고 연구그룹의 논문은 우의 논문보다 나중에 발간되었기 때문에, 그들은 반전성 위반의 발견에 대한 공로를 인정받지 못했다. 비록 그들이 그 영광을 놓쳐 불행이긴 했지만, 우의 연구결과를 확인했다는 점에서 평가를 받아야할 것이다.

아마도 반전성이 약한 상호작용에서 보존되지 못할 것이라는 위험성 있는 제안을 했던 두 젊은 중국계 미국인 물리학자들[주석: 리와 양의 두 중국인 물리학자]에게 파울리는 "그들의 논문에서 유일하게 새로운 것은 약간의 용기일 뿐이다."라고 농담을 하면서 나무랐었다. 새로운 것을 싫어하는 이론 물리학자였던 파울리는 자연의 대칭성은 이론 물리학을 이끄는 지침이라고 확신했다. 그는 "신(god)이 약한 상호작용에서는 오직 왼손잡이다."라는 것을 용인할 수 없었다. 그러나 컬럼비아 대학의 실험과 많은 다른 결과들에 의해서 결국 리와 양의 정당성이 입증되었다.

이런 일들이 진행되고 있을 때, 취리히로 돌아온 파울리는 패러데이 연구소에서 물리학에 관한 강의를 할 계획을 세웠다. 파울리는 강의하는 날, 약한 붕괴에서 "반전성이 정말로 위반된다"를 보여주는 실험 그룹들의 많은 예비 논문들을 받았다. 파울리의 조교였던 Charles Enz는 Telegdi가 이끈 시카고 대학 연구그룹의 논문이 파울리의 고정관념을 "깼던" 시발점이 되었으며 그의 마음을 바꾸게 하였다고 말했다. 여러 가지 면에서 파울리는 젊은 시절 취리히 연방공과대학(ETH Zürich)에서 공부하던 텔레그디의 멘토였으며 예전의 제자였던 텔레그디에 대한 신망이 커서 파울리가 그를 신뢰한 것 같다. 결국 어느 일반 이론물리학자들처럼 파울리도 엄청난 실험적 증거 앞에 신념을 굽혀야 했다. 그가 패러데이 연구소에서 강의를 하던 그날 밤 그는 반전성 위반에 대한 실험적 증거들을 적절히 수용하는 방향으로 내용을 수정하였다. 심지어 파울리는 리와 양의 선도적 역할에 찬사를 보냈으며 그가 그들을 인정함으로써 리와 양은 그들의 업적에 대한 노벨 물리학상을 수상하는데 도움을 주었다.

약한 상호작용에서 반전성 위반은 베타 붕괴에서의 중성미자가 좌회전성만 있다는 것을 시사하기는 했으나 정당한 의문을 제기하는 어떤 물리학자들은 계속 그 현상을 실제로 계측하기를 간절히 원하고 있었다.

## 중성미자 헬리시티의 직접적 측정

1950년대에 한 그룹의 물리학자들이 중성미자의 운동방향에 따른 특정 스핀을 측정하기 위하여 "헬리시티"라는 양을 측정하는 멋지고 우아한 실험을 고안하였다. 그것은 책상에서 수행할 수 있는 입자물리학의 최대로 멋진 실험 중의 하나였다. 중성미자를 직접 검출하지 않고 이 양을 측정할 수 있다는 것은 경이로운 것이다. 정확성 때문에, 다음에 서술하는 내용이 약간 전문적이긴 하지만, 내용을 완전히 알지 못해도 다음 장들에서 나오는 중성미자에 대한 재미있는 이야기들에 대한 즐거움을 누리는데 어려움은 없다.

중성미자의 헬리시티를 직접 측정하기 위해 물리학자들은 세 가지 특별한 특성을 가지는 방사선원(radioactive source)이 필요 하였다. 먼저 중성미자가 방출되면서 들뜬 상태에서 전자가 핵으로 포획되는 붕괴가 일어나야 한다. 또 초기 핵은 0의 궤도 각운동량 스핀(orbital angular-momentum spin)을 가져야 한다. 그리고 붕괴 산물(decay product)인 핵은 1의 궤도 각운동량 스핀을 가져야 한다(궤도 각운동량 스핀은 태양 주위를 도는 행성들의 공전과 유사하고 스핀은 자신의 축을 회전하는 행성들의 자전과 비슷하다). 이런 특성을 가진 방사선원을 사용하면 측정이 단순화된다. 1950년대 말에는 그런 특성을 갖춘 방사선원이 유로퓸($^{153}Eu_{63}$)의 동위원소인 $^{152}Eu$ 밖에 없었다. 그 원소 궤도 스핀의 그런 특별한 특성은 브룩헤이븐 국립연구소(Brookhaven National Laboratory)의 Maurice Goldhaber가 이끄는 연구그룹에 의해 발견되었는데 그 그룹은 중성미자 헬리시티를 최초로 직접 측정하기도 했다. 그들은 $^{152}Eu$의 그런 특성을 알고 있었던 유일한 연구그룹이었기 때문에 그럴만한 위치에 있었다. 그 무렵 그들은 헬리시티 측정을 완수할 만한 좋은 상태에 있었으며, 마침내 유로퓸의 붕괴특성을 기술한 논문을 출간하였다.

$^{152}Eu$ 방사선원이 베타붕괴를 한다는 것은 Alvarez와 Klein이 최초로 발견하였다. $^{152}Eu$ 원자핵은 원자의 외각 전자를 포획하여 스스로 사마륨−152($^{152}Sm^*$)원자핵으로 변하고 중성미자를 방출한다(사마륨 기호의 어깨 별표는 동위원소의 들뜬 상태를 표시하고 감마선을 방출하면서 기저상태로 붕괴한다). 그 핵은 운동량이 보존되므로 뒤로 되튀고(recoil) 중성미자가 방출된다. 이들 두 붕괴산물들[주석: 중성미자와 붕괴 핵]은 같은 헬리시티를 가지기 때문에 붕괴핵의 헬리시티를 측정하면 중성미자의 헬리시티를 알 수 있게 된다. 더구나 들뜬 핵은 감마선을 방출하면서 기저상태로 붕괴하므로 들뜬 핵의 헬리시티는 방출된 감마선의 편광(polarization)에서 알 수 있다. 방출된 중성미자는 검출되지 않은 채로 빠져나가고 실제로 전 실험과정에서

결코 기록되지 않는다.

감마선을 특별한 검출기에 의해서 검출할 수 있으나 골드하버가 직면했던 문제는 감마선의 편광을 측정하고 배경 감마선(background gamma ray)을 제거하는 것이었다. 그 감마선은 중성미자와 반대로 방출되기 때문에, 정지 상태 $^{152}$Sm*의 붕괴에서 나오는 대표적인 감마선 에너지 960 KeV보다 약간 높은 에너지를 가진다. 이것은 다행인데, 그 까닭은 순수한 $^{152}$Sm는, 공명산란(resonant scattering)이라 부르는 과정에서, 같은 원자에서 방출되는 감마선을 흡수하고 빠르게 재방출하기 때문이다. 이점은 공명산란에 의해 우리가 원하는 에너지의 감마선만 산란시키고 다른 불필요한 에너지를 가진 것들은 제거하는 일종의 필터 같은 역할을 한다는 것이다. 정교하게 장착된 $^{152}$Sm의 두 시료들은 실험장치 주위의 다른 방사성 과정(radiation)에서 생성된 배경 잡음을 제거하므로, 원치 않는 방사선들로부터 차폐하면서 사마륨에서 방출된 감마선들을 한 영역으로 산란시키게 할 수 있다.

그 실험기구의 스케치(sketch)에서 보는 것처럼, 방사선원은 자기장 내에 위치한다. 감마선은 모든 방향으로 방출되나 검출기 쪽으로 방사되는 감마선만이 분석될 것이다. 중성미자는 반대방향으로 방출되고 검출되지 않는다. 감마선에 민감한 검출기를 감마선에 직접 쪼이는 것을 방지하기 위하여 방사선원과 검출기 사이에 원추형 납이 삽입된다. 관찰되지 않는 중성미자의 헬리시티를 간접적으로 계측하기 위한 감마선 편광을 측정하여, 골드하버 팀은 중성미자의 스핀 특성에 대한 상세한 측정을 할 수 있었다. 이 실험이 멋진 것은 물리학자들이 직접적으로 중성미자 자체를 검출하지 않고 중성미자의 헬리시티를 측정했기 때문이었다.

만약 감마선이 자기장과 같은 방향으로 편광 된다면, 자석을 구성하는 철의 전자가 감마선을 흡수하기 쉬울 것이다. 그러면 한 극성[주석: 한쪽으로 편광된]의 감마선이 전송되면 다른 극성의 감마선은 잘 전송되지 않을 것이다. 따라서 감마선 전송은 우편향보다는 좌편향으로 편향된 감마선이 훨씬 우세하다. 자기장의 방향이 변화하면 이 우세한 전송방향의 역전이 일어나 좌편향보다 우편향이 지배적일 것이다. 두 개의 자기장 세팅에 의해 관측된 감마선들 사이의 상대적 세기 차이는 좌편향 또는 우편향의 우세를 나타낼 것이나 양쪽[주석: 자기장 바꾸기전과 후]에서의 배경(background) 방사선은 물리학자들이 두 자기장 세팅 사이의 차이만 주시하고 있기 때문에 이 측정에 영향을 주지 않는다. 결과는 자기장이 우편향 감마선을 흡수하게 세팅되었을 때, 많은 좌편향 감마선들이 검출기에 엄청나게 많이 나타났다. 그러나 자기장이 좌편향 감마선들을 흡수하게 세팅되었을 때는 검출기가 전혀 방사선원이 없을 때와 같은 미소한 양의 배경 방사선을 제외하고는 놀라울 정도로 조용했다. 이 실험에서의 결과는 중성미자가

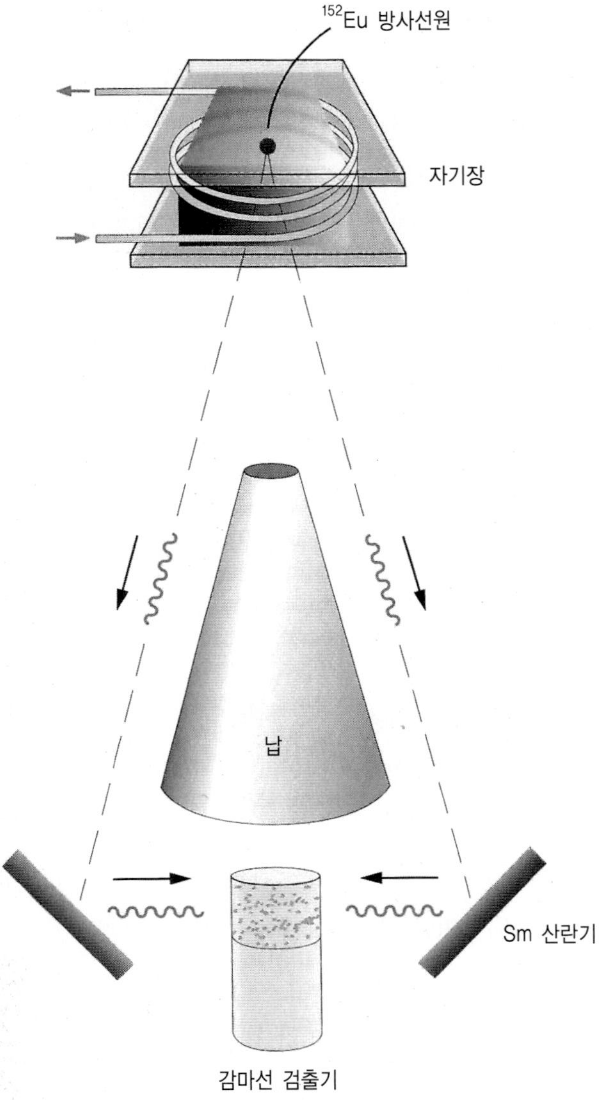


$^{152}$Eu의 베타 붕괴에서 중성미자와 함께 방출되는 감마선 편향을 측정하여 중성미자의 헬리시티를 계측하는 골드하버 실험장치의 주요 구성 부분

100% 좌회전이고 베타 붕괴에서 우회전 중성미자는 전혀 존재하지 않는다는 것을 보여주었다.

그러면 모든 우회전 중성미자는 어디로 사라졌을까? 본질적으로 우리는 이 실험에서 베타 붕괴에서 방출된 중성미자는 단지 단일 헬리시티 상태만 존재하고 다른 상태의 중성미자는 생성되지 않는다는 것을 알았다. 지금까지 어떤 실험에서도 중성미자가 이와 같은 단일 헬리시티 이외의 어떤 다른 상태를 보인 실험은 없었다. 약한 상호작용에서 중성미자를 수반하는 전자들 역시 허락된 오직 하나의 헬리시티만을 가진다. 대조적으로, 양자 전자기 이론에서 하나의 광자가 전자-양전자 쌍으로 변환될 때는 그 전자들은 그 시점에서 50%의 우회전 스핀과 50%의 좌회전 스핀을 가진다. 다시 말해, 두 스핀 상태가 모두 허용된다. 전자기적 상호작용들은 좌회전과 우회전상태를 다 허용하는데 반해, 약한 상호작용이 오직 좌회전 중성미자만 생성시키는 것은 쉽게 이해하기 어려운 혼란스러운 난제다.

• • •

1950년대에는 일반적으로 자연의 어떤 대칭성도 상호작용의 물리적 본질을 변화시키지 않고 역전될 수 있다고 믿어졌다. 현재까지 사실로 알려진 한 예는 전자기적 상호작용에서의 전하 대칭성이다. 하나의 상호작용에서 모든 하전입자의 전하를 반대로 바꾸는 것은 그 작용에 참여하는 모든 입자가 동시에 역전을 할 수 있어 그 상호작용의 결과에 영향을 주지 않는다. 하나의 상호작용을 거울에 비춰보는 것과 비슷한 대칭성인 반전성(parity) 역시 기본적 대칭성으로 믿어왔으나, 이 믿음은 오래가지 못했다. 약한 상호작용에 대한 실험에서 반전성 보존을 위반하는 것이 발견되었다.

약한 상호작용에서 반전성 위반의 존재가 뜻하는 것처럼, 중성미자는 그 운동방향에 대해 단지 좌회전 스핀만을 보유한다. 자연계의 모든 다른 입자들은 좌회전 또는 우회전 헬리시티를 다 보유하는 것으로 보여, 이러한 관점에서 중성미자는 특이한 것이다. 우회전 중성미자가 존재하지 않는 이유는 1970년대 말까지[주석: 현재까지도] 완전히 납득할 수 없었던 수수께끼이다. 그래서 이 새로운 문제는 약한 상호작용이란 새로운 힘을 이해하려는 물리학자들에게 난제로 남았다.

제4장

# 직접적인 중성미자의 관측

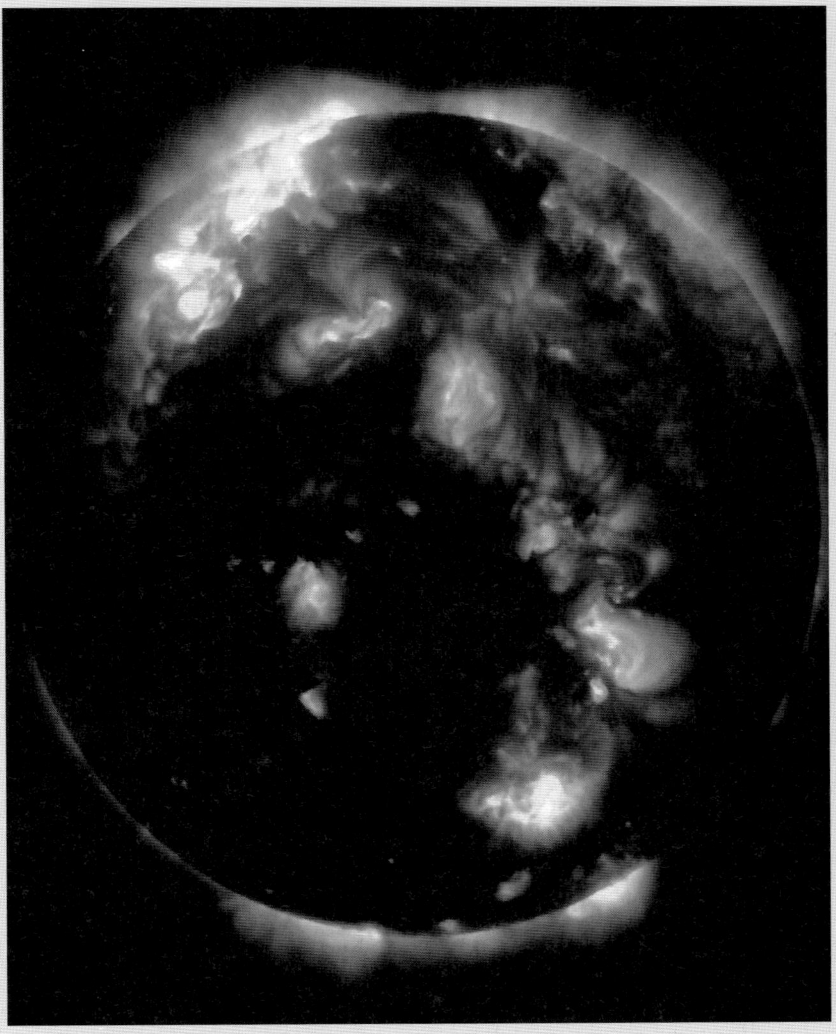

X-선 사진에서의 태양 표면에서 분출하는 플레어 폭발. 사진의 밝은 반점은 가시광선에서 보이는 어두운 흑점에 해당한다. 태양표면에서 방출되는 X-선과 광자들은 태양의 핵에서 일어나는 핵반응에서 에너지를 얻는다. 이러한 반응들이 태양 내부의 심부 조건에 대한 실마리를 제공하는 중성미자를 방출하고 있다.

이 장에서 우리는 이제 최초의 중성미자의 직접적인 관측에 접할 것이다. 중성미자를 관측하는 것은 결코 작은 일이 아니다. 그 일은 엄청난 규모의 중성미자 발생원(source of neutrino)을 개발해야 하는데 그런 발생원은 원자로(reactor)의 발명에 의해서만 가능한 것이었다. 물리학자들이 직접 중성미자를 관측하려는 여러 가지 기술 개발에 노력을 쏟은 후에, 학자들은 태양의 핵에서 방출되는 중성미자 연구에 그 기술을 적용하였다.

태양은 우리가 볼 수 있는 빛을 만들고 열을 생성하기 위하여 핵반응이 일어나는 거대한 원자로이다. 이러한 핵반응들에 의해서 중성미자가 만들어지고, 이 중성미자들을 관측할 수 있다면 우리는 태양의 핵을 직접 들여다 볼 수 있을 것이다. 한 때, 물리학자와 화학자들이 이 태양 중성미자를 검출하기 위한 기구를 고안한 적이 있었으나 최근의 태양 모델에서 예측된 것보다 훨씬 못 미치는 수의 중성미자만을 발견했을 뿐이다. 이런 태양 중성미자의 결핍은 핵물리학과 태양의 생애에 대한 우리의 이해가 다소 틀렸다는 것을 의미하는 것일까? 태양의 궁극적인 종말이 매우 가까워진 것일까? 필자는 태양의 핵을 탐구할 수 있는 가장 최신의 자료를 바탕으로 이런 의문에 대해 논의할 것이다.

## 핵반응

중성미자가 모든 베타 붕괴에서 생성된다고 할지라도 이 입자를 정지시키거나 관측하기가 매우 어려운 약한 상호작용을 하는 입자이다. 중성미자는 약한 핵력을 통해서만 상호작용 하므로 다른 어떤 입자보다 아주 적은 산란단면적(scattering cross section[주석: 산란 단면적이 적을수록 충돌 확률은 줄어든다])을 가지고 있는데 이는 중성미자가 물질과 상호작용할 가능성이 극히 낮다는 것을 뜻한다. 중성미자의 행로(passage)를 기록할 수 있는 어떤 검출기도 존재하지 않는다. 대신, 물리학자들은 중성미자를 정지시켜 그것이 관측 가능한 다른 입자로 전환되게 해야 한다.

중성미자를 정지시키는 것은 쉬운 일이 아니다. 중성미자가 상호작용 하는 확률은 이미 알려진 것처럼 매우 낮아서 수 백 광년 두께의 납으로 된 차폐벽도 부딪치지 않고 통과할 수 있다. 그러나 중성미자가 충분히 많다면, 몇 개는 정지될 것이다. 이 수수께끼 같은 입자 하나라도 관측하기를 간절히 바라는 물리학자들은 그 하나의 입자를 정지시키기 위해서 막대한 양의 중성미자가 발생되는 발생원(source of neutrinos)이 필요하다는 것을 알고 있다. 페르미(Enrico Fermi)는 맨하탄 프로젝트(Manhattan Project)에 참여하는 동안 바로 그런 거대한 발생원 개발에 관여하였다. 그 프로젝트는 미국이 핵폭탄 개발을 위해 만들어진 것이었다. 페르미연구팀은 원자폭탄을 개발하기 전에, 먼저 핵반응이 조절되면서 자립반응이 유지되는(self-sustained) 원자로[주석: 핵반응이 일어나는 것과 반응을 억제하는 것이 균형을 이루는 상태]를 먼저 제작해야 했다. 이 핵반응들은 강력한 중성미자 발생원이 될 수 있었으며 이 발생원을 사용하여 궁극적으로 중성미자의 존재에 대한 분명한 증거를 얻을 수 있게 되었다.

자체 유지 원자로였든 아니면 핵폭발이던 간에, 핵반응의 동력화를 이끌어냈던 역사를 보면, 1934년 페르미가 이탈리아에서 수행했던 실험으로 거슬러 올라간다. 페르미는 이론물리학자로서 출발한 후 실험 물리학을 연구했으며 로마의 한 연구소에서 물리학 비 정년보장(untenured) 교수직에 있었다. 러더퍼드는 이 책 다음 쪽에 제시된 편지에 나온 것처럼, 페르미가 이론물리학의 영역에서 성공적으로 벗어남을 축하하였다. 어떤 과학자의 의견에 따르면, 이와 같은 페르미의 이론물리학과 실험물리학 양쪽에서의 성공 때문에, 그가 20세기의 가장 위대한 물리학자가 되었다는 것이다.

Cavendish Laboratory,
Cambridge

23rd April, 1934

Dear Fermi,

I have to thank you for your kindness in sending me an account of your recent experiments in causing temporary radioactivity in a number of elements by means of neutrons. Your results are of great interest, and no doubt later we shall be able to obtain more information as to the actual mechanism of such transformations. It is by no means clear that in all cases the process is as simple as appears to be the case in the observations of the Joliots.

I congratulate you on your successful escape from the sphere of theoretical physics! You seem to have struck a good line to start with. You may be interested to hear that Professor Dirac also is doing some experiments. This seems to be a good augury for the future of theoretical physics!

Congratulations and best wishes,
Yours sincerely,

*Rutherford*

*Send me along your publications on this question.*

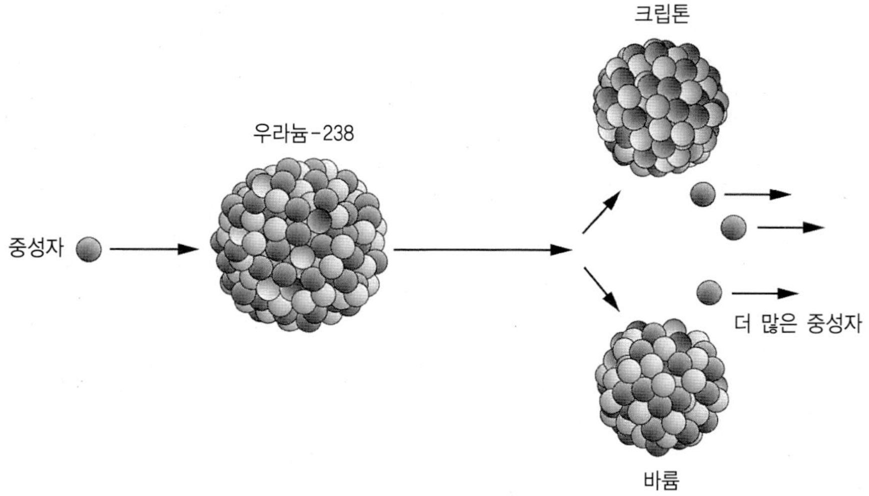


일시적 방사능은 하나의 중성자와 관련된 반응이 무거운 핵이, 두 개의 작은 핵과 부차적인 중성자들을 형성시키면서, 나누어질 때 만들어진다. 이처럼 새로 만들어진 중성자들은 다른 무거운 핵들을 분열시키는 연쇄반응을 일으킨다.

페르미는 핵반응에 관한 간단한 실험부터 시작하였다. 그는 중원소(heavy elements)에 중성자를 때려 일시적인(temporary) 인공 방사능을 띠게 하는 실험을 하였는데, 이 실험은 나중에 원자로와 원자폭탄에 관한 그의 연구에 큰 영향을 주었다. 당시에는 아무도 이와 같은 일시적 방사능이 생기는 정확한 메커니즘을 이해하지 못했으나, 연속적 에너지원이든 폭탄이든 관계없이, 결국 핵반응의 메커니즘은 원자핵에 속박된(hold) 입자들의 결합에너지(binding energy)의 방출임을 알게 되었다. 예를 들어 우라늄이나 플루토늄 같은 큰 원자핵을, 핵분열(fission)이라 부르는 과정인, 두 개 또는 더 이상의 작은 것들로 나누면, 분열되면서 입자들을 함께 묶고 있던 결합 에너지가 방출된다. 중원소에 중성자를 때린 페르미의 1934년 실험은 인간이 최초로 실현한 핵분열 반응이었다.

또 다른 핵반응인 핵융합(nuclear fusion)은 두 개의 가벼운 원자핵이 서로 외부 힘에 의해 결합되어 하나의 새로운 원자핵을 만들 때 일어난다. 이 유형의 핵반응 역시 에너지를 방출한다. 철보다 가벼운 원소는 그들이 보다 적은 파편으로 쪼개질 때, 어떤 순 에너지(net energy)도 방출될 수 없다. 결합력(binding force)이 너무 커서 이들이 나누어지기 위해서는 방출되는 에너지보다 더 많은 에너지가 필요하기 때문이다. 철보다 무거운 원소, 특히 무겁고 불안정한 원소들은 분열하기가 용이하여 어떤 화학반응에서 방출되는 것보다 훨씬 더 많은 에너지를 방출한다. 그러나 많은 양의 전하를 가진 이들 무거운 원소들은 서로 합쳐질 때 충분한 핵융합 에너지가 방출될 수 없다. 핵융합을 위해 극복되어야 할 큰 척력[주석: 핵이 갖는 양의 전하끼리 반발력 때문]이 가벼운 원소들의 척력에 비해 훨씬 더 크기 때문이다. 즉 그 원소들의 핵융합에서 방출될 에너지보다 훨씬 큰 에너지가, 척력을 이겨내고 융합되게끔 그 원소들에 주어져야 하기 때문이다. 철은 분열과 융합의 분기점에 위치한다. 철의 핵이 분열하거나 두 개의 작은 핵이 융합하여 철을 형성할 때, 그 반응들을 일으키는데 필요한 에너지양에 비해, 방출되는 에너지는 거의 없다.

1939년 핵반응에 관한 연구를 군사적으로 이용할 수 있다는 것을 최초로 알았던 사람은 헝가리의 양자 이론물리학자인 실라드(Leo Szilard)였다. 실라드는 아인슈타인에게 핵폭탄을 개발하기 위한 프로젝트를 만들 것을 루스벨트 대통령에게 제안하는 편지를 쓸 것을 권하였다. 페르미와 실라드는 미국정부가 그런 거대한 프로젝트를 추진할 수 있게 확신을 줄 수 있는 사람은 단 한명의 유명한 과학적 인물일 것이라고 생각했다. 아인슈타인은 그 편지를 1939년 8월 2일에 작성했다. 그 내용은 다음 쪽에 제시되어 있다. 루스벨트 대통령은 물리학자들과 일련의 회의를 한 후 맨하탄 프로젝트를 추진하기로 결정을 내렸다.

그 프로젝트의 첫 단계는 자체 유지되는 핵 연쇄반응로의 건설이었다. 뉴욕시 컬럼비아 대학에 있었던 그는 프로젝트를 위한 원래의 기반시설 보안문제 때문에 멀리 이동하는 것이 필요했다. 그 새로운 장소는 시카고 대학에 이었는데 공군 비행장과 함께, 해군 항만 도시에 위치하여 미국 내부의 지정학적 위치로 보았을 때 보안상 더 안전한 것으로 생각되었기 때문이었다. 그 프로젝트의 책임자였던 페르미는 그의 직원과 가족을 뉴욕에서 시카고로 이동시켰다. 1942년, CP－1이라 부르는 최초의 시카고 원자로(atomic pile) 건설이 스택 필드(Stagg Field) 미식축구 경기장의 서편 스탠드 아래의 테니스 경기장 코트(racket court)에서 시작되었다. 프로젝트의 구성원들은 이 원자로를 흑연 벽돌, 우라늄이 풍부한 무거운 원소 블록(blocks), 카드뮴 막대 등을 사용하여 조립하였다. 그들은 원자로의 중심에 우라늄이 풍부한 블록을 넣고 블록 층 사이에 카드뮴 막대를 끼워 넣었다. 카드뮴은 중성자의 전달을 막아주므로 과학자들은 핵반응의 속도를 조절하기 위하여 이 막대를 투입 혹은 제거하였다. 전시 인력동원 때문에 일할 인력이 부족하여, 시카고 대학 미식축구팀이 그 무거운 우라늄 원소 블록을 나르는데 동원되어야만 했다. 프로젝트의 구성원들은 원자로의 지지블록인 흑연블록과 우라늄이 풍부한 무거운 블록의 조립을 수작업으로 진행하였다.

1942년 12월 원자로가 가동에 들어갔다. 과학자 한명이 하나의 카드뮴 제어봉을 부분적으로 빼면서 핵반응이 시작되었다. 제어봉을 더 빼면서 원자로 안에 장착된 가이거 계수기는 방사성 붕괴의 강도가 증가하는 것을 보여주었다. 계수기의 수치에서 얻어진 첫 반응률은 자립 상태(self-sustaining)가 아님을 보여주었으나, 이 값은 고정되고 안정된 상태 반응률(제어봉 위치에 따라 달라짐) 보다 적은 상태에서 유지(level off)되었다. 이 비율은 작은 양의 에너지를 생성하는데 충분했지만 핵폭발을 일으키는데 필요한 일종의 자립 반응일 것이라는 확정적 증거는 아니었다. 과학자들은 서서히 카드뮴 막대를 뒤로 상당히 빼내면서 반응활동이 증가하는 것을 지켜보았다. 그들은 여러 번의 시도 후, 마침내 레벨 오프(level off)의 징후가 보이지 않고 반응강도가 지수함수적으로 급격하게 증가함을 관찰하였다. 즉 원자로의 자립 유지상태(self-sustained)가 얻어진 것이다. 제어봉이 다시 재투입되자 원자로의 방사능 수준은 빠르게 하강하여 원자로가 정지했음을 알려주었다.

Albert Einstein
Old Grove Rd.
Nassau Point
Peconic, Long Island
August 2nd, 1939

F.D. Roosevelt,
President of the United States,
White House
Washington, D.C.

Sir:

Some recent work by E. Fermi and L. Szilard, which has been communicated to me in manuscript, leads me to expect that the element uranium may be turned into a new and important source of energy in the immediate future. Certain aspects of the situation which has arisen seem to call for watchfulness and, if necessary, quick action on the part of the Administration. I believe therefore that it is my duty to bring to your attention the following facts and recommendations:

In the course of the last four months it has been made probable—through the work of Joliot in France as well as Fermi and Szilard in America—that it may become possible to set up a nuclear chain reaction in a large mass of uranium, by which vast amounts of power and large quantities of new radium-like elements would be generated. Now it appears almost certain that this could be achieved in the immediate future.

This new phenomenon would also lead to the construction of bombs, and it is conceivable—though much less certain—that extremely powerful bombs of a new type may thus be constructed. A single bomb of this type, carried by boat and exploded in a port, might very well destroy the whole port together with some of the surrounding territory. However, such bombs might very well prove to be too heavy for transportation by air.

The United States has only very poor ores of uranium in moderate quantities. There is some good ore in Canada and the former Czechoslovakia, while the most important source of uranium is Belgian Congo.

In view of this situation you may think it desirable to have some permanent contact maintained between the Administration and the group of physicists working on chain reactions in America. One possible way of achieving this might be for you to entrust with this task a person who has your confidence and who could perhaps serve in an inofficial capacity. His task might comprise the following:

a) to approach Government Departments, keep them informed of the further development, and put forward recommendations for Government action, giving particular attention to the problem of securing a supply of uranium ore for the United States;

b) to speed up the experimental work, which is at present being carried on within the limits of the budgets of University laboratories, by providing funds, if such funds be required, through his contacts with private persons who are willing to make contributions for this cause, and perhaps also by obtaining the co-operation of industrial laboratories which have the necessary equipment.

I understand that Germany has actually stopped the sale of uranium from the Czechoslovakian mines which she has taken over. That she should have taken such early action might perhaps be understood on the ground that the son of the German Under-Secretary of State, von Weizsäcker, is attached to the Kaiser-Wilhelm-Institut in Berlin where some of the American work on uranium is now being repeated.

Yours very truly,

*Albert Einstein*

(Albert Einstein)

이 성공은 맨하탄 프로젝트의 전환점이 되었다. 그 이유는 이제 폭발장치를 제작할 수 있다는 것이 명확해졌다는 것이었다. 그 비밀 프로젝트 결과들은 현재 잘 알려져 있다. 세 개의 핵폭탄이 Robert Oppenheimer의 지휘아래 설계되고 조립되었다. 네바다 사막에서 성공적 시험 후, 미국은 두 개의 원자폭탄을 일본에 투하했고 2차 대전은 태평양에서 빠르게 막을 내렸다.

과학자들은 보통 정치적인 경계선을 생각하지 않고, 개방된 분위기에서 연구를 한다. 각자의 업적은 다른 사람들이 읽을 수 있게 출간된다. 이런 개방성은 가끔 문제를 일으키기도 한다. 예를 들어, 냉전(cold war) 기간 동안, 한 소련의 물리학자가 그의 과학적 연구결과가 미국의 과학자들의 논문에서 인용되었기 때문에 자신의 나라를 배신했다고 의심받은 적이 있었다.

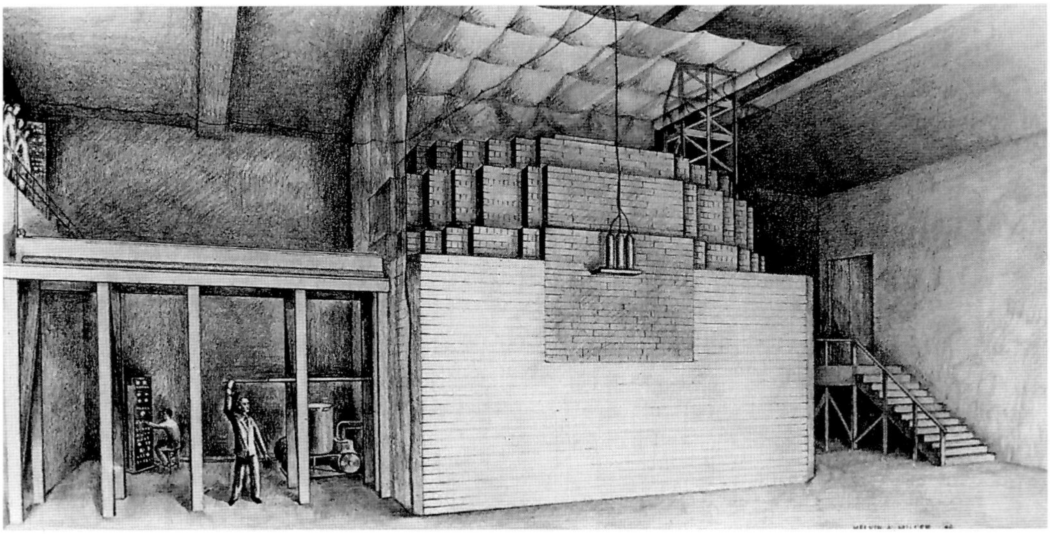

2차 대전 동안 시카고 대학 캠퍼스 스택 경기장의 야외관람석 밑에 건설된 CP-1이란 불린 최초의 원자로의 당시의 스케치

하지만 긴 냉전기간 동안에도 소위 서구 연합(Western Alliance)이나 철의 장막(Iron Curtain) 뒤에서 온 저명한 물리학자들은 물리학 모임에 참석하여 자유롭게 그들의 최신 연구결과를 서로 교환 하였다.

맨하탄 프로젝트에서 활동했던 미국, 영국, 캐나다의 과학자 팀 중에는 그의 배경이나 특이한 행동 때문에 반역자로 의심받던 많은 과학자들이 있었다. 비록 맨하탄 프로젝트에 참여한 물리학자 Karl Fuchs가 소련을 위한 첩보활동이 드러나 체포 투옥되기는 했으나 대부분의 의심은 거의 근거 없는 것으로 밝혀졌다. 원자로와 핵폭탄에 대한 연구 활동에 관한 비밀은 유지되어야 한다고 정부에 최초로 제안한 사람은 페르미와 그의 팀원들이었다. 이런 행동은 그들의 연구 활동이 얼마나 민감한 것이었는가를 말해주는 것이다.

맨하탄 프로젝트가 마무리된 후, 그 관리자였던 오펜하이머는 반역자이며 믿지 못할 사람이라는 많은 비난의 표적이 되었고, 그로인하여 입자 물리학에 관한 정부의 자문역할에서 해임되었다. 그의 불명예는 Joseph McCarthy에 의해 부풀려진 미국의 편집증 시대(period of paranoia)가 최고조인 기간에 초래되었다.

오펜하이머에 대한 비난을 완전히 이해하기 위해서는 그의 배경을 약간 살펴보는 것이 도움이 된다. 그는 미국에서 태어나 최초의 대학 학위를 미국에서 취득했으나 1920년대 후반부에 Max Born에게서 박사학위를 취득하기 위해 독일 괴팅겐에 갔다. 거기서 그는 훌륭한 동료 학생들뿐만 아니라 뛰어난 물리학자들을 많이 만났는데 그중에는 페르미도 있었다. 2차 대전 발발 전 취리히 연방공과대학에서 시간을 보낸 후 그는 미국으로 돌아왔다. 오펜하이머는 그가 미국 태생의 시민이었기 때문에 맨하탄 프로젝트를 이끌도록 선택되었으나 페르미는 아니었다. 당시 미국정부는 오펜하이머가 미국 밖에서 교육받았었다는 것에 개의하지 않았다.

2차 대전 후, 미국 군대는 핵융합 폭탄을 포함한 핵무기 개발을 계속하기를 원했다. 오펜하이머는 반대했다. 그러한 무기는 일본에 사용되었던 핵분열 폭탄보다 훨씬 더 파괴적이었기 때문이다.

오펜하이머는 새로운 핵무기가 너무나 파괴적이어서 그 무기가 전면전에 사용되었을 경우 일어날 일에 대해 전 세계가 깊이 숙고해야한다는 것을 세계의 많은 정부들이 확실히 알기를 갈망하였다. 이러한 새로운 핵무기 개발에 대한 그의 반대 때문에 그는 계속적인 핵무기 연구를 지지한 세력의 비판의 표적이 되었다. 이들 비판자들은, 오펜하이머가 젊은 시절 공산당원들과 연루되었고 상위 교육의 많은 부분[주석: 박사 학위 이후의 연구]을 미국 밖에서 했기 때문에 그는 믿을 수 없는 사람이라고 비판 했다. 그가 그들의 진정한 의도를 파악하고 재빨리 공산당을 비난했지만, 반역자로 의심받아 재판에 넘겨졌다. 오펜하이머가 독일에서 교육받았다고 그가 미국인이 아니라고 해서는 안 된다. 과연 당대 최고의 양자 역학 물리학자 중의 하나였던 보른에게 교육받을 멋진 기회를 놓칠 정도로 그가 어리석었을까.

페르미 자신은 그의 오랜 동료 학자에 대한 이런 비판이 어리석다는 것을 알리기 위해 그의 일생에 단 한번 기자회견을 요청했다. 비록 오펜하이머의 반역죄가 입증되지는 않았지만, 오펜하이머는 공직에서 해임되었다. 페르미는 1954년에 생을 마칠 때까지, 오펜하이머를 지지했으며, 연구의 가능한 위험성을 정부와 대중에게 경고했을 뿐 아니라 과학적 의문에 대한 개방적이고 자유로운 연구권리를 지지하였다.

## 중성미자의 직접적 검출

이차 대전 후, 더 진보된 지식의 최전선으로 복귀하기를 희망하던 과학자들은 순수한 연구 쪽으로 선회하였다. 그런 의미에서 코완(Clyde L. Cowan)과 라이네스(Frederick Reines)가 이끌던 연구팀은 직접 중성미자를 검출하기 위하여 오퍼레이션 폴터가이스트(Operation Poltergeist[역자 주: 장난꾸러기 요정의 작업과정이라는 의미])라는 실험을 창안하였다. 코완과 라이네스가 그러한 탐구실험을 하기 전에 그들은 먼저 대량의 중성미자 플럭스(flux)를 제공할 수 있는

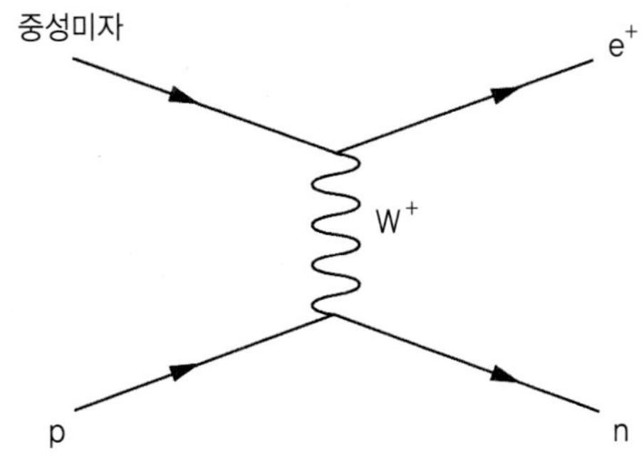


중성미자와 양성자의 상호작용

발생원－핵폭탄 폭발이나 거대 원자로면 충분할－이 필요했다. 원래 코완과 라이네스는 전후 많이 행해졌던 핵폭탄 폭발 테스트들 중의 하나에서 그들의 실험을 수행할 수 있는 허가를 얻었다. 그러나 이 방법은 워싱턴주 핸포드 연구센터(Hanford Research Center)의 새로운 원자로를 간단하게 이용하는 것보다 어려운 것으로 생각되었다. 또한 실제 중성미자 신호와 통상적으로 원자로에서 발생하는 다른 방사성 붕괴에 의한 신호를 혼동하지 않고 중성미자 신호를 분별할 수 있는 명확한 방법이 코완과 라이네스는 필요하였다.

개념상 중성미자 측정은 단순해야한다. 시간상 앞으로 진행하는 어떤 과정이든 시간상 역으로 진행하는 반응이 있어야 한다. 우리는 중성미자가 반전 베타 붕괴에서 물질과 상호작용할 것으로 기대하였다. 즉, 하나의 중성미자는 양성자와 상호작용하여 하나의 중성자뿐만 아니라 중성미자에서 변환되어 나온 고에너지 양전자를 방출할 것이다. 이 중성자는 중성자 포획(capture)에 매우 큰 확률을 갖는 카드뮴 같은 원소에 흡수될 수 있다. 중성자를 흡수하여 이루어진 카드뮴 동위원소는 방사능(radioactive)을 가지게 되고 쉽게 검출될 수 있는 입자를 생성시키면서 붕괴할 것이다. 초기 양전자의 생성과 불안정한 방사성 카드뮴 붕괴 사이에는 잘 알려진 얼마간의 시간 간격이 존재한다.

코완과 라이네스는 중성미자 상호작용과 관련 있는 이런 특별한 신호－고정된 시간차로 나타나는 두 신호－와 관련된 이벤트(event)를 관찰할 실험세팅을 해야 했다. 이런 이중 신호(double signal)[주석: 두 신호사이 시간차이]는 다른 어떠한 방사성 과정에서도 쉽게 나올 수 없는 것이었다. 만약 우연히 그런 과정이 일어난다면, 다음 문단에 설명하는 것처럼 간단한 계산으로 실험결과에서 혼란을 방지할 수 있었다. 중성미자 신호를 검출하기 위해 코완과 라이네스는 하나의 하전입자가 통과할 때, 짧은 빛의 펄스를 방사하는 화합물로 채워진 큰 액체 신틸레이터(scintillator) 탱크를 사용하였다. 그들은 신틸레이터의 매우 약한 빛의 펄스(pulse)에 매우 민감하게 작동하는 장치인 광전자증배관(photomultiplier)을 그 탱크의 양 옆, 위, 아래에 배열하였다. 이미 알려진 상호작용으로 그들의 실험기기를 테스트한 후에, 강력한 중성미자 발생원 근처에서 실험을 수행하기 위한 준비를 하였다.

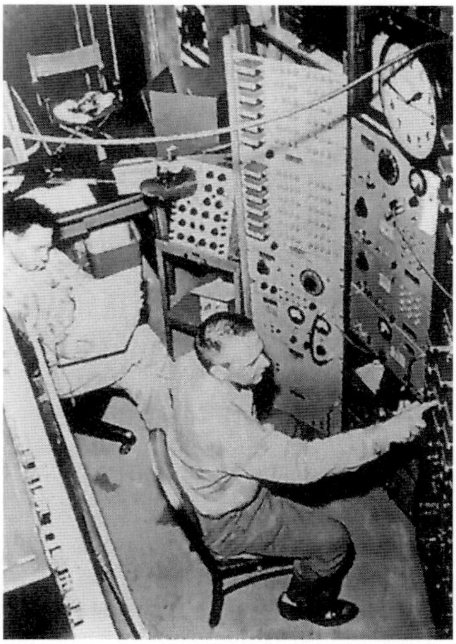

워싱턴주 핸포드 원자로의 실험 계측실에서 코완과 라이네스. 그들은 최초로 수수께끼의 중성미자를 측정했다.

그 실험은 1953년 핸포드(Hanford) 원자로에서 처음 실시되었다. 거기서 코완과 라이네스는 신호로 추정할 수 있는 것을 하나 보았으나 그들은 보다 명확한 결과를 원했다. 그들이 1956년 개선된 실험을 시행하였을 때, 더 나은 결과가 나왔다. 그들은 0.06 계측수/시간(0.06 count/hour)의 통계오차(statistical error)를 가진 0.56 계측수/시간 비율로 중성미자를 관측했다. 실험과학에서 모든 측정은 보통 기술적인 한계(완전한 실험은 없다)나 기대되었던 신호와 비슷한 잡음이 우연히 발생되는 오차 때문에 얼마간의 고정된 범위의 오차를 가지게 된다. 이 실험에서 통계오차는 납득하기 쉬운 것이었다. 실험과 무관한 외부 붕괴로부터 발생한 하나의 전자가 다수 검출되는 경우, 그 전자들 중의 두 개가 시간상 우연히 특별한 이중 시간과 아주 비슷하게 되면 이중신호로 관측 될 수 있다. 즉 첫 번째 하전입자 통과 후 두 번째 신호가 기대되는 시간 창(time window) 동안에 검출기를 통해 두 번째 하전입자가 우연히 관측될 수 있다. 그 "우연성"은 이중신호[주석: 앞에서 말한 특별한 두 신호사이 시간차이]처럼 보일 수 있다. 각 입자의 계측비율이 알려지면, 첫 번째 입자와 무관한 두 번째 입자가 예측된 지연시간에 도착할 수 있는 가능성을 쉽게 계산할 수 있다. 이중신호의 수가 우연하게 발생되는 것으로 예상되는 신호의 수보다 높으면, 물리학자들은 그들의 검출기가 중성미자를 포착했다고 확신할 수 있는 것이다.

실험 물리학자들 역시 기대하는 효과를 계속 관측할 수 있는지를 알아보려고, 약간 다른 방법으로 실험을 하여, 이중 체크를 하는 것이 일반적이다. 그렇게 이중 체크를 해도 같은 결과가 나온다면, 그 실험이 정학하게 수행되었다는 것을 확신할 수 있는 것이다. 결과를 이중체크하기 위해, 코완과 라이네스는 원자로를 최대출력 수준으로 작동하였다. 베타 붕괴 후 나온 분열 파편에서 중성미자들이 생성되며, 생성되는 분열 파편의 수는 원자로의 출력에 따라 증가하므로 중성미자 계측률이 상응하게 증가할 것을 그들은 기대하였다. 과연, 그들은 최대출력에서 0.12 계측수/시간 오차를 가진 2.88 계측수/시간 비율로 중성미자를 관측하였다. 이 신호는 우연한 잡음 수준의 20배였다. 추가 실험에서 그들은 검출기 안의 물을 중수($D_2O$)로 대치하였다. 중수 핵은 양성자와 중성자가 하나씩 있는 수소 핵에 중성자 하나를 더 포함하는 수소의 동위원소에서 만들어진다. 중수는 중성자들을 느리게 하여 검출되기 쉽게 한다. 그 결과 두 배 많은 중성미자 신호가 검출되고, 정말로, 중성미자 계측률이 기대했던 것처럼 증가하였다.

결국 중성미자가 직접 관측되었다. 1956년 6월 14일 코완과 라이네스는 스위스 취리히에 있는 파울리에게 "우리가 분명히 중성미자를 검출했다는 사실을 당신에게 전할 수 있어 기쁩니다."라는 내용의 전보를 보냈다. 중성미자를 제안한 이후 35년이 지나서야 파울리는 실험적으로는 결코 관측할 수 없는 입자를 제안할 수밖에 없었던 자신에 대한 무력감을 마침내 이겨낼 수 있었다.

심지어 코완과 라이네스의 실험을 이중으로 체크까지 했지만, 다른 실험에 의해 원래의 결과를 확인할만한 것은 없었다. 코완과 라이네스가 실험을 완수한 후 얼마 되지 않아 다른 학자들이 다른 방법으로 중성미자를 검출할 수 있었다.

페르미가 로마에서 학생들을 가르치고 있을 때, 그는 총명한 이론 물리학 학생인 폰테코르보(Bruno Pontecorvo)를 두고 있었다. 폰테코르보 역시 미국으로 가서 그의 전 스승인 페르미와 함께 맨하탄 프로젝트에서 활동하였다. 그는 핵폭탄급 플루토늄을 만드는 프로젝트의 일부였던 캐나다 원자로 프로젝트(Canadian Reactor Project)에 참여하면서 전쟁 기간 대부분을 이론 물리학자로서 자세한 계산을 주로 수행하였다. 전후(after the war), 폰테코르보는 유럽으로 돌아가 처음에는 영국과 이탈리아에서 활동하다 마침내 핀란드로 이주한다. 거기서 그는 비밀리에 소련으로 이민을 갔다. 그는 소련으로 가려는 꿈을 꾸어 왔었다. 그 이유는 공산주의 체제의 찬양가인 그는 사람을 다루는데 자본주의보다는 공산주의가 덜 잔혹할 것으로 생각했기 때문이었다. 폰테코르보가 모스크바로 갔다는 소식을 들

레닌 명예훈장을 차고 있는 1955년의 물리학자 브루노 폰테코르보

은 뒤, 페르미는 단지 "그는 핵폭탄에 관한 기술적인 군사비밀을 전혀 가져가지 않았다."라고만 말했다. 시카고 대학의 Robert Sachs는 이 주장에 대해 비판을 했다. 왜냐하면 폭탄급 물질이 제조되었던 원자로에 머무르는 동안 그는 원자로를 정지시킬 수 있는 오염물인 크세논 문제를 잘 알고 있었기 때문이다. 원자로 노심에 축적되는 방사성 크세논 동위원소는 중성자 흡수에 대한 고단면적(high cross-section)[주석: 중성자 흡수를 다른 물질보다 잘한다는 뜻] 때문에 지속적으로 제거되지 않으면 원자로의 핵분열 과정이 정지될 수 있었다. 이 문제의 해결은 다량의 핵폭탄급 플루토늄을 생산하는 과정에서 극복해야 할 필수 조건이었다. 그의 변절 때문에 폰테코르보의 아이디어는 미국에서 대부분 무시되었으나 5장과 7장에서 우리는 중성미자를 보다 잘 이해하기위하여 어떻게 유럽 물리학자들이 더 진지하게 그의 아이디어를 수용했는지 보게 될 것이다.

폰테코르보의 정치적 이데올로기가 무엇이든, 그는 중성미자를 검출하는 또 다른 기술을 최초로 제안하였다. 중성미자를 수소원자의 양성자와 상호작용 시키는 대신, 그는 중성미자를 보다 무거운 핵의 양성자 또는 중성자와 상호작용 시키는 것을 제안하였다. 그래서, 중성미자 상호작용이 중성자를 양성자로 변화시킬 때, 그 원자의 핵은 전적으로 다른 원소로 변화될 것이다. 폰테코르보는 많은 양의 순수한 액상 동위원소(pure liquid isotopes)를 일정 시간 화학적으로 상세히 분석하여 중성미자가 만드는 새로운 원소의 양적 증가를 계속 관찰할 것을 제안하였다.

뉴욕의 롱 아일랜드(Long Island)에 있는 브룩헤븐 국립 연구소에서 방사화학자(radiochemist)인 데이비스(Ray Davis)는 폰테코르보의 제안에 기반을 둔 바로 그런 실험을 수행하였다. 데이비스는 주로 염소로 이루어진 액체시료에서 중성미자 상호작용을 관찰하였다. 그는 정

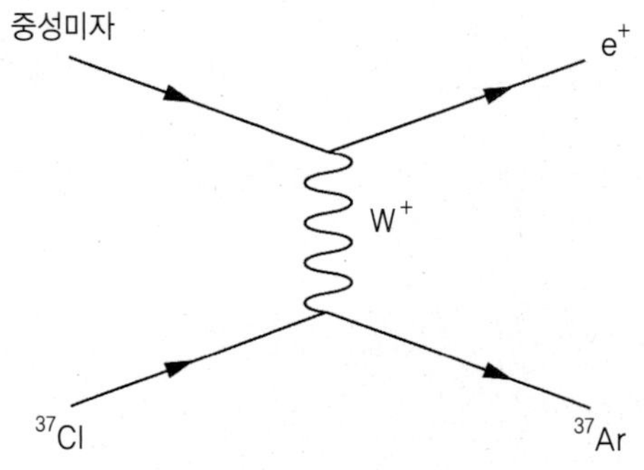


아르곤-37과 양전자를 생성시키는 염소-37의 핵과 중성미자의 상호작용

말로 중성미자 상호작용을 통해 염소원자에서 만들어진 아르곤 동위원소가 염소를 오염하는 것을 관찰하였다. 데이비스의 실험이 중성미자 검출의 훌륭한 확증이긴 했지만, 중성미자를 발생시켜 상호작용을 관찰할 수 있게 한 코완과 라이네스의 실험처럼 아주 만족스럽지는 못했다.

## 별에서의 에너지 생성

우리 태양은 핵융합과정을 통해 수소나 헬륨 같은 작은 질량의 원소를 보다 큰 질량의 원소로 전환하는 거대한 핵반응로이다. 11년 이상의 주기로 태양은 어두워졌다가 다시 격렬한 폭발이 일어난다. 이 주기는 매 11년마다 나무의 나이테가 매우 느린 성장을 뜻하는 매우 얇은 띠로 나타나며 이 저성장 나이테사이에는 고성장을 하는 연도가 있다. 이런 사실은 약 75년 전[주석: 2017년 현재는 약 95년 전] 식물학자에 의해 최초로 알려졌다. 더 근래에 와서 이 고도로 활발한 태양활동 연도들은 흑점과 플레어(flare) 활동의 증가와 관련된다고 알려졌다. 태양의 표면에서 방출되는 플레어(flare)는 지구의 전파와 위성통신을 교란시킬 뿐만 아니라 상층 대기의 보호 층에 손상을 주어 기상에 직접적인 영향을 줄 수 있다. 이런 주기의 원인은 아직 밝혀지지 않았으나 태양 중성미자 발생주기와 유사한 주기를 가진다는 점에서 약간의 시사점을 준다.

태양표면에서 분출하는 거대한 홍염과 플레어의 자외선 사진. 태양핵에서 일어나는 융합반응은 중성미자의 거대한 발생장소이다. 핵융합반응은 융합산물과 광자를 형성시키는 운동에너지를 공급한다. 백만 년이 넘는 시간이 걸려 이 에너지는 표면으로 전달되어 지구상의 생명을 유지시킨다.

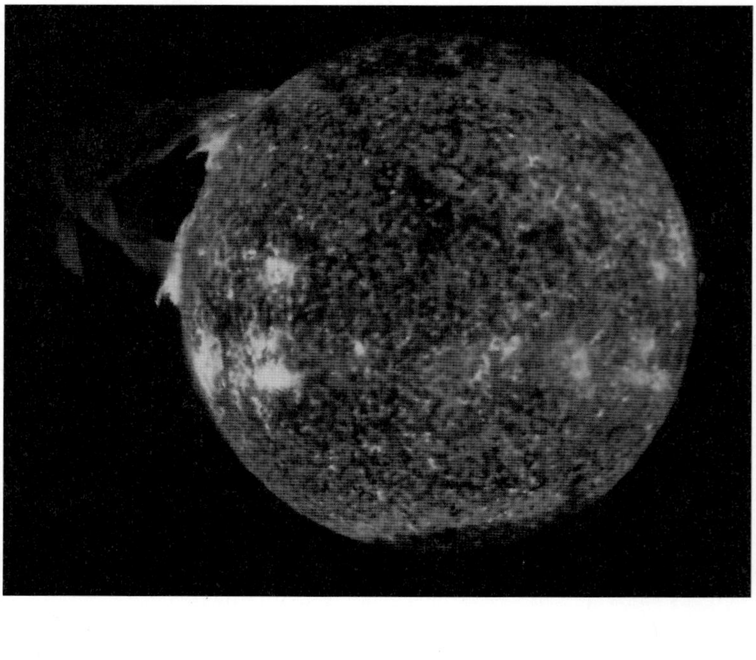

태양 중심부에서의 핵반응은 우리가 눈에서 받아들이는 보이는 빛에너지를 생성한다. 태양 핵에서의 막대한 중력압으로 인하여 수소와 헬륨의 핵들은 가열되므로, 융합에 충분한 운동 에너지를 얻게 된다. 핵들이 융합하면서 열의 형태로 에너지를 방출하고 또한 X－선, 감마선, 중성미자 형태로 방출한다.

별이 거대한 가스와 먼지로 된 구름(성운)에서 형성된다는 것은 이미 이론화 되어있다. 서서히 이 구름은 중력으로 붕괴하여 밀도가 높은 구(sphere)를 이룬다. 가스가 점점 밀도가 높아지면서 열에너지가 고도로 밀집되면, 중심에 별을 형성할 정도로 큰 압력이 만들어진다. 그 에너지가 핵융합을 유도하여 응축된 가스의 구가 별이 되는 것이다. 별이 중원소(heavy elements)들을 포함하는 성간 먼지구름에서 형성된다면, 지구 같은 행성들이 그 별 주위의 궤도에서 만들어질 수도 있다. 그 성간구름이 단지 가벼운 원소들만 포함한다면, 지구 같은 행성은 형성될 수 없다.

그래서 하나의 별의 일생은 가스와 먼지 구름과 함께 시작되는 것이다. 단지 수소와 소량의 헬륨만 가진 구름에서 별이 탄생한다고 가정하면, 중력이 이 구름을 구로 응축시키기 시작하면서 여러 가지 다른 융합반응들이 별의 핵에서 일어날 것이다. 한 젊은 별의 중심에서의 초기 입자들의 상호작용은 다음과 같다:

$$p + p \rightarrow {}^{2}H + e^{+} + \text{중성미자}$$

$$p + p + e^{-} \rightarrow {}^{2}H + \text{중성미자}$$

$$p + {}^{2}H \rightarrow {}^{3}He + \gamma$$

$${}^{3}He + {}^{3}He \rightarrow {}^{4}He + p + p$$

$${}^{3}He + {}^{4}He \rightarrow {}^{7}Be + \gamma$$

여기서 $\gamma$는 고에너지 광자(감마선)이고 Be는 베릴륨의 원소기호이다. 네 번째까지의 반응을 합쳐서 pep 반응이라 한다. 가벼운 원소들이 핵융합에 의해 무거운 원소로 변하는 것을 유의해야한다.

핵융합 에너지가 방출되면, 반응 후 입자들이 반응 초기 입자들의 에너지합보다 더 큰 운동에너지를 보유하는 것을 뜻하고, 운동량 보존에 의해서 이처럼 방출된 에너지는 확실하게 광자와 중성미자로 전해진다. 이렇게 생성된 특별한 고에너지 광자는 감마선과 X－선으로 불리며 별의 내부에서 나올 수 없다. 대신, 그들은 외피(outer layer)의 물질과 반응하여 열을 만들고 그 열은 별의 표면으로 전달되어 빛의 형태로 방사된다. 감마선, X－선과 함께 방출된 열에너지는 우리가 지구에서 볼 때 태양을 노란색으로 빛나게 하는 것이다. 이 과정에서 만들어진 약한 상호작용을 하는 중성미자는 상호작용을 전혀 하지 않고 별을 이탈할 수 있다.

별은 나이를 먹으면서, 중원소(heavy element)들이 별의 핵에 쌓이게 되고 그들은 융합을 계속하여 다음과 같은 과정을 거쳐 리튬(Li), 베릴륨, 붕소(B) 같은 무거운 원소들을 만든다:

$$^{7}\mathrm{Be} + e^{-} \rightarrow {}^{7}\mathrm{Li} + \text{중성미자}$$

$$^{7}\mathrm{Li} + p \rightarrow {}^{4}\mathrm{He} + {}^{4}\mathrm{He}$$

$$^{7}\mathrm{Be} + p \rightarrow {}^{8}\mathrm{B} + \gamma$$

$$^{8}\mathrm{B} \rightarrow {}^{8}\mathrm{Be}^{*} + e^{+} + \text{중성미자}$$

$$^{8}\mathrm{Be}^{*} \rightarrow {}^{4}\mathrm{He} + {}^{4}\mathrm{He}$$

이 과정들에서 붕괴 산물과 감마선은 운동에너지를 얻게 된다. 에너지를 가진 입자들과 감마선은 별을 가열하게 되고 결국, 별의 표면에서 방출되는 빛의 근원이 된다. 이 과정에서 형성되는 중성미자는 가벼운 원소의 융합과정에서 생성되는 중성미자보다 더 큰 에너지를 갖는다. 심지어 이 과정에서 만들어지는 대부분의 중성미자는 감마선보다 훨씬 큰 에너지를 가진다.

우리 태양 같은 별들은 탄소(C)와 질소(N)가 풍부한 가스 구름에서 만들어졌다. 다른 별들은 단지 수소와 헬륨만 뭉쳐 만들어졌으나 그 별들이 나이가 들면서 핵융합을 통해 탄소를 생성하였다. 어느 경우든 탄소가 별의 핵에 집적되는 주원소가 된다. 탄소 역시 핵융합을 거쳐 질소와 산소를 생성한다.:

$$^{8}\mathrm{Be}^{*} + {}^{4}\mathrm{He} \rightarrow {}^{12}\mathrm{C} + \gamma + \gamma$$

$$^{12}\mathrm{C} + p \rightarrow {}^{13}\mathrm{N} + \gamma$$

$$^{13}\mathrm{N} \rightarrow {}^{13}\mathrm{C} + e^{+} + \text{중성미자}$$

$$^{13}\mathrm{C} + p \rightarrow {}^{14}\mathrm{N} + \gamma$$

$$^{14}\mathrm{N} + p \rightarrow {}^{15}\mathrm{O} + \gamma$$

$$^{15}\mathrm{O} \rightarrow {}^{15}\mathrm{N} + e^{+} + \text{중성미자}$$

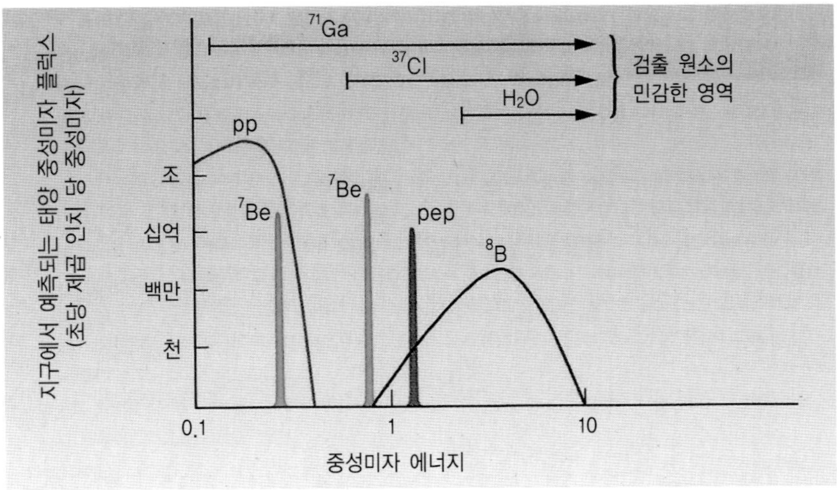


이론적인 태양 모델은 태양의 핵에서 여러 가지 다른 융합과정에서 마들어지는 중성미자의 수와 에너지를 예측한다. 물리학자들은 이들 입자들과 높은 수준으로 반응하는 원소들로 이루어진 특별한 검출기에서 관측된 중성미자의 수를 계측하여 이러한 예측을 검토할 수 있다. 그래프의 윗부분에 있는 막대들은 서로 다른 에너지를 가진 중성미자에 대한 여러 다른 원소들의 민감성을 표시한다.

별들이 더욱 늙어가면서, 융합된 중원소들이 별의 중심에 집적된다. 주요 핵융합 사이클에서 생성된 서로 다른 원소들은 별의 중심에 가장 무거운 원소, 그 주위를 양파껍질 같은 각(殼, 껍질)의 구조로 둘러싸면서 별이 탄생된다. 이 과정은 별의 핵이 너무 불안정해지거나 무거워져 붕괴할 때까지 지속된다. 별의 여러 유형에 따른 궁극적 종말은 8장에서 논의될 것이다. 여기서 기억해야 할 중요한 것은 별이 하나의 주 원소(principal element)에서 출발하여 그 별의 핵 중심에 쌓여진 원소를 융합과정으로 태우면서 중성미자를 방출한다는 것이다. 중성미자는 단지 아주 약한 상호작용만을 하므로 막대한 양의 별 내부의 물질에 방해받지 않고 통과한다. 만약 지구상에서 태양 중성미자의 일부를 검출한다면, 실제로 태양의 핵에서 일어나는 핵반응을 관찰하고 있는 것이다. 빛은 태양의 표면에서 방출되므로 단순히 태양 핵융합로와 그 복잡한 메커니즘에 대한 정보를 별로 담고 있지 않으므로, 표면에서 나오는 빛을 관찰하기보다는 태양 중성미자를 검출하는 것이 훨씬 더 태양을 이해하는데 가치 있는 것이 될 것이다.

이 주제를 벗어나기 전에, 매우 많은 태양 모델을 제시한 천체물리학자들에게 찬사의 말을 전하려 한다. 1939년 이런 주제에 대해 생각하기 시작했던 Hans Bethe 같은 초기 이론학자들에 의해 태양의 핵에서 일어나는 핵융합반응의 정확한 모델이 모습을 갖추기 시작했다. 그들의 연구는 William A. Fowler를 필두로 나중에 많은 학자들이 1957년 캘리포니아 기술연구소(California Institute of Technology) 같은 곳에서 진행했던 핵 가속기 실험에 의해 크게 도움을 받았다. 이 가속기들은 다양한 에너지 상태에서 발생하는 입자들의 상호작용 등을 연구할 목적으로 고안되었다. 이와 같은 노력의 결과, 실험적으로나 이론적으로나 우리는 태양 에너지의 80% 이상을 $^{3}He + {}^{3}He$ 반응이 차지한다는 것을 알게 되었다.

이 분야의 연구는 지금도 계속되고 있다. 예를 들어, 비록 $^{8}Be^{*}$같은 단수명(short-lived)의 핵이 우리 주변에서 흔히 보는 탄소, 산소, 질소 등의 고질량(high-mass) 원소를 생성하는 융합 사이클에 참여하는 것을 알기는 하지만, 매우 짧은 수명의 방사성 핵이 어떤 역할을 하는지 우리는 잘 모른다. 그래서 새롭게 발견될 상호작용 때문에 태양모델의 융합반응에 대한 관점이 변화될 가능성이 계속 있는 것이다.

## 놓치고 있는 태양 중성미자의 경우

천문학자들은 우리 태양이 대부분 수소이고 약간 더 무거운 헬륨, 베릴륨, 붕소 등을 태우는 중년 정도의 젊은 별이라고 믿고 있다. 젊은 별에 적용되는 모델을 태양에 적용하면, 여러

사우스 다코타 주 홈스테이크 금광에 있는 최초의 태양 중성미자 관측소에는 염소로 채워진 하나의 큰 탱크가 있다. 염소와 반응했을 것으로 추적된 중성미자의 수는 태양 모델이 예측했던 수의 1/4 정도에 불과했다.

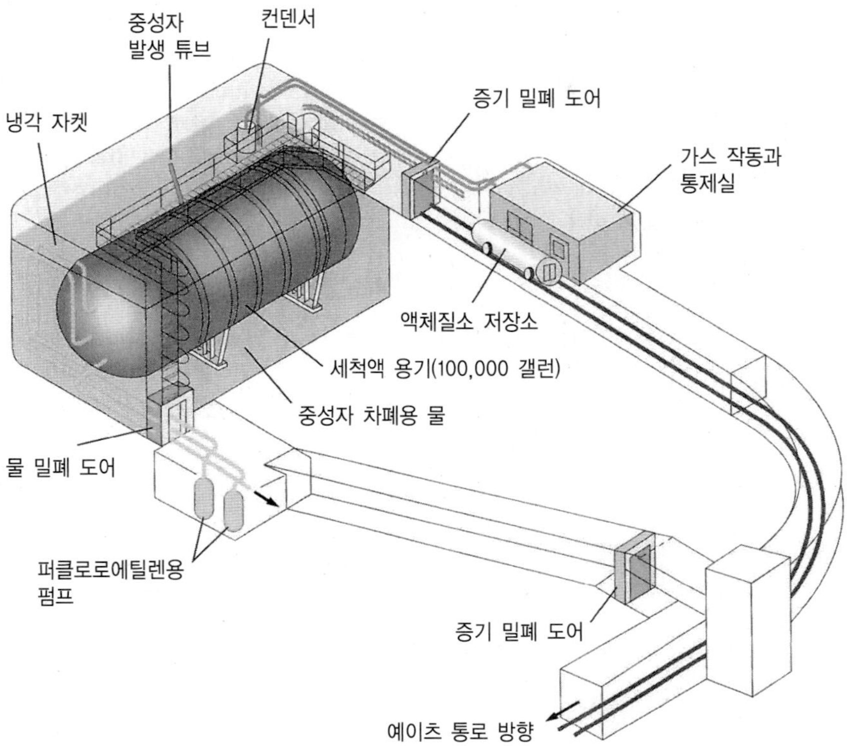


염소-37이 풍부한 클리닝 액(퍼클로로에틸렌) 100,000 갤런이 담긴 거대한 탱크를 가진 홈스테이크의 태양 중성미자 검출기. 또 다른 장비가 중성미자 상호작용으로 만들어지는 아르곤-37의 존재를 화학적으로 분석하기 위해 설치되어 있다. 헬륨 가스가, 아르곤 원자를 뽑기 위해, 액체를 통해 흘러내리도록 주입되어 아르곤 원자가 계측될 수 있게 한다.

융합반응에 대한 비율이 서로 다르다는 점을 이용하여, 태양으로부터 오는 여러 중성미자의 에너지 분포와 양을 예측하는 것이 가능하다. 검출에 가장 용이한 중성미자는 붕소-8($^{8}$B)에서 방출되는 최고에너지의 중성미자일 것이다.

중성미자를 직접 검출할 수 있다고 믿었던 방사화학자 데이비스(Radiochemist Ray Davis)는 많은 어려움에도 불구하고 태양 핵 내에서 중성미자 생성을 측정하려는 시도를 해왔다. 그는 붕소-8이 생성되어 붕괴되는 일련의 반응 과정의 끝나는 시점에서 방출되는 중성미자를 검출하려고 희망하였다. 이 중성미자와 충돌 단면적(high cross-section)이 큰[주석: 충돌 단면적이 크다는 말은 충돌확률이 크다는 뜻] 염소-37 동위원소가 많이 포함된 클리닝 액(cleaning fluid) 100,000 갤런이 들어 있는 커다란 탱크를 중성미자가 통과하면, 어떤 중성미자는 그 염소와 상호작용하여 염소-37를 아르곤-37로 전환시키면서 정지될 수 있다. 데이비스와 동료들은 염소 수용액에서 이 특별한 아르곤 동위원소를 관찰하기 위한 실험을 설계하였다. 탱크속의 염소와 화학적 변화를 일으킬 수 있기 때문에 지표에서 자연적으로 발생하는 하전입자(charged particle)들의 발생원(other source)에 의한 간섭을 제거하기 위해, 그들은 사우스 다코타(South Dakota) 주 홈스테이크(Homestake) 금광(gold mine)의 지하 깊은 곳에 탱크를 설치했다. 화학 필터를 통해 염소를 순환시켜 염소가 아닌 물질을 모아 하루에 계측되는 아르곤-37 원자의 정확한 수를 측정하여, 태양의 핵에서 직접 나오는 중성미자의 비율을 추정하려하였다.

태양은 인간이 제작한 가장 강력한 원자로보다 훨씬 더 강력한 중성미자 발생원이나, 너무나 그 발생원이 멀리 떨어져 있고 경원소(light element)의 융합에서 오는 중성미자는 원자로에서 만들어진 중성미자보다 낮은 에너지를 가진다. 이러한 까닭으로 지구에서 태양 중성미자가 전환(converting)될 가능성은 극히 적다. 검출기 크기와 실험에서 측정된 중성미자 상호작용의 알려진 특성을 보정(correcting)한 후에, 데이비스 연구팀은 하루에 한 개의 중성미자 검출을 예측하였다. 놀랍게도 그들은 예측 값의 1/4인 나흘에 하나 꼴의 태양 중성미자 밖에 관측할 수 없었다. 이런 차이에 대해 세 가지 가능한 설명이 있다. 먼저 실험에 의한 중성미자 비율 측정이 부정확했을 경우, 중성미자가 아직 알려지지 않은 비밀이 있는 경우, 그리고 태양이 태양 모델의 예측처럼 작동하지 않고 있는 경우 등이다. 이 실험은 1968년 처음 자료를 얻은 후에 결과를 명확히 이해하기 위한 개선이 이루어졌으나 놓쳐버린(missing[주석: 예측보다 적은 수가 관측되는 것]) 태양 중성미자의 문제는 아직 해결되지 않고 있다.

그래서 이 놀랄만한 결과를 검증할 다른 실험이 필요하게 되었으며, 학자들은 다른 원소를 이용하여 중성미자를 검출하는 검출기 제작에 관심을 기울이게 되었다. 가미오칸데(Kamiokande)라 불리는 일본 실험 장치는 물로 채워진 탱크를 사용하는데, 붕소-8 반응에서 나오는 최고(highest) 에너지 중성미자에만 민감하게(sensitive) 반응한다. 단기간의 제한된(limited) 데이터로부터 나온 결과는 염소를 사용한 데이비스의 결과와 일치했다. 단지 5년간의 자료 샘플만으로 그들은 중성미자 관측비율과 태양의 흑점활동 주기 사이 상관관계를 알 수 있었다.

1990년대에 시작되었던 최근의 실험에서는 저에너지(low energy) 중성미자를 찾을 목적으로 설계되고 있다. 이 실험 장치들 중에는 소련과 미국의 협동산물인 SAGE와 미국의 브룩헤이븐 국립 연구소가 참여하고 대부분 유럽 국가들의 협동체인 GALLEX가 있다. 이 둘은 두 개의 양성자가 융합하는 과정에서 방출할 것으로 기대되는 저에너지 중성미자에 민감한(sensitive) 희귀한 원소인 $^{71}$Ga(갈륨)을 사용하였다. 이 실험의 중성미자 상호작용에서는 염소가 아르곤으로 변화는 것과 비슷하게 갈륨이 게르마늄으로 변화된다. 게르마늄은 붕괴하고 그 붕괴산물은 갈륨 샘플(gallium sample) 내에서 검출될 수 있다. 예비적인 실험결과에서 태양 중성미자의 수가, 비록 염소나 물을 사용한 실험보다 이 실험들이 다른 중성미자에 민감하게 반응하기는 하지만, 절반 정도 아직 부족한 것으로 보였다. 그들은 데이비스의 태양 중성미자 실험에서 처음 제기된 우려가 해결되지 않았다고 이야기 한다. 그래서 태양 에너지 생성에 대한 우리의 이해에 약간의 오류가 있을 가능성이 있다.

GALLEX 실험에서 사용되는 여과 시스템. 게르마늄이 매달에 한 번 이 화학분석 컬럼에서 추출되어 물리학자들이 중성미자 상호작용에서 만들어지는 게르마늄 원자를 계측할 수 있게 한다.

최근의 실험에서 나온 결과들이 더 신뢰성과 확실성이 높다고 생각한다면, 태양모델과 융합반응 과정들의 예측 값에 대해서 어떤 잘못이 있는지 다시 검토해볼만하다. 역사적으로 물리학자들과 천체물리학자들은 이러한 편차를 줄이기 위하여 태양 모델을 변경하는 등의 여러 방법들을 탐색해왔다. 필자는 가장 많이 논의되는 몇몇 방법들을 살펴볼 것이긴 하나, 기억해야할 것은 이들 방법들에 의한 효과를 살펴보면 어떤 것이 실제 원인인지 혹은 그 해답이 물리학의 다른 분야에 있는 것인지 불명확하다는 것이다.

우선 가장 쉽게 접근할 수 있는 방법은 태양의 핵 내에서의 붕소-8의 융합반응이다. 융합반응은 온도에 크게 의존하는 것으로 의심되고 있다. 즉 중성미자는 태양 핵의 온도가 예측하는 것보다 약간 낮으면 기대한 것보다 훨씬 낮은 빈도로 생성되어질 것이다. 만약 그렇다면 태양으로부터 나오는 전체 광량에서 약간의 감소를 볼 수 있어야 할 것이다. 그러나 태양에서 오는 빛 또한 태양 핵융합반응과 관계되는 물리량(중성미자가 아닌)으로 보더라도, 오늘날 우리가 보는 빛의 대부분은 수 백만 년 전에 태양 핵 속의 융합과정에서 발생되었던 것이다. 반면에, 태양의 핵에서 직접 오는 중성미자는 바로 현재 태양 핵 속의 융합반응을 실시간으로 보여주는 것이다. 그러므로 생성된 중성미자의 수와 태양에 의해 생성된 빛의 양을 상호 비교하기는 어렵다. 비슷하게 중성미자 실험결과와 태양 모델 모두 두 번 체크(double check)하는 것은 어렵다.

태양에서 방사되는 현재의 빛의 양을 더 잘 측정하려는 하나의 노력으로 NASA는 태양의 총 방사 광량을 연구하기 위해 최근에 태양의 궤도를 공전할 예정인 율리시스(Ulysses)라는 탐사체를 발사하였다. 지구에 쏟아지는 빛의 대부분은 태양의 적도에서 오기 때문에 율리시스는 먼저 태양의 극궤도를 비행할 것이다. 태양의 실제 에너지 방출을 보다 정확히 측정하기 위한 임무를 때문에 이 탐사체는 5~10년 정도 더 자료를 수집할 예정이다.

특히 두 개의 양성자 융합에서 나오는 중성미자에 민감한 갈륨 실험은 태양 핵의 온도에 덜 의존적이므로 약간 더 태양 모델과 일치한다. 하지만 이런 최신 측정방법에 의해서도 태양 모델과 아주 잘 일치하지 않으며, 우리 태양의 에너지 생성에 대해서도 완벽한 이해를 못하고 있다.

대부분의 태양 모델은 우리 태양이 대부분 수소로 이루어진 구름에서 형성되었다고 가정한다. 그러나 우리는 그런 내용이 완벽히 타당하지도 않거니와, 그 별(태양같은) 주위를 공전하는 행성을 만들 물질도 없다는 것을 알고 있다. 또한 태양의 중심핵에 섞여있는 중원소(heavy elements)의 양이 얼마나 존재하느냐가 이들 모델에 어떤 영향을 주기도 한다. 과학자들은 태양 모델에서 이 중원소들의 양을 변화시켜서 태양 중성미자 측정결과와 일치시키려고 하고 있지만, 이 중원소들에 의한 효과는 거의 보지 못하고 있다. 중원소 함유량으로 현재 놓치고 있는(missing) 태양 중성미자[주석: 태양 중성미자가 예측 값보다 적게 측정된다는 것]에 대해 적절한 설명을 못하고 있지만, 아직까지는 더 깊은 숙고를 위해 열려져 있는 옵션 중의 하나이다.

놓치고 있는 태양 중성미자에 대한 의문의 답을 찾기 위해서, 핵물리학자들은 태양의 핵에서 융합에 의해 생성되는 짧은 수명의 많은 방사성 동위원소의 역할에도 관심을 가지고 있다. 통상, 짧은 수명의 핵들은 계산에 변수로 넣지 않고 융합반응의 단면적(cross section) 역시 잘 알려지지 않고 있다. 마치 원자로 내의 크세논의 방사성 동위원소가 효과적으로 제거되지 않으면 원자로의 작동을 정지 시킬 수 있는 것처럼, 중력압(gravitational pressure)과 밀도가 높은 태양 핵에서 이런 불안정한 핵들이 어떤 중요한 역할을 할 가능성도 있다. 현재 일본의 리켄(Riken) 연구소에서는 방사성 이온을 다루는 특별한 가속기가 작동을 시작했다. 그 장치는 짧은 수명의 핵들이 융합 과정에 영향을 미치는지의 여부를 확인하기 위하여 태양의 핵에서 발견될 수 있는 그런 많은 핵들의 단면적(cross-section[주석: 단면적을 알면 태양핵 내에서 융합-충돌 확률을 알 수 있다])을 측정할 것이다.

과학자들은 심지어 중성미자 부족[주석: 예측 보다 부족]이 혹시 우리 태양 내부가 죽어가고 있기 때문인가에 대한 의문에 대해서도 생각하고 있다. 분명히 우리 태양에 대한 연구 활동은 과학적 호기심의 대상만은 아니며 지구상 생명체의 미래를 예측하는데 유용한 지식을 제공할 수 있다. 다행히 오늘날 우리는 태양이 활발하게 활동하는 건강한 상태라고 믿고 있다. 태양 중성미자의 문제는 핵과 입자물리학의 오류와 관련될 가능성이 높다. 입자물리학자들은 중성미자와 대량의 물질과의 상호작용에 의해서 태양으로부터 오는 중성미자가 어떻게 영향을 받고 특별한 효과를 내는지 살펴보고 있다. 그러나 이 연구 활동에 대해서는 6장 끝부분에 기술되어 있다. 제안된 다양한 흥미로운 설명들에도 불구하고 놓친 중성미자들에 대해 과학은 아직 해답을 제시하지 못하고 있다.

• • •

맨하탄 프로젝트의 원자로는 과학자들이 이 수수께끼의 입자를 결국 검출하게 할 수 있었던 중성미자 발생원을 제공했다. 이 위대한 과학 프로젝트는 또한 일본을 신속히 종전으로 이끌어냈던 원자폭탄을 제작하게 했다. 전쟁동안에 새로운 기술 개발에 도움을 주었던 많은 물리학자들은 핵전쟁의 위협을 없애기 위한 시도를 했던 훌륭한 생각의 소유자들이었고 후에 평화를 위해 노력했다. 과학자들이 연구를 수행할 때의 노력과 개방성이 많은 과학자들의 애국심에 대한 의심을 불러일으키기도 했으며 가끔은 아직까지도 의심이 남아있기도 하다. 그러나 현재의 실험에서 미국, 구소련, 유럽의 과학자들은 새로운 협동정신으로 연구활동을 하고 있다.

1953년의 중성미자 검출과 1956년의 그 확인은 파울리의 신비롭고 검출 불가능한 입자가 사실은 실제하고 관측 가능한 것이라는 것을 보여주었다. 페르미는 중성미자의 검출을 보지 못했으나 파울리는 생존해서 반갑게 그 소식을 받았다. 중성미자 검출에서 새롭게 개발된 기술들은 태양에서 온 중성미자를 검출하는 실험에도 유용하게 사용할 수 있는 방향으로 전환하여 천문학자들과 물리학자들은 별의 핵에서 일어나는 이론화된 융합반응을 확인할 희망을 가지게 되었다. 그들은 태양이 예측했던 것과 같은 정확한 수의 중성미자를 생성하지 않는다는 것을 발견하고 정확한 과학적 모델을 얻을 목적으로 이런 중성미자에 관한 편차를 밝히려는 노력을 하고 있다.

제5장

# 나머지 중성미자와 이상한 물질, 잘 모르는 기원

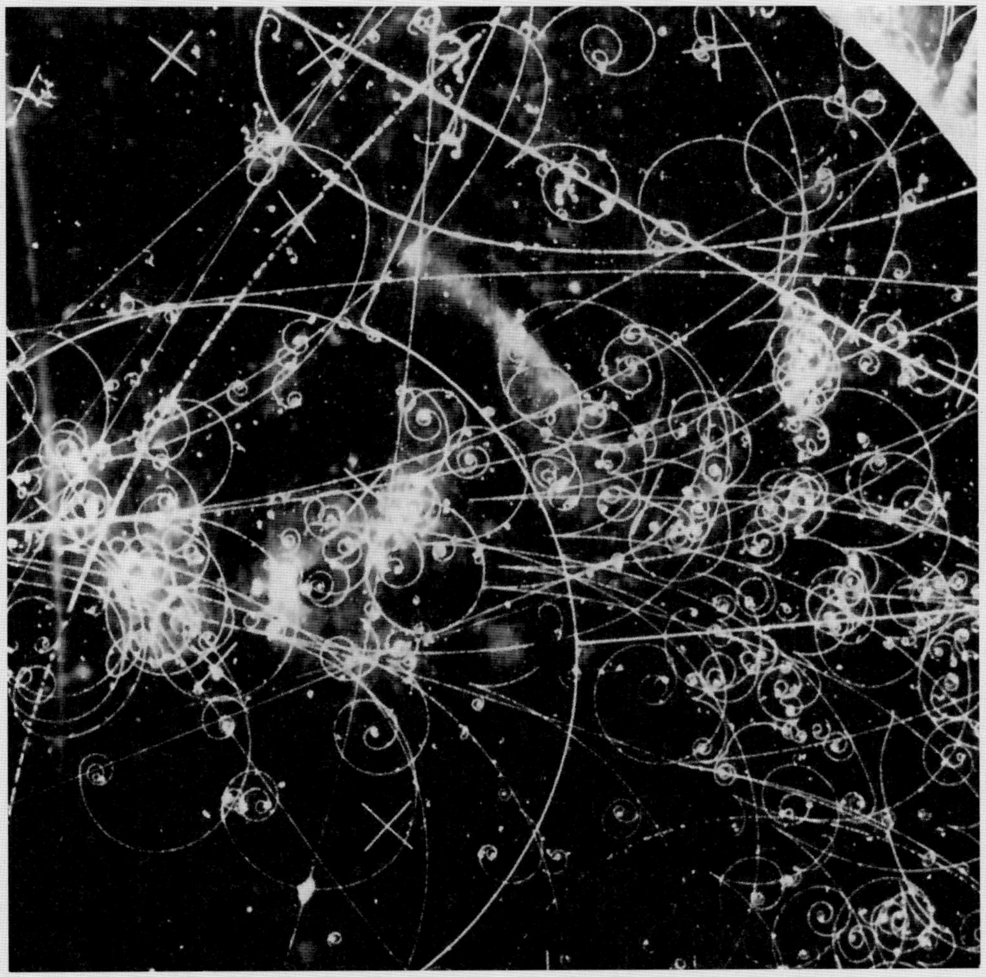

하나의 중성미자 상호작용은 수 백 가지의 서로 다른 입자들을 생성한다. 람다입자, 캐스케이드 입자, 시그마 입자, 파이온 입자, 카온 입자 등을 포함하는 특이한 입자들 무리 모두는-보통은 관측되는 전자와 광자들과 함께-CERN의 거품상자에 찍힌 이 영상에 궤적을 남겼다.

이야기가 진행되는 현 시점에서 물리학자들은 양성자, 중성자, 전자 그리고 중성미자들로 물질이 구성된다고 생각했었다. 또한 그들은 이들 입자들이 원자에 어떻게 분포되어있는지 즉, 양성자와 중성자들이 몇 가지 비율로 집단을 이루어 핵을 만들고 전자들은 전자기 힘에 의해 이들을 둘러싸고 있다는 것을 알았다. 1930년대 말까지 물리학자들은 앞으로 발견하게 될 것은 오직 양성자와 중성자들이 원자 속에서 서로 강하게 붙잡게 하는 핵력전달입자와 새로 가정한 약력전달입자밖에 없다고 믿었다. 유가와(Yukawa Hideki)는 그러한 전달입자들이 무엇인지 안다고 생각했었다. 그래서 그는 전자와 중성미자를 연결하고 베타붕괴를 설명하는 한 입자(유카와 입자)의 존재를 주장하였다. 이 입자는 핵 속에 있는 양성자와 중성자가 어떻게 서로 붙어있는지를 설명할 수 있다.

## 우주선에서 발견된 새로운 입자

지구는 높은 에너지의 우주선에 항상 쪼여지고 있다. 1912년 우주선이 발견된 이후 이들의 기원이 어디인지 과학자들은 계속 연구해왔다. 우주선의 에너지는 현재의 가속기로도 우주선의 에너지보다 높은 에너지를 만들 수 없을 정도로 높기 때문에 과학자들은 이들을 입자물리 실험에 이렇게 지금까지 이용하고 있다. 1937년에는 우주선 물리학자 J. C. Street와 E. C. Stevenson이 우주선을 관측 도중 새로운 입자를 발견하였다. 이 입자의 질량은 양성자와 전자 사이의 질량을 가지고 있었고 더구나 가끔은 양의 전하 어떨 때는 음의 전하를 가지는 것처럼 보였다. 유가와 입자는 음의 전하와 양의 전하 모두를 가지고 있었기 때문에 이 새로운 입자를 유가와 입자라고 사람들은 믿기 시작하였다. 만일 어떤 실험이 이 가정이 맞다 는 것을 증명한다면 그 당시 과학자들은 물질의 세계를 완전히 입자와 이들의 상호작용으로 설명할 수 있게 될 것 이라고 생각하였다.

우주선 입자를 검출하기 위하여 Street와 Stevenson은 안개상자(cloud chamber)라는 기구를 사용하였다. 이 기구는 원통형 상자 내에 가스를 채우고 입자가 지나가면 피스톤으로 빠르게 가스를 팽창시켜 입자가 지나가는 자국을 만들게 할 수 있다. 이 기구는 잘 작동되었으나 언제 입자가 가스를 지나가는지를 모르는 게 처음 어려움이었다. 입자가 지나갈 때 피스톤을 팽창시키는 것은 완전히 행운이었다. Street와 Stevenson은 입자가 지나가는 시기를 알 필요가 있었다. 그래서 그들은 비례계수기(proportional counter: 펄스 높이를 재는 Geiger카운터의 일종)를 사용하여 그 문제를 해결하였다. 이 비례계수기를 안개상자 위에 두 개 아래에

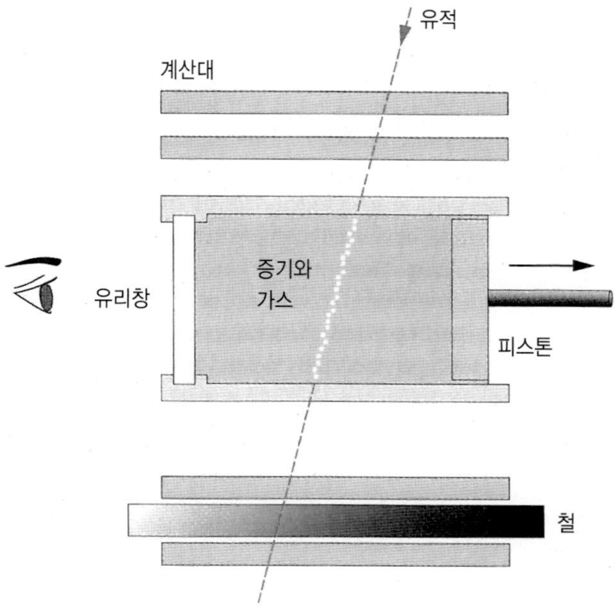


트리거 되는(triggered) 안개상자 실험. 상자 위 아래에 있는 전자계수기(electronic counter)가 하나의 하전(charged)입자가 지나가는 것을 알려줄 때 실험장치는 안개상자의 피스톤을 잡아당겨 입자의 경로를 따라 작은 거품을 만들어낸다. 비록 피스톤이 당겨진 후에는 입자는 이미 빨리 상자 속을 빠져나갔지만 하전 입자의 거품 자국은 남는다.

두 개를 설치하였다. 아래 두 개의 비례 계수기 사이에는 철이나 납으로 채워 아주 높은 에너지 입자만 통과하게 하였다. 그래서 입자가 이 장치를 통과할 때 신호가 나오게 되면 사진을 찍게 하였다. 비록 사진을 찍는 순간에는 이미 입자가 검출기를 지나갔지만 입자가 지나간 자국은 남기 때문에 사진은 잘 찍혔다.

Street와 Stevenson은 이 안개상자를 자기장이 있는 곳에 설치하여 자기장속에서 하전 입자가 어떻게 굽어지는가를 알 수 있었다. 이로부터 안개상자를 지나가는 입자의 질량을 알 수 있었다. 질량을 추정하는 또 다른 방법은 안개 상자내의 이온화 양을 측정하는 것이었다. 무거운 입자는 더 많은 이온화를 일으키기 때문에 더 진하고 두껍게 보였다. Street와 Stevenson은 안개상자 속의 여러 사진을 관측한 후에 안개상자의 사진에서 양성자와 전자를 확인할 수 있었고 나중에는 양성자와 전자 사이 중간 질량을 가진 입자가 존재한다는 것을 확인할 수 있었다. 안개상자 속의 사진의 모습을 볼 때 이 입자는 새로운 입자였고 파이온이라 불렀다. 또한 자기장속에서 굽는 방향을 볼 때 양의 전하와 음의 전하 모두를 가지고 있었다.

이 새로운 입자가 정말로 유가와가 이야기한 힘을 매개하는 입자라면 이 입자가 붕괴하는 모습은 베타붕괴 하는 모습과 같아야 했었다. 베타붕괴가 일어나려면 에너지가 실제 W입자(베타붕괴의 매개입자)의 질량에너지보다 커야하는데 일반적인 베타붕괴에서 허용되는 에너지는 충분하지 못하기 때문에 모든 베타붕괴에서 매개입자는 가상이고 바로 이 매개입자(W)

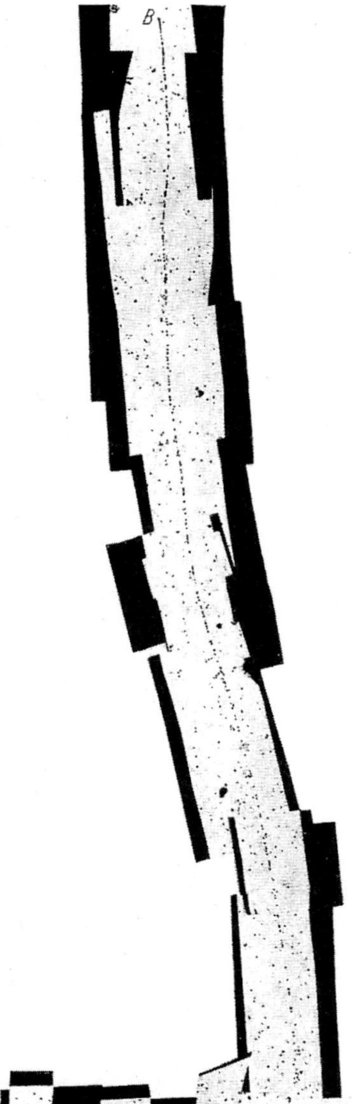


건판 필름에 포획된 파이온의 붕괴. 파이온이($\pi$) 왼쪽 아래에서 들어왔다; 킹크(kink)A에서 파이온은 붕괴하여 뮤온으로 바뀌면서 뮤온이 경로는 위로 올라간다. 여기서 곤측되지 않는 중성미자는 파이온과 반대방향으로 방출된다.

는 전자와 중성미자로 붕괴한다. 그러나 충분한 에너지가 주어진다면 실제로 W입자가 발생할 수도 있고 짧은 시간 동안 움직이게 되어 W입자는 발생한 지점에서 얼마만큼 떨어진 지점에서 붕괴하게 된다. 이렇게 붕괴될 때 발생하는 전자와 중성미자는 W의 정지질량 에너지보다 훨씬 큰 에너지를 가지게 될 것이다.

Carl D. Anderson와 S. H. Neddermeyer는 여러 달 동안 산꼭대기 부근에서 우주선에 쪼여진 사진 필름묶음 속에서 새로 발견된 입자가 붕괴하는 모습을 관측하였다. 이렇게 고에너지 입자가 필름 속에 기록되게 오래 동안 산꼭대기에 놓아두는 것은 입자물리 초기 실험에서는 가장 선호하는 방법이었다. 왜냐하면 등산 기술을 터득할 수 있을 뿐 아니라 고에너지 입자를 차단하는 공기가 희박하기 때문에 높은 산에서 실험하는 것을 선호하였다. 결과로 이들 새로운 입자들은 더 높은 고도에서 많이 존재하였다.

Anderson와 Neddermeyer는 필름 묶음을 회수한 후에 입자가 필름 속을 지나간 자국을 보이게 하기 위하여 그것을 실험실에서 현상하였다. 필름속의 여러 자국을 관측함으로서 그들은 여러 입자들의 상호작용과 붕괴 등을 보았다. 두 과학자는 Street와 Stevenson이 안개상자에서 했던 방법과 비슷하게 필름에 남은 자국의 밝은 정도를 비교함으로서 입자들의 질량 차이를 확인하였다. 필름에서의 자국은 안개상자 자국보다 밀도가 진해서 훨씬 많은 수의 샘플을 모을 수 있었다. 이들 많은 샘플 중에서 Anderson와 Neddermeyer는 새로운 입자 파이온을 확인할 수 있었고 질량이 전자와 양성자 사이에 있다는 것도 확인하였다. 다행히도 그들은 파이온이 붕괴하는 모습도 발견하였다. 이 새로운 입자가 붕괴하는 모습은 끝에서 갑자기 틀어지는 형태였다. 전하가 없는 중성 입자는 자국은 보이지 않지만 자국이 틀어지는 지점(중성입자 때문에 자국이 틀어짐)에서 발생되었을 것이다. 그렇지 않다면 운동량이 보존되지 않을 것이기 때문이다. 그들은 자국이 틀어지는 지점을 중성의 보이지 않는 중성미자가 발생되는 지점으로 확인하였다.

이들 붕괴 입자들은 유가와가 예견한 힘을 매개하는 입자와 모습이 비슷한 것으로 보였지만 문제가 있었다. 틀어진 자국에서 보인 하전입자는 전자가 아니었다. 그 보다는 전자보다 무거운 새로운 입자였다. 이 새로운 입자는 뮤온이라 불렀다. 물리학자들은 후에 그 뮤온이 전자와 비슷하게 행동하는 것을 알게 되었고 초기 문헌에서는 뮤온을 무거운 전자라 하기도 하였다. 파이온 붕괴에서 발견된 뮤온은 당시 유명한 물리학자 Isider I. Rabi가 컨퍼런스 발표 중 누가 이 입자를 주문했냐고 소리칠 정도로 예측하지 못한 입자였다. 이 무거운 뮤온 입자 때문에 Rabi를 비롯한 당시의 물리학계는 완전히 놀랐다.

1940년 일본인 물리학자 S. Tomonaga와 T. Araki는 새로 발견된 파이온이 유가와가 예견한 힘을 매개하는 그 입자인지를 확실히 알기 위한 실험을 제안하였다. 그들은 파이온이 유가와 입자라면 양전하의 파이온은 음전하의 파이온과 물질 속에서 다르게 정지 할 것이라고 제안하였다. 음의 파이온은 원자의 전자와 같은 전하를 가지기 때문에 전자대신 원자 속에 가끔은 들어갈 수 있고 그러나 전자보다 질량이 크기 때문에 원자핵에 가장 가까운 전자를 대신할 것이라고 생각하였다. 그러나 양의 전하를 갖는 파이온은 전하가 전자와 다르기 때문에 그냥 움직이다가 붕괴할 것이다. 음의 파이온 궤도는 핵과 가까이 있기 때문에 핵과 상호작용할 것이고 만일 그 파이온이 유가와 입자라면 약한 힘으로 핵과 상호작용할 것이라고 그들은 제안하였다.

과학자들은 이 실험을 철과 탄소를 가지고 수행하였다. 철을 가지고 실험을 하였을 때 음의 파이온은 예견한 모습을 보였다. 그러나 탄소를 가지고 하였을 때는, 음의 파이온은 핵에 흡수되지 않고 양의 파이온처럼 움직이다가 붕괴하였다. 1947년 Tomonaga와 Araki는 파이온은 유가와에 의해 예견된 약한 힘을 매개하는 입자가 아니고, 알 수 없는 입자라고 결론지었다.

## 두 가지 다른 성질의 중성미자

파이온이 뮤온과 중성미자로 붕괴할 때 나오는 중성미자가 베타붕괴에서 나오는 중성미자와 같은가는 당연한 질문이다. 이러한 질문과 답변에 대한 수단을 동시에 제공하는 입자는 파이온이다. 왜냐하면 파이온이 뮤온과 중성미자로 붕괴하면 파이온의 순수한 빔으로부터 연구에 사용할 수 있는 중성미자 빔을 만들 수 있다. 파이온 빔을 자기장속으로 들어가게 하면 전기를 띈 뮤온[주석: 파이온에서 붕괴도어 나온]은 자기장속에서 굽어 밖으로 휘어 검출기 속으로 들어가 사진이 찍히지 않게 할 수 있다. 그래서 자기장속에서 휘지 않는 중성미자만 남게 되어 연구에 필요한 중성미자 빔을 만들 수 있게 된다. 1959년에 Bruno Pontecorvo는 파이온 붕괴에서 나오는 중성미자는 베타붕괴에서 나오는 중성미자와 다르다고 주장하면서 파이온 중성미자를 neutrino의 이탈리어의 유사 단어인 뉴트리나(neutrina)로 불렀다. Pontecorvo는 그의 주장을 확인하는 방법으로 입자검출기에서 파이온에서 방출된 중성미자를 검출하는 실험을 제안하였다. 스위스 제네바에 있는 핵연구 유럽 센타(The European Center for Nuclear Research: CERN)에서는 그 실험을 가장 중요한 실험으로 정하여 1960년 Gilberto Bernardini에 의해 시작하였다. 그 때 미국 콜롬비아대학 교수인 Melvin Schwartz도 Brookhaven National Laboratory에 비슷한 실험을 제안하여 두 실험실에서 경쟁이 시작되었다. 양 실험실에서 비슷한 에너지와 디자인의 가속기를 이용하여 파이온 빔을 만들었다. 가속기는 직진 운동하는 하전입자를 굽게 하는 자석과 입자를 가속하게 하는 장치 두 가지로 구성된다. 양성자 빔이 양성자 발생장치로부터 가속장치의 진공부로 들어가게 되면 자기장에 의해 굽어지면서 원형 빔 파이프 속을 돌게 된다. 원형 빔 파이프의 곳곳에는 케비티(cavity)라는 특별한 장치가 있어 양성자 빔이 이곳을 지날 때 마다 라디오파(Radio frequency)에 의해 에너지가 공급되어 점점 더 빨라진다.

브룩헤븐(Brookhaven)에 있는 현대적인 가속기에서는 자기장의 초점을 잘 맞추어 양성자들을 서로 뭉치게 하고, 양성자들은 매번 돌 때 마다 에너지를 더 얻으면서도 양성자들의 중심이 빔 파이프 중앙에 오게 자기장은 조정되어있다. 매번 양성자가 원형 빔 파이프를 돌때마다 에너지는 점점 증가하면서 이러한 큰 에너지의 속도를 갖는 양성자를 빔 파이프 내에서 돌게 하기 위하여 더 강한 자기장이 필요하게 된다. 그래서 얼마나 큰 에너지의 양성자를 얻느냐는 얼마나 큰 자기장을 얻느냐와 관계가 있다. 더구나 큰 에너지의 가속기는 새로운 입자를 얼마나 만들 수 있느냐와 직접 관계가 있다. 왜냐하면 질량이 크고 새로운 입자는 매우 높은 에너지에서만 만들어지기 때문이다.

양성자 빔은 표적과 충돌하면서 파이온을 만든다. CERN은 빔 내부에 있는 표적을 양성자 빔과 충돌하여 파이온을 만들게 디자인되었다. 즉 빔 파이프내의 양성자 무리(bunch)의 끝부근의 양성자들이 금속의 얇은 판을 뚫고 지나가면서 파이온을 발생한다. 이렇게 발생된

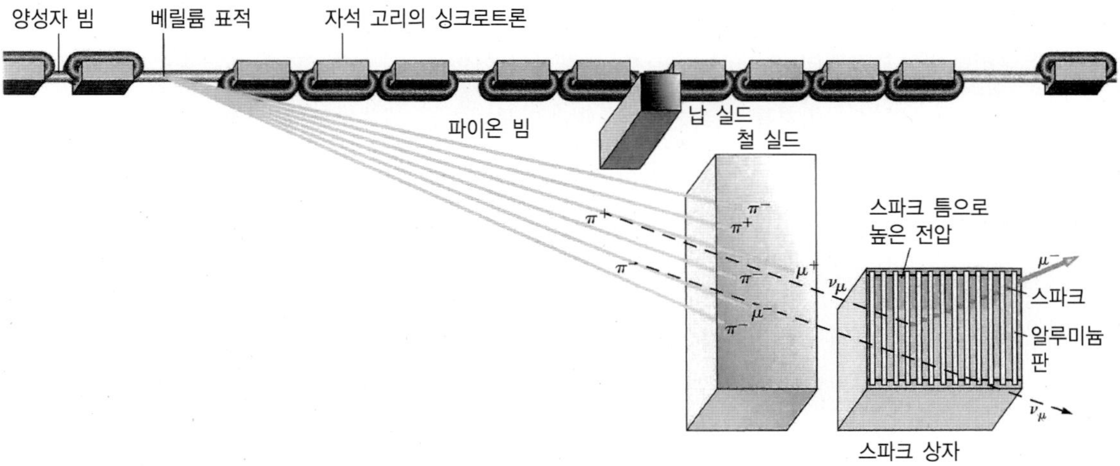


브룩헤븐 국립 연구소(Brookhaven National Laboratory)의 두 중성미자(two-neutrino) 실험. 베릴리움(beryllium) 표적에 양성자를 쪼여 파이온($\pi$)이 발생되면 이 파이온은 비행하면서 중성미자($\nu$)와 하전입자로 붕괴하게 된다. 하전입자는 강철로 차폐되나 중성미자는 스파크 상자(spark chamber)로 들어간다. 스파크 상자에서는 중성미자 역반응(inverse interaction)에 의해서 발생되는 전자나 뮤온을 검출한다. 순수한 파이온 빔만을 사용할 때는 스파크 상자에서 순수한 뮤온만 검출 되는데 이는 파이온 붕괴에서 발생되는 중성미자는 보통의 베타붕괴에서 발생되는 중성미자와 다르다는 것을 뜻한다.

파이온들은 뮤온과 중성미자로 붕괴되면서 모든 방향으로 나오게 된다. 근처에 있는 거품상자(bubble chamber)는 여기서 발생된 중성미자 반응을 검출한다. 여러 가지 면에서 거품상자는 안개상자와 비슷하다. 주된 차이는 거품상자는 검출매질로 액체를 사용하고 안개상자는 가스를 사용하는 차이점이다. 또한 거품 상자는 매우 큰 체적으로 만들 수 있고 훨씬 정확하게 입자의 위치를 알 수 있다. Brookhaven에서는 그들의 가속기를 사용해서 파이온을 가속기 밖에서 만들게끔 디자인하였다. 이들 파이온 빔은 스파크 쳄버(spark chamber)라는 검출기로 들어가서 붕괴하게 되는데, 거품상자보다 질량이 훨씬 큰 금속으로 만들어진 스파크 쳄버는 더 많은 중성미자반응을 만들 수 있었다. 비록 처음부터 브룩헤븐(Brookhaven)실험이 CERN 실험보다 좋다고 확신은 있었지만 CERN실험은 더 빨리 결과를 얻을 것으로 기대되었다.

비록 CERN실험이 일 년 이내에 데이터를 얻을 수 있게끔 디자인되었지만 갑작스런 문제가 발생하였다. 내부 표적에서 발생된 파이온의 수가 어떤 결과를 얻기에는 훨씬 부족하였다. 이러한 어려움은 연구자들이 데이터를 받을 준비가 되어있음에도 해결이 안 되었고 결국 가속기는 예측한 것보다 훨씬 적은 중성미자를 제공할 수밖에 없다는 것이 분명해졌을 때, CERN의 대표인 미국 물리학자 Victor Weisskof는 실험을 포기하기로 결정하였다.

동시에 8명의 다른 물리학자들은 브룩헤븐(Brookhaven)실험과 비슷한 실험을 준비하고 있었다. 이들 중에는 Schwarz, Leon Lederman과 그리고 전에 CERN실험의 초창기에 참여했던 컬럼비아대학교수 Jack Steinberg 등도 포함되어 있었다. 이들은 CERN에서 일어났던 문제를 피하기 위하여 중성미자를 가속기 외부에서 만들어지게 계획하여, 더 많은 중성미자와 반응을 만들게 하였다. 검출기도 필름에 하나의 반응만 기록하는 거품상자대신 스파크 쳄버를 이용하였다. 그러나 중성미자반응 수를 늘이기 위하여 스파크 쳄버 내 판 사이에 알루미늄 판을 끼워 중성미자 반응이 많이 발생되게 검출기를 제작하였다. 이런 개선된 검출기로 중성미자 반응수를 늘리고 실험이 가능하게 되었다.

15 GeV AGS양성자 가속기를 사용하는 브룩헤븐(Brookhaven)실험은 매우 높은 에너지의 파이온을 이용할 수 있었다. 이러한 파이온 빔은 어느 정도 거리를 간 이후 붕괴하게 된다. 그 외 모든 전하를 갖는 입자들은 파이온 빔 라인(beam line)의 끝의 차폐 벽에서 차단되고 중성미자는 차폐 벽을 뚫고 지나 스파크 쳄버에서 검출된다. 중성미자는 스파크 쳄버 판 사이에 있는 알루미늄 판에서 반응을 일으키고 여기서 나온 하전 입자들은 스파크 쳄버 판 사이를 지날 때 빛을 낸다. 이 빛으로 인하여 중성미자 반응에서 나오는 하전입자들은 주위에 있는 필름에서 관측된다. 검출기 바깥에서 검출기 속으로 들어오는 하전입자들은 분석에서 제외된다. 뮤온과 전자에 대한 스파크 쳄버의 반응은 미리 전에 연구되었는데 뮤온은 스파크 쳄버의 여러 판을 뚫고 지나가므로 스파크 쳄버에 뚜렷한 하나의 궤적을 만드는 것으로 알려졌다. 그러나 전자는 몇 장 뚫고 지나지 못하고 여러 개의 입자로 바뀐다.

이제 실험학자들은 많은 중성미자 반응기록을 얻게 되었다. 두 종류의 중성미자 존재 여부에 대하여 이들 반응기록들에 의해 무슨 결론이 나올까? 실험에 의하면 중성미자는 파이온에서 발생되었기 때문에 역반응을 통하여 파이온이 관측되어져야한다. 모든 실험은 중성미자와

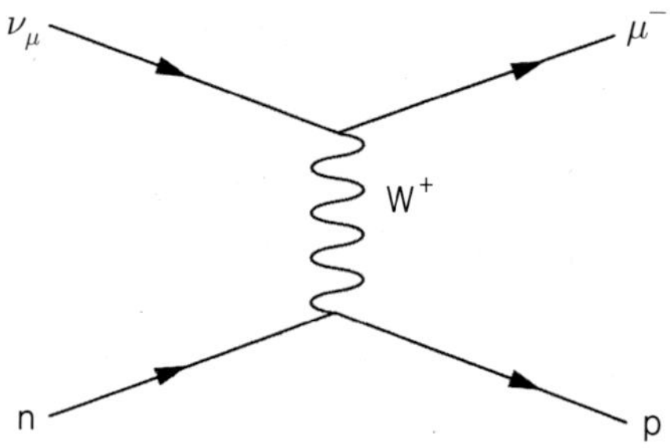


파이온 붕괴에서 발생된 뮤온(muon-type) 중성미자의 알루미늄 핵 속 중성자와의 상호작용 파인만 다이어그램. 상호작용에 의해서 그리스 분자 $\mu$로 표시되는 뮤온만 발생된다. 그리스 문자 $\nu$로 표시되는 중성미자를 나타낸다; 중성미자 모양은 그리스 글자 아래에 표기한다.

반응 후 발생되는 하전입자가 무슨 입자인지 확인하는 것이다. 파이온 붕괴 중성미자의 경우 이 역반응은 뮤온 입자를 발생할 것이다. 그러나 베타붕괴 중성미자의 경우에 역반응은 전자를 발생시킬 것이다. 만일 파이온 중성미자와 베타붕괴 중성미자가 같은 중성미자라면 스파크 첌버에서 중성미자는 반응을 통하여 전자도 발생되고 또한 가끔 뮤온도 발생시켜야한다. 스파크 첌버에서 많은 중성미자 반응을 관측한 이후 결론은 뮤온만 관측되었다는 것이다. 전자는 전혀 관측되지 않았기 때문에 물리학자들은 파이온이 붕괴될 때 나오는 뮤온 관련 중성미자는 베타붕괴 때 전자 관련 중성미자는 완전히 다르다고 결론지었다.

그래서 중성미자는 두 종류가 있는 것처럼 보였다. 한 종류는 베타붕괴에서 발생되는 전자 관련 중성미자이고 또 하나는 파이온 붕괴에서 발생되는 뮤온관련 중성미자이다. 이들 파이온 분괴에서 나오는 중성미자는 보통의 베타붕괴에서 나오는 중성미자와는 완전히 다르다. 이런 두 타입(type)의 중성미자 발견은 입자물리의 새로운 기원이 되었다. 이에 따라 물리학자들은 보통 우리 주위에 존재하는 물질과 또 다른 새로운 물질의 존재를 인정하기 시작하였다. 중성미자들은 바로 앞으로 이렇게 새롭게 발견될 입자군들 중의 첫 번째 입자였다.

Steinberg로부터 이 실험에 관한 재미있는 이야기를 들었다. 3명의 유명 물리학자들이 브룩헤븐(Brookhaven)에서 일하지 않고 모두 컬럼비아 대학교에서 함께 일하였다는 것이다.

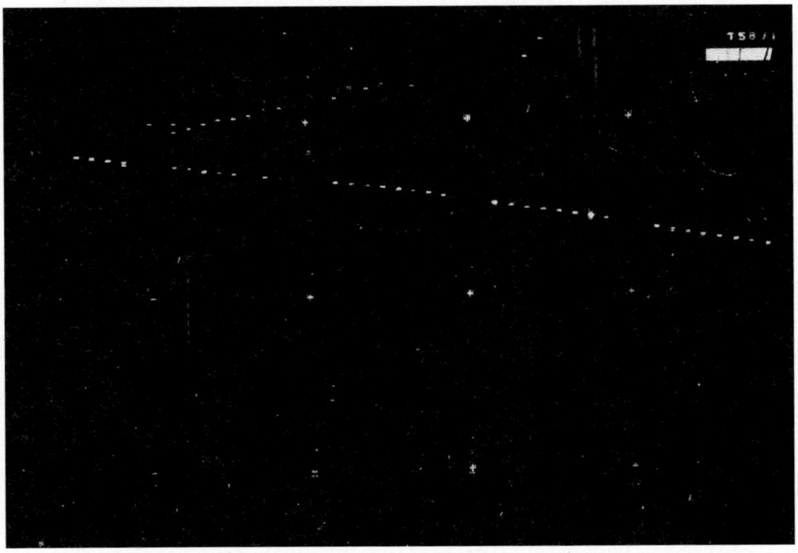

중간에 밝은 궤적은 중성미자 상호작용에 의해 스파크 상자에서 발생된 뮤온이다. 반대로 전자는 스파크 상자 속의 분리 막을 몇 개 통과한 후 여러 궤적으로 나눠진다. 이런 차이를 가지고 두 중성미자 실험을 하는 물리학자들은 파이온 붕괴에서 나오는 중성미자는 항상 뮤온과 같이 나오고 전자는 나오지 않는다는 것을 말할 수 있다.

두 개의 뚜렷한 중성미자를 검출한 8명의 물리학자들. 왼쪽에서 오른쪽으로 J. Steinberg, D. Goulianos, J.-M. Gaillard, N. Mistry, G. Danby, W. Hayes. L. Lederman, M. Schwartz

Steinberg는 그가 공산주의자가 아님을 맹세하는 뜻의 충성서약을 미국정부에 썼다면 브룩헤븐(Brookhaven)에서 일할 수도 있었을 것이다. 그는 자신의 열린 마음의 자세가 다른 사람들이 자유롭게 생각할 수 있게 하는 분위기를 지지하는데 도움을 줄 수 있다고 생각했기 때문에 그 충성서약문서에 사인을 하지 않았다.

1950년대와 1960년대 초기에 과학자들은 어떤 국가 기관에 취직하거나 혹은 그곳에서 실험을 한다할지라도 최소한의 보안 규정을 지켜야했다. 이러한 이유 때문에 Steinberg는 Berkeley를 떠나 그러한 서약을 요구하지 않는 사립대학인 컬럼비아대학에서 교수직을 얻게 되었다. 미국 원자력 에너지성(The Atomic Energy Commission)은 그를 재판에 회부하였고 브룩헤븐(Brookhaven)에 돌아가지 못하게 하였다. 그래서 그는 CERN에 가서 자주 연구를 하였다. 국립 실험기관은 보안요건을 완화시켜 결국 그가 브룩헤븐(Brookhaven)실험 프로그램에 참여하게 하였다. 이는 중요한 과학적 결과를 얻는데 과학자의 도덕적 행위가 어떻게 작용하는지를 보여준 하나의 예라고 하겠다.

이들 미국 과학자들은 그들 자신들의 도덕적 가치를 중시하여 그 당시 정부에 의해 강요된 견해를 거부하였다. 2차 세계 대전 이후 과학자들은 다른 사람들처럼 점차로 정부의 진심을 의심하기 시작하였다. 그 당시 분위기는 나의 정부가 틀리느냐, 아니면 옳다라고 말하는 표현에 따라 정부나 국방 일에 참여하느냐 아니면 안하느냐는 판단에 크게 영향을 미쳤다. 전 세계의 과학자들은 하나의 목소리로 말할 수 있는 단체를 만들기 시작하였다. 그들은 처벌이 있을 수 있음에도 불구하고 핵전쟁의 위험을 정부 관리에게 직접 이야기하거나 Bulletin of Atomic Scientists같은 잡지에 표현하였다. 이러한 대외 개방성 때문에 과학자들은 오직 과학에만 관심을 두고 그들의 나라에서 힘이 있는 정당을 따라야한다는 무언의 관습은 깨지게 되었다.

전후 시대에 미국과학자들의 이러한 태도는 1920년대 이탈리아에서 페르미(Enrico Fermi)의 행동과 비교되었다. 미국 시카고대학 기록 보관서에는 페르미가 맨하탄(Manhattan)프로젝트에 참여하기 위하여 적었던 기록물이 있는데 거기에서 페르미는 자기가 이탈리아 파시스트 당원임을 인정하였다. 페르미는 이것은 강제적이었다고 설명한다. 이탈리아 대학의 교수로서 그 당시 파시스트당의 당원 가입을 강요당했었다. 그러한 강요가 없었다면 그는 그러한 당에 가입하지 안했을 거라고 주장하였고 적극적인 당원도 아니었다고 이야기하였다. 1946년부터 1948년까지 시카고대학에서 페르미의 대학원생이어서 스승의 생각과 감정을 잘 알았던 Jack Steinberg는 페르미는 진정 매우 영리하고 주도면밀한 사람이기에 정치나 예술 혹은 다른 문화에 거의 신경을 쓰지 않았다고 증언하였다.

1960년대 미국에서는 자유의 새로운 시대가 돌아오면서 물리학자들의 태도가 변하였다. Steinberg 같은 과학자들은 더 조심하게 되었고 정부의 태도를 단순 그대로 받아들이지 않았다.

## 기묘입자

예상치 않는 새로운 입자를 발견하게 된 물리학자들은 비슷한 특징들을 갖는 입자들끼리 입자들을 그룹으로 묶기 시작하였다. 전자와 뮤온, 그리고 두 중성미자는 경입자(lepton)라 불렀다. 이들은 반정수 스핀을 가지고 있고 파울리 디락(Pauli Dirac) 통계를 따른다. 파울리 디락 통계는 두 개 이상의 경입자가 한 장소에 동시에 같이 있을 수 없다는 것을 말한다. 이러한 파울리 베타원리는 바로 양자역학의 직접적인 결론이다. 그래서 핵 주위를 도는 전자들은 서로 다른 궤도 상태에 있어야한다. 그러나 두 전자들은 서로 다른 스핀 상태 즉 하나는 up 또 다른 하나는 다운(down)으로 있다면 똑 같은 궤도를 가져도 된다. 경입자들은 어떻게 상호작용하는지를 보면 가장 잘 구분된다. 경입자는 강한상호작용을 하지 않는다. 그래서 이들은 양성자, 중성자 혹은 파이온들과 직접 반응하지 않고 단지 약한 상호작용을 통하여 반응한다.

경입자들의 특성을 잘 알면 입자들의 상호작용과 붕괴를 이해하는데 매우 도움이 된다. 경입자 수는 항상 보존된다. 즉 충돌이나 붕괴 전의 경입자 수는 충돌이나 붕괴 후의 경입자 수와 같다. 그래서 경입자들은 혼자 깨지거나 새로 만들어지지 않는다. 하나의 요령은 반 경입자는 마이너스 1(−1)을 할당하고 경입자는 플러스 1(+1)을 할당한다. 그래서 경입자가 없는 상태에서 반 경입자가 생성되면 경입자 하나가 만들어져야 경입자 수가 보존된다. 경입자 수가 보존되기 위해서는 경입자가 생성될 때 반경입자가 만들어져 경입자와 반경입자의 쌍으로 만들어 져야한다. 두 개의 다른 중성미자 실험에 의해 도입된 경입자 즉 뮤온과 전자는 각각의 경입자 보존 수를 갖는다. 예로 붕괴나 상호작용 전에 특정 경입자가 있다면 붕괴나 상호작용 후에도 같은 타입의 경입자가 존재해야한다.

예를 들면 베타붕괴 하는 중성자를 살펴보자. 중성자는 경입자가 아니기 때문에 붕괴 전, 경입자 수는 영(0)이다. 중성자가 붕괴를 하면 플러스 1(+1)의 전자가 만들어지고 마이너스 1(−1)을 갖는 전자 타입의 반전자 중성미자가 만들어진다. 그래서 붕괴 후의 경입자 수를 살펴보면 플러스 1(+1)과 마이너스 1(−1)이 합하여 영(0)이 되고 중성자의 베타붕괴에서 경입자 수는 보존된다. 이런 보존 법칙은 전하보존 법칙과 유사하다. 전하보존 법칙에 의하면 중성 입자의 붕괴나 상호작용에서 양의 전하를 가진 입자와 음의 전하를 가진 입자가 항상 같이 생성된다.

파이온의 붕괴에서 생성되는 뮤온은 그 자신 전자로 붕괴된다. 그러나 뮤온은 전자보다 무거워 질량에서 차이가 나기 때문에 뮤온이 붕괴할 때 보이지 않는 하나 이상의 중성미자가 만들어지지 않을까 하고 의심되었다. 특히 경입자 수 보존법칙을 적용하면 무슨 입자가 빠진지 예측 가능하다. 뮤온 붕괴에서는 뮤온 타입의 중성미자와 전자 타입의 반중성미자 두 개가 수반되어져야한다. 전자와 전자 타입의 중성미자는 합하여 영(0)이 되는 반대되는 경입자수를

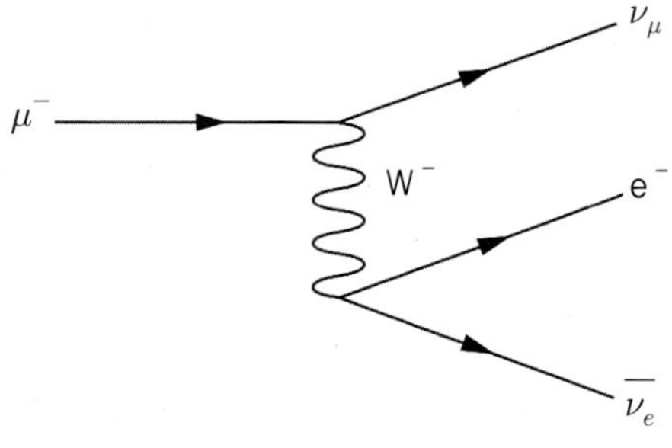


뮤온 붕괴의 파인만 다이어그램. 경입자 수는 새로운 보존법칙에 의해 붕괴전후에 보존된다.

갖고 있어서 전자 경입자수를 갖는 경입자만 혼자 생성되지 않는다. 뮤온타입 중성미자는 뮤온과 같은 경입자수를 갖는다. 그래서 뮤온 경입자수가 보존된다.

파이온이 발견된 후 물리학자들은 양성자나 전자와는 질량에 있어서 완전히 다른 많은 새로운 입자들을 관측하였다. 이러한 입자들에게 케스케이드($\Xi$), 시그마($\Sigma$), 람다($\Lambda$), 카온($K$) 같은 잘 사용되지 않는 이름이 주어졌다. 이러한 입자들은 모두 양성자나 파이온 같은 입자들로 붕괴되는 것이 관측되었다. 즉,

$$K^0 \rightarrow \pi^+ + \pi^- \qquad \Sigma^+ \rightarrow p + \pi^0$$

$$K^+ \rightarrow \mu^+ + \nu_\mu \qquad \Xi^+ \rightarrow \pi^+ + \Lambda^0$$

$$\Lambda^0 \rightarrow p + \pi^-$$

이러한 새로운 입자들이 모두 양성자나 파이온으로 붕괴되는 규칙은 1947년 발견되었으나 왜 그렇게 새로운 입자들이 많은가? 라고 고민하는데 몇 십 년의 시간이 흘렀다. 새로운 입자수는 점점 많아져서 누구도 그들 모두가 근본입자라고 생각하지 않게 되었다. 입자물리를 더 진행하기 전에 먼저 설명이 필요하다.

1952년 Abrahm Pais는 이러한 새로운 입자들의 특성을 기술하기 위하여 연관된 생성(associated production) 원리를 도입하였다. 이들 새로운 입자들은 검출기에서는 개별적으로 보이지만 실제로는 쌍으로 생성되었다. 그러나 그것은 1953년 Murray Gell-Mann이 도입한 개념이었다. 겔만은 기묘도(strangeness: S)라는 새로운 양자수를 제안하여 돌파구를 마련하였다. 새로운 입자를 나타내는 기묘물질(strange matter)의 단어 뜻은 바로 물리학계의 당혹스러움과 혼란을 표현하고 있다. 겔만은 양성자, 중성자 혹은 파이온 같은 보통 물질은 기묘도가 영이 되어야하고 그러기 위해서는 $K^+$는 S = +1, $\Lambda^0$와 $K^-$는 S = −1을 할당하였다. 그래서 겔만은 경입자보존법칙처럼 새로운 입자가 생성되는 과정에서도 기묘도 보존법칙이 성립해야한다고 주장하였다. 즉 상호작용이나 붕괴 전후에 기묘도의 합은 같아야한다는 것이다. 예를 들면

$$\pi^+ + n \rightarrow \Lambda^0 + K^+$$

$$\text{기묘도: } 0 + 0 = -1 + 1$$

$$0 = 0$$

| 1<br>H<br>1.00 | | | | | | | | | | | | | | | | | | | | | | | | | | | | | | | 2<br>He<br>4.00 |
|---|---|---|---|---|---|---|---|---|---|---|---|---|---|---|---|---|---|---|---|---|---|---|---|---|---|---|---|---|---|---|---|
| 3<br>Li<br>6.94 | 4<br>Be<br>9.01 | | | | | | | | | | | | | | | | | | | | | | | | | 5<br>B<br>10.81 | 6<br>C<br>12.01 | 7<br>N<br>14.00 | 8<br>O<br>15.99 | 9<br>F<br>18.99 | 10<br>Ne<br>20.17 |
| 11<br>Na<br>22.98 | 12<br>Mg<br>24.30 | | | | | | | | | | | | | | | | | | | | | | | | | 13<br>Al<br>26.98 | 14<br>Si<br>28.08 | 15<br>P<br>30.97 | 16<br>S<br>32.06 | 17<br>Cl<br>35.45 | 18<br>Ar<br>196.96 |
| 19<br>K<br>39.09 | 20<br>Ca<br>40.07 | 21<br>Sc<br>44.95 | | | | | | | | | | | | | | | 22<br>Ti<br>47.88 | 23<br>V<br>50.94 | 24<br>Cr<br>51.99 | 25<br>Mn<br>54.93 | 26<br>Fe<br>55.84 | 27<br>Co<br>58.93 | 28<br>Ni<br>58.69 | 29<br>Cu<br>63.54 | 30<br>Zn<br>65.39 | 31<br>Ga<br>69.72 | 32<br>Ge<br>72.61 | 33<br>As<br>74.92 | 34<br>Se<br>78.96 | 35<br>Br<br>79.90 | 36<br>Kr<br>83.80 |
| 37<br>Rb<br>85.46 | 38<br>Sr<br>87.62 | 39<br>Y<br>88.90 | | | | | | | | | | | | | | | 40<br>Zr<br>91.22 | 41<br>Nb<br>92.90 | 42<br>Mo<br>95.94 | 43<br>Tc<br>97.90 | 44<br>Ru<br>101.07 | 45<br>Rh<br>102.90 | 46<br>Pd<br>106.42 | 47<br>Ag<br>101.86 | 48<br>Cd<br>112.41 | 49<br>In<br>114.82 | 50<br>Sn<br>118.71 | 51<br>Sb<br>121.75 | 52<br>Te<br>127.60 | 53<br>I<br>126.90 | 54<br>Xe<br>131.29 |
| 55<br>Cs<br>132.90 | 56<br>Ba<br>137.32 | 57<br>La<br>138.90 | 58<br>Ce<br>140.11 | 59<br>Pr<br>140.90 | 60<br>Nd<br>144.24 | 61<br>Pm<br>144.91 | 62<br>Sm<br>150.63 | 63<br>Eu<br>151.96 | 64<br>Gd<br>157.25 | 65<br>Tb<br>158.92 | 66<br>Dy<br>162.50 | 67<br>Ho<br>164.93 | 68<br>Er<br>167.26 | 69<br>Tm<br>168.93 | 70<br>Yb<br>173.04 | 71<br>Lu<br>174.96 | 72<br>Hf<br>178.49 | 73<br>Ta<br>180.94 | 74<br>W<br>183.85 | 75<br>Re<br>186.20 | 76<br>Os<br>190.20 | 77<br>Ir<br>192.22 | 78<br>Po<br>295.08 | 79<br>Au<br>204.38 | 80<br>Hg<br>200.59 | 81<br>Ti<br>207.20 | 82<br>Pb<br>207.20 | 83<br>Bi<br>208.98 | 84<br>Po<br>208.98 | 85<br>At<br>209.98 | 86<br>Rn<br>222.01 |
| 87<br>Fr<br>223.01 | 88<br>Ra<br>226.02 | 89<br>Ac<br>227.02 | 90<br>Th<br>232.03 | 91<br>Pa<br>231.03 | 92<br>U<br>238.02 | 93<br>Np<br>237.04 | 94<br>Pu<br>224.04 | 95<br>Am<br>196.96 | 96<br>Cm<br>196.96 | 97<br>Bk<br>247.04 | 98<br>Cf<br>251.07 | 99<br>Es<br>252.08 | 100<br>Fm<br>257.09 | 101<br>Md<br>196.96 | 102<br>No<br>259.10 | 103<br>Lr<br>262.11 | 104<br>Rf<br>261.10 | 105<br>Ha<br>262.11 | 106<br>Sg<br>263.11 | 107<br>Ns<br>262.12 | 108<br>Hs<br>265.13 | 109<br>Mt<br>266.13 | 110<br>270.20 | 111<br>272 | 112 | | | | | | |

원자핵의 양성자와 중성자에 대한 이론을 개발하는데 도움을 주는 원소 주기율표.
작은 박스내의 위 숫자는 핵 속의 양성자수이고 아래 숫자는 원자무게이다. 원자무게는 자연계에서 발견되거나 가속기에서 만들어지거나 상관없이 모든 동위원소 질량의 평균이다. 원소의 표기는 박스의 중앙에 있고 110, 111, 112 번호의 원소는 발견되었지만 이름은 아직 없다[역주: 110 Darmstadtium, 111 Roentgenium, 112 Copernicium]. 같은 열에 있는 원소들은 질량은 다르지만 비슷한 화학적 특성을 갖는다.

이 이론은 새로운 기묘입자는 강한 상호작용에 의해 만들어진다는 가정에 근거를 두었다. 그래서 이러한 새로운 입자들의 약한 상호작용 붕괴는 기묘도 보존법칙이 성립 안 해도 되는 것이었다. 이러한 관점에서 기묘도 보존법칙은 경입자보존법칙과는 다르고 이러한 차이는 6장이 끝날 때까지 완전히 설명되지 않을 것이다.

백여 년 전 Dmitry Mendeleyev는 주기율표를 만듦으로써 원소들을 체계화하였다. 그에 의하여 원소들 사이 질량차를 설명할 수 있었을 뿐 아니라 후세 학자들이 보다 근본입자로부터 어떻게 구성하여 원소들이 이루어지는지 알 수 있게 되었다. 비슷하게 새로운 입자들을 이 기묘물질의 양자수에 의해 체계화시킬 수 있었고 그 속에 있는 구조를 이해하게 되었다.

1932년으로 되돌아가서, 그 당시 하이젠베르크(Heisenberg)는 중성자와 양성자를 바라보는 새로운 관점을 제시하였다. 그는 이들 두 입자들에게 전하가 없다면 이들의 질량이 거의 같아서 서로 어떤 밀접한 관련이 있을 것이라고 제안하였다. 이러한 연관성은 전하와는 관련이 없고 핵의 강상호작용과 관련이 있다고 하였다. 하이젠베르크는 중성자와 표현이 다르지만 같은 구조가 양성자속에 있을 거라고 제안하였다. 이러한 구조의 양성자와 중성자 쌍은 아이소스핀(Isospin)에 의해서 설명된다. 강한 상호작용에서 양의 파이온이 음의 파이온의 대응입자인 것처럼 강한 상호작용에서는 중성자는 양성자의 대응입자라고 생각되었다.

이러한 관계를 가정하면서 하이젠베르크는 양성자에겐 $+\frac{1}{2}$, 중성자에겐 $-\frac{1}{2}$의 아이소스핀을 부여함으로서 수학적 형태의 대칭성을 도입하였다. 유사스핀 대칭성을 뜻하는 아이소스핀은 실제로 스핀과는 아무런 관계가 없었으나 하이젠베르크는 양성자와 중성자의 알려진 유사성을 잘 설명하기 위하여 스핀이라는 수학적인 대칭성을 사용하였다. 양성자와 중성자는 확실히 모든 그들의 특성에서 전하만 특히 다르다. 그러나 하이젠베르크는 강력만 작용하는 공간에서는 중성자와 양성자가 같은 특성을 보인다고 제안하였다. 양성자와 중성자의 전하가 다르다는 것은 강한 상호작용 때문이 아니고 이들 차이는 전자기 상호작용 때문이다. 이러한 전하 차이 때문에 중성자와 양성자의 질량이 차이가 있게 되었다.

Gell Mann은 어떤 영감이 떠올라 입자들의 아이소스핀과 입자의 기묘도를 그래프에 그려보았다. 그때까지 S = −1 인 입자 뿐 아니라 케스케이드(Ξ) 입자의 붕괴를 살펴보니 분명히 S = −2인 입자가 있을 것 같았다. 겔만의 그래프는 새로운 세계를 안내하였다. 겔만의 그래프에서 뮤온과 전자 그리고 이와 관련된 중성미자를 빼니 스핀이 서로 다른 두 개의 입자들의 집단이 나타났다. 한 집단은 중간자(mesons)라 불렀고, 파이온, 카온(Kaon), 스핀 영을 갖는 모든 입자들이 포함되었다. 또 다른 입자집단은 중입자(baryons)라 불렀고 양성자, 중성자, 람다(lambda), 시그마(sigma), 케스케이드 입자 등 즉 스핀이 반정수나 혹은 이들의 배수가 되는 입자 등이 포함되었다. 이들 두 집단을 강입자(hadron)라 불렀고 이들 모든 입자들은 강력에 의한 상호작용을 한다.

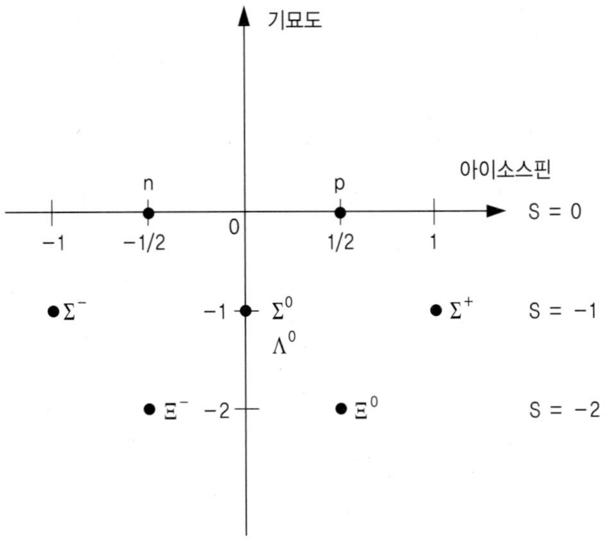


아이소스핀(isospin)과 기묘도(strangeness)에 따라 구성된 중입자와 중간자.

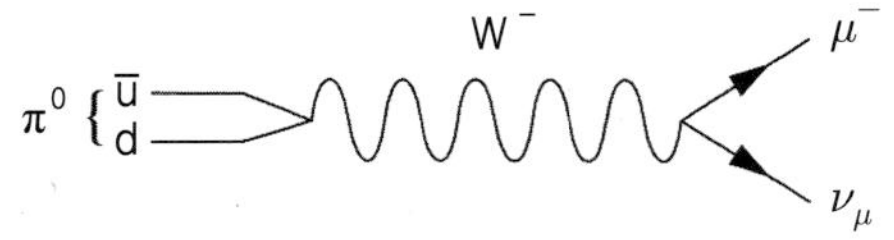


파이온의 뮤온과 중성미자로 붕괴를 쿼크 수준에서 나나낸 파인만 다이어그램

일단 물리학자들은 이들 강입자들을 분류하고 조심스럽게 기묘 양자수를 아이소스핀과 관련하여 살펴보았다. 그랬더니 더 근본적인 형태 혹은 구조가 보였다. 중입자(baryons)는 각 세 개의 성분으로 구성되고 중간자(mesons)는 단 두 개의 성분으로 구성되었다. Gell Mann은 이들 구성 성분을 쿼크(quarks)라 불렀다. 보통 물질들은 두 개의 쿼크 즉 업(up), 다운(down)으로만 만들어진다. 오늘날 잘 알려진 양성자는 업 두 개, 다운 한 개로 구성되고 중성자는 다운 두 개, 업 한 개로 만들어진다. 기묘입자는 스트레인지 쿼크(strange quark)라는 쿼크를 가지고 있고 행동하는 양식은 다운쿼크와 비슷하였다. 이런 기묘쿼크를 갖는 중입자들을 하이퍼론(hyperon)이라 불렀다.

원래 물리학자들은 단지 입자들의 행동을 예견하는데 도움이 되었기 때문에 기묘쿼크라는 단어를 사용하였다. 그러나 곧 이들 쿼크들을 실제 입자들로 볼 수 있느냐에 대해서 논란이 시작되었다. 모든 새로 발견된 입자들을 아이소스핀 대 기묘도 그래프 속에 그려보니 분명히 하나의 빈자리가 있었다. 중입자(baryons)가 분명히 세 개의 쿼크로 구성된다면 세 개의 기묘쿼크로 구성된 입자도 분명히 존재해야 했었다. 그러나 그 입자는 그때까지 관측이 안 되었다. 그래서 이 입자를 오메가(Omega)라 불렀고 1964년 브룩헤븐(Brookhaven) 거품상자에서 마침내 발견되었다. 이로서 Gell Mann의 쿼크를 구성한 기묘도 아이소스핀 그림은 성공적이었다. 이렇게 쿼크 구성 그림에 의해 예견된 입자를 실제로 발견하자 입자들이 쿼크로 구성된다는 쿼크 모델은 맞는다는 분위기가 커져갔다. 비록 오메가입자의 구성요소의 일부 작용을 연구해보니 오메가입자는 존재하지 않을 수 있다고도 생각되었으나 오메가입자 발견 그 자체가 새로 발견된 입자들의 어떤 틀을 짜려는 이론 물리학자들에겐 더 이상 다른 생각을 할 수 없게 하였다.

## 물질의 구성

물질의 쿼크이론과 기타 세세한 이야기를 모두 하는 것은 중성미자 이야기에 비하여 중심이 아니고 이 책의 범위를 벗어나기 때문에 더 이상 이야기하지 않겠다. 그러나 쿼크이야기는 이 책의 후반부에서 유용하기 때문에 여기서 간단히 요약을 하겠다. 이장에서 또한 강한 핵력의 핵심내용과 쿼크이론과의 관계에 대하여도 이야기 하겠다.

경입자가 아닌 모든 강입자 물질은 쿼크로 구성된다. 쿼크는 페르미온(fermion)이다. 페르미온은 경입자처럼 Fermi Dirac통계를 따르는 입자를 뜻한다. 모든 쿼크는 반정수 스핀을 가지고 있고 강한 상호작용을 한다.

유가와(Yukawa)의 학생이고 이론 물리학자인 Yoichiro Nambu는 새로운 양자수 색(color)을 도입하였고 모든 쿼크는 색을 가져야한다고 주장하였다. 어떤 특정한 쿼크가 실제 칼라를 가진다는 뜻은 칼라가 실제 색을 의미하지는 않는다. 오히려 쿼크가 모여 중입자를 만드는 방법을 기술하기 위하여 도입되었다고 보는 것이 더 이해가 빠를 것이다. 양성자 중성자 같은 중입자는 세 개의 다른 쿼크로 구성되고 이들 각각의 쿼크는 다른 색(color)을 가지고 있다. 이들 색은 합하여 빨강 파랑 녹색이 합하여 흰색을 만드는 것처럼 색이 없는 것으로 된다. 중입자 같은 관측할 수 있는 입자는 강한 핵 상호작용에서 색이 전혀 작용을 안 하기 때문에 색 유사성은 이론과 잘 맞는다.

같은 전하의 쿼크들이 서로 밀쳐내는 양성자 속의 쿼크들이 어떻게 핵력에 의해 서로 강하게 결합되어 양성자가 깨지지 않고 유지되는지를 잘 설명한다. 양성자를 구성하는 세 개의 쿼크는 다른 양성자를 구성하는 다른 색의 쿼크와 잘 결합한다. 쿼크사이 강한 결합력은 쿼크들 사이에서 움직이는 글루온(gluon)이라는 입자에 의해 만들어진다. 양성자 속의 세 개 쿼크는 글루온의 연속적인 교환에 의해 결합된다. 이는 실제로 글루온이 강입자의 실질적인 성분이라는 것을 암시한다.

비슷하게 혼자 자유롭게 존재하는 중성자는 붕괴하는 불안정한 입자임에 반하여 핵 속에 있는 중성자는 양성자 혹은 다른 중성자와 칼라에 의해 강상호작용을 하면서 붕괴하지 않고 안정하게 유지된다. 파이온과 카온(kaon)같은 중간자(meson)는 쿼크와 반쿼크(anti quark)로 구성된다. 예를 들면 양의 파이온은 업쿼크와 반다운쿼크로 구성된다. 파이온과 카온은 실제 물리적으로 관측 가능한 입자이기 때문에 이들은 색이 없어야한다. 이는 중간자내의 쿼크와 반쿼크 쌍은 서로 반대 칼라를 가져야한다는 뜻이다. 예를 들면 빨간 색은 반 빨간 색과 같이 있어야 색이 없어진다. 다시 강조하면 색이 새로운 양자수는 실제 색과 아무런 관련성이 없고 단지 개념이 유사하기 때문에 사용된다.

파인만(Feynman) 다이어그램(diagrams)은 강한 핵력을 뜻하는 강한 상호작용을 묘사하는

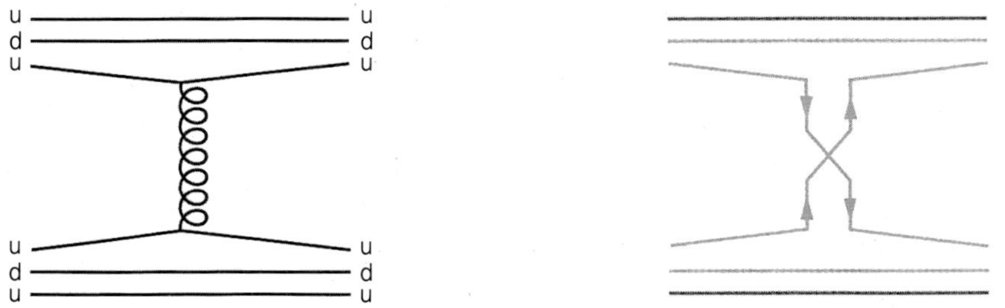


글루온 교환

가상의 중간자 교환

양성자 사이 강한 상호작용의 두 가지 파인만 다이어그램, 각각 다양한 색의 이동(color flow)중에서 한 가지 색의 이동을 나타냈다. 여러 색의 이동 다이어그램은 같은 파인만 다이어그램 구조를 갖는다.

데도 사용될 수 있다. 글루온은 두 쿼크라인을 연결하는 용수철 모양으로 그려지고 전자기상호작용과 약한 상호작용을 매개하는 광자와 W입자와는 다르게 강한상호작용을 매개하는 글루온은 글루온끼리 강한 상호작용을 한다. 이러한 특성은 간단히 기술하는 여기에서 더 이상 논의하지 않겠지만 새로운 복잡성을 나타낸다. 전자기 상호작용을 매개하는 광자처럼 글루온은 질량이 없다. 핵자(nucleon)사이 작용하는 인력 중에 가장 간단한 것은 두 쿼크사이 하나의 글루온이 가상교환(virtual exchange)을 하는 것이다. 예를 들면 두 양성자가 강력에 의해 상호작용할 때 이 페이지에 있는 파인만 다이어그램에서처럼 하나의 글루온이 두 개의 업쿼크사이에서 상호 교환된다. 핵력에서 각 글루온은 두 가지 색을 가지고서 두 쿼크사이에서 교환된다.

강력은 핵 속에 있는 두 양성자를 핵 속에 가둬둔다. 그러나 양성자나 중성자속에 있는 쿼크들은 가상 글루온(virtual gluon)의 교환을 통하여 상호작용한다. 서로 다른 양성자나 중성자들은 실제로는 가상 중간자(virtual mesons)들의 교환을 통하여 상호작용한다. 이러한 가상 중간자는 상호작용하는 두 양성자사이에서 두 개의 쿼크 교환으로부터 생성된다. 두 개의 쿼크가 서로 반대방향으로 나갈 때 그들은 중간자처럼 보이나 실제 중간자처럼 질량은 가지지 않는다. 위 그림을 잘 살펴보면 색 이동이 동일한 점에 있어서 글루온 교환과 비슷하나 쿼크 이동은 다르다. 양쪽 모두 색이 서로 교차한다. 이들을 종이 면에 그려서 서로 교차하는 것처럼 보이나 실제로 교차하는 색은 서로 상호 작용하지 않는다. 비록 칼라 교차라는 점에서 양 반응이 동일하나 실제로는 글루온 교환은 양성자나 중성자 내에서 이루어지기 때문에 매우 힘의 범위가 매우 짧은 상호작용이고, 이에 비하여 중간자 교환은 핵의 크기에서 상호작용이 일어나므로 힘의 범위가 상당히 길다.

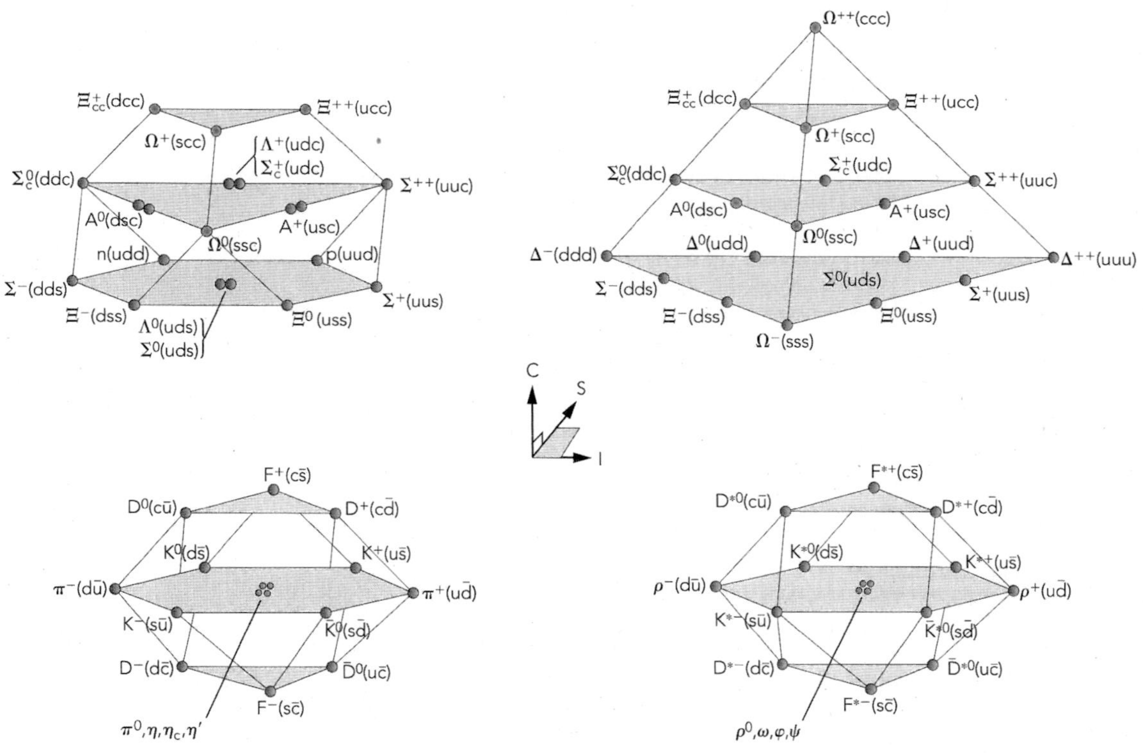


여기의 3차원 구조의 그림은 쿼크들이 어떻게 다양한 입자를 구성하는지를 보여준다. 위쪽 두 개의 다이어그램은 중입자를 나타냈고 아래 두 개는 중간자를 보여준다. 왼쪽의 다이어그램은 주어진 쿼크 구성중 가장 낮은 질량을 갖는 기저상태(ground state)들이다. 오른쪽의 그림들은 강 상호작용에서 쿼크들의 첫 여기 상태들이다. 추가적인 그림이 그려진다면 이들은 더 높은 질량상태를 가질 것이다. 모든 쿼크 조합이 기저상태 중입자가 되지는 않는다. 하지만 같은 쿼크 조합이더라도 다른 질량을 갖는 몇몇 조합은 가능하다. 아래 첨자c는 같은 그리스 문자로 표시되는 입자들에서 기묘쿼크(strange)대신 매혹쿼크(charm)가 대신 들어 있다는 것을 나타낸다. 입자를 표시하는 점의 색이 희미한 것은 예측이 되나 아직 발견되지 않은 입자를 표시한다.

약한 상호작용에서 입자들이 어떻게 짝을 이루어 물질을 만드는지 기본 입자들의 표.
쿼크위에 프라임(prime)표시는 즉 (d', s', b')는 나중에 설명할 것이다.

오늘날 우리는 쿼크가 업(up), 다운(down), 기묘(strange), 매혹(charm), 톱(top), 보텀(bottom)으로 구분 된다는 것을 안다. 이들 쿼크들은 경입자와 함께 몇 개 세대(generation)로 구분된다. 첫 번째 세대는 업(up), 다운(down)쿼크, 전자 전자중성미자($\nu_e$)로 구성되고, 전자는 음의 전하를 가지고 있지만 중성미자는 전하를 가지고 있지 않는다. 업쿼크는 $+\frac{2}{3}$의 전하를 다운쿼크는 $-\frac{1}{3}$의 전하를 가지고 있다. 1974년 매혹(charm)쿼크를 발견함으로서 두 번째 세대를 완성하였다. 두 번째 세대도 매혹(charm), 기묘(strange)의 두 개 쿼크와 뮤온($\mu$), 뮤온 중성미자($\nu_\mu$)의 두 경입자로 구성된다. 세 번째 세대는 톱, 보텀쿼크와 타우($\tau$)와 타우 중성미자($\nu_\tau$) 경입자로 구성된다. 얼마나 많은 세대가 존재하는지에 대한 논의는 지금까지 있어왔고 9장에서 충분히 기술할 것이다. 그때까지는 주로 세 가지 세대만 주로 이야기 할 것이다.

첫 번째 세대의 두 개 쿼크 이외에도 새로운 쿼크가 발견되었고 이들 쿼크에게는 그들 자신의 새로운 양자수가 도입되었다. 이들 양자수는 강력이 작용하는 상호작용에서 보존되고 약한 상호작용에서는 깨질 수 있다. 업, 다운쿼크는 그들 자신의 양자수는 없는 대신 업에게는 $+\frac{1}{2}$의 아이소스핀, 다운에게는 $-\frac{1}{2}$의 아이소스핀이 할당되었다. 양자수대신 아이소스핀이 주어진 것은 쿼크의 첫 번째 세대에서만 있고 경입자나 다른 세대에선 없다.

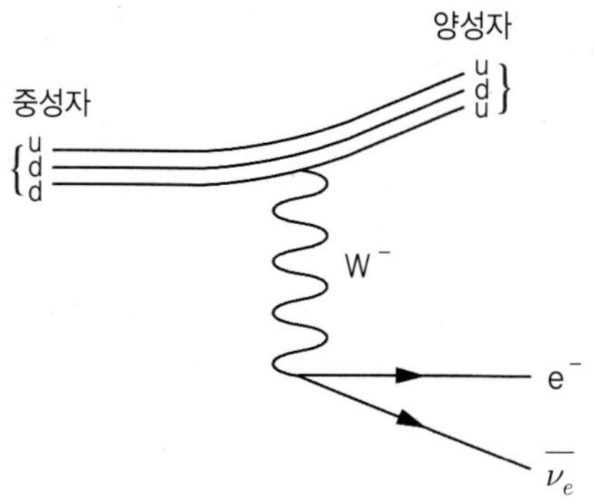


쿼크 수준에서 베타붕괴(beta decay)를 묘사하는 파인만 다이어그램

약력(weak force)매개입자 W는 어떤 세대의 경입자나 쿼크와 작용하고 이러한 작용을 통하여 베타붕괴를 쿼크 수준에서 이해할 수 있다. 다운쿼크가 반업쿼크(anti up quark)와 충돌하는 경우를 가정해보자 충돌하여 가상 W입자를 만들고 이러한 W입자는 파인만 다이어그램에서 시간 축을 따라 이동할 것이다. 이 W입자는 곧 같은 세대 입자들인 전자와 전자 반중성미자(electron type antineutrino)로 붕괴한다. 이 W입자는 어떤 임의 세대의 경입자와 쿼크로 붕괴할 수 있다. 약력의 관점에서 보면 전자는 전자중성미자와 반대이다. 두 입자는 서로 반대이면서 같은 크기의 약력 전하(weak charge)를 가졌다고 말할 수 있다. 중성자 붕괴는 쿼크수준에서 베타붕괴가 어떻게 일어나는지를 보여준다. 중성자의 다운쿼크는 업쿼크와 전자와 반중성미자로 구성된 경입자 쌍으로 붕괴한다.

각 세대에서 쿼크와 경입자 쌍은 이들 입자들이 약력을 통하여 어떻게 관계되는지를 보여준다. 각 쌍은 서로 반대되는 약력 전하를 가지고 있다. 3장에서 본 것처럼 단지 왼손방향의 약한 상호작용만 허용된다.

쿼크수준의 파인만 다이어그램은 물리학자에겐 가장 중요한 도구이다. 이들 그림들이 유용할 때는 쿼크수준에서 이다 왜냐하면 쿼크수준에서는 파인만 다이어그램으로부터 적당한 규칙을 적용시키면 우리가 원하는 방정식을 얻을 수 있기 때문이다. 이러한 방정식에 의해서 물리학자들은 측정 가능한 물리량을 얻을 수 있기 때문이다. 비슷하게 강한 상호작용에서도 쿼크수준에서 파인만 다이어그램을 이용하면 방정식을 얻을 수 있다. 그래서 파인만 다이어그램은 항상 쿼크수준에서 그려진다.

원래 물리학자들은 양성자와 중성자로 된 강력물질들이 쿼크로 구성되었다고 가정하여 반응에서 어떤 상호작용과 붕괴가 기여하는지를 알고자하였다. 오메가($\Omega$)입자를 이론에 의해 예측한대로 실험에서 물리학자들이 발견하였을 때 쿼크는 실제 존재하는 것으로 보고 관측하고자하였다. 쿼크들은 색전하를 가지고 있기 때문에 색없는 입자만이 관측가능하다 하지만 쿼크는 색을 가지기 때문에 쿼크를 증명하기 위하여 쿼크만 관측하는 것은 불가능하다. 그러나 켈리포니아에 있는 스텐포드 선형가속기 센타(Stanford Linear Accelerator Center: SLAC)에서 수행된 산란실험에 의하면 쿼크로 된 양성자의 구조를 살펴볼 수 있었다. 이는 쿼크가 존재한다는 직접적인 증거이다. 이는 러더퍼드(Rutherford)가 원자의 구조를 알기위하여 플러스 알파입자를 산란실험에 사용한 것과 비슷하다. Jerome I, Friedman, Henry W. Kendall, 그리고 Richard E. Taylor 등은 SLAC에서 매우 높은 에너지의 전자를 양성자에 충돌하는 산란 실험을 하여 양성자와 중성자의 구조를 살펴볼 수 있었다. 즉, 양성자에서 산란된 전자를 살펴봄으로서 그들은 양성자속에 3개의 전하를 띤 알갱이가 있음을 밝혀냈다. 이는 바로 쿼크의 존재를 확인해주었다.

• • •

Street와 Stevenson이 파이온을 발견했을 때 입자물리를 완성하는데 필요한 마지막 입자로 보였다. 그러나 과학자들은 파이온이 붕괴할 때, 그 당시에 관측되지 않았던 중성미자와 함께 나오는 뮤온을 보았다. 파이온 붕괴에서 나온 중성미자는 베타붕괴에서 나오는 중성미자와 달랐다. 뮤온과 두 번째 중성미자 발견 그리고 기묘(strange) 물질의 예상치 못한 발견으로 인하여 물리학계는 큰 충격에 휩싸였다. 새로 발견된 입자들은 서로 관련이 있어 보였으나 이해하는 것보다 먼저 새로운 구분방법이 모색되었다. 이는 입자물리의 황금시기였다. 새로운 입자들이 실험에 의해 발견되고 가장 어려운 실험은 파이온 붕괴에서 나오는 중성미자가 베타붕괴에서 나오는 중성미자와 다르다는 것이었다.

물리학자들은 입자들이 전기전하만 가지고 있는 것이 아니라 약력의 전하 색전하(color charge)를 가지고 있다는 것을 알았다. 아이소스핀이라는 또 다른 특징은 강력에서 스핀과 비슷하다. 또 다른 양자수인 quark flavor와 쿼크와 경입자의 세대를 이용해 입자들을 새롭게 구분하였다. 처음에는 쿼크를 처음 고안한 물리학자까지도 쿼크의 존재를 의심했지만 시간이 흐르면서 그들의 존재를 실험으로 확인하였다.

아원자세계(subatomic world)에서 입자는 어떤 규칙을 따라야하는데 첫 번째로 전하는 정수배를 가져야하고 색이 없어야한다(colorless). 특히 중입자(baryon)는 3개 쿼크를 가지고 있고 색이 없어야한다. 중간자는 쿼크와 반쿼크로 구성되고 색(color)도 색과 반대색이 합하여 색이 없어야한다. 입자붕괴는 에너지와 운동량 보존이 되어야하고, 경입자수와 기묘도수(strangeness number), 매력도수(charm number)도 보존되어야한다. 그러나 3장에서 이야기한 것처럼 약한 상호작용의 붕괴는 페리티(parity)가 깨지고 다른 보존칙도 깨진다. 약한 상호작용의 이러한 미스테리는 곧 풀려질 것이다.

제6장

# 중성미자는 자신의 반중성미자가 있을까?

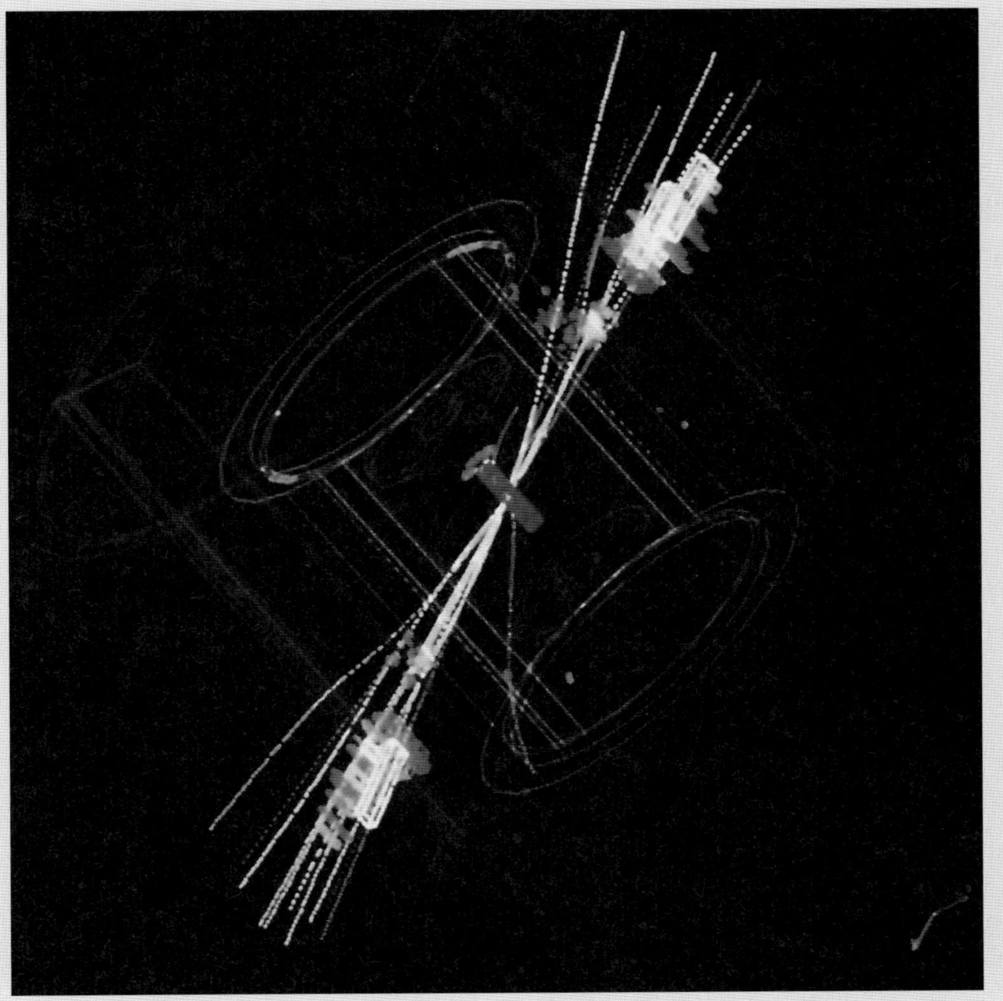

CERN의 DELPHI검출기에서 기록된 물질-반물질 충돌. 물질과 반물질은 그림화면의 중심에서 충돌하여 없어지면서 보이지 않는 중성미자나 반중성미자를 포함하여 새로운 입자들이 충돌지점에서 뻗어 나오게 된다.

많은 공상 과학 소설가들은 우주여행의 에너지원으로 반물질을 이야기하였다. 이러한 에너지원은 물질과 반물질이 만났을 때 소멸하여 없어지는 반물질의 특성 때문에 나온다. 이들이 소멸하여 없어진 대신 이들의 질량은 빛에너지로 바뀌진다. 어떻게 반물질이 발견되었는지에 대한 이야기는 과학자들이 가끔은 어리석을 수 있다는 흥미로운 점을 보여준다. 오늘날 과학자들은 반물질이 어떻게 보통의 물질로 자연스럽게 바뀔 수 있는지 알려고 노력하고 있다. 중성미자의 경우 중성미자 자신이 반중성미자인지 궁금해 하고 밝히려고 노력하고 있다.

## 물질과 반물질

반물질 같은 것이 존재할 수 있다는 힌트는 1930년대 초기에 나왔다. 그 당시 Paul Adrien Maurice Dirac은 상대론적 양자장 전기역학 공식을 만들려고 노력하고 있었다. 그는 아인슈타인의 상대론을 처음으로 소립자 상호작용의 양자역학에 적용하였다. 디락은 그의 공식에서 전하에 대한 대칭성을 적용하였고 음의 전하를 갖는 전하뿐 아니라 양의전하를 갖는 전자의 반입자가 존재해야 된다고 주장하였다. 양자역학에 관한 Wolfgang Pauli의 첫 번째 독일 책에서 파울리는 디락 방정식이 진짜로 맞는다면 양전자(전자의 반입자)는 이미 검출되었어야 한다고 지적하였다. 파울리의 지적은 반입자인 양전자가 발견될 때 까지 디락의 새로운 상대론적 양자역학은 믿기 힘들다는 것을 암시하였다. 얼마 지나지 않아 디락과 파울리 모두 옳다는 것이 실험적으로 증명되었다.

1933년 칼텍(California Institute of Technology)에 있는 Carl D. Anderson은 요즘 양전자라 부르는 양의 전하를 갖는 양전자를 발견하였다고 발표하였다. 앤더슨은 그의 안개상자에 찍힌 수천 장의 우주선 사진을 검토한 이후에 자기장 하에서 입자의 휘어짐을 통해 전자와 질량은 같고 전하는 반대인 입자 15개가 양전자임을 확인하였다. 많은 안개상자실험에서 이런 종류의 수백 장의 사진을 찍었을 것이다. 하지만 그들은 이들에 거의 관심을 가지지 않았다. 실제로 이런 비정상적인 사진에 몇몇 과학자들은 관심을 가졌으나 그들도 이 입자들을 지구를 통해 올라오는 입자로 보거나 양의 전하를 갖는 입자궤적이 광학 환영(optical illusion)으로 보이는 것처럼 이들 입자가 카메라 렌즈로 향하여 오는 입자로 착각해버렸다. 이들 과학자들이 그들이 기록하는 비정상적인 반응의 수에 관심을 가졌다면 왜 그렇게 작지라고 생각했을 것이다.

양전자 발견 후 디락은 무엇을 찾을 것인지 아는 것은 매우 쉬울 것이라고 이야기했다고

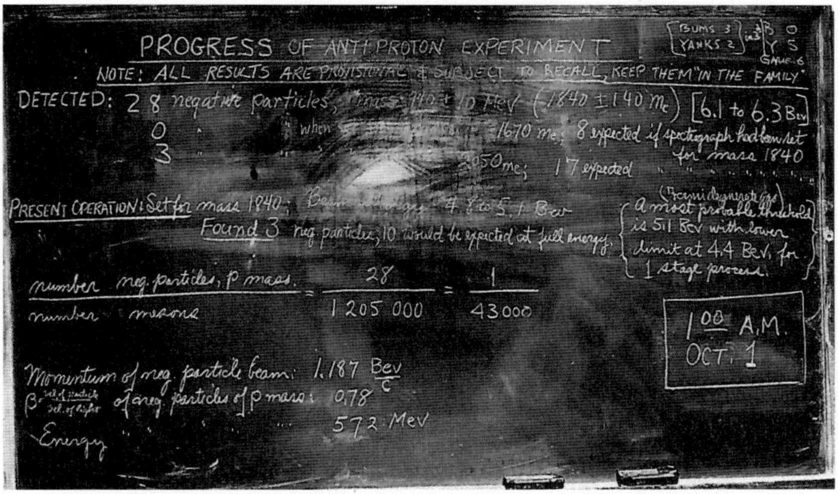


Berkeley에서 반양성자 실험 중 찍은 칠판모습. 실험의 다양한 세팅에서 발생할 반양성자의 비율을 메모하기 위하여 칠판에 적은 것임. 그러나 야구 열광자는 이 사진이 언제 찍혔는지 알 수 있을 것이다. 왜냐하면 사진의 오른쪽 상단에 미국 월드시리즈(World Series) 양키(Yankees)와 다저스(Dodgers)사이 6번째 게임의 3이닝(inning)의 점수를 누군가가 적어놨기 때문이다.

전해진다. 실험과학자들은 가끔 어떤 특별한 것을 찾고자 노력하지만 정말 새로운 입자나 현상을 발견하지 못하고 그냥 스쳐 지나가곤 한다. 실험 물리학자들은 앤더슨이 양전자 발견을 발표할 때까지 수 년 동안 안개상자를 사용했었다. 그들은 양전자가 찾던 입자가 아니었기 때문에 양전자 궤적을 발견하지 못했던 것이다.

파울리는 디락 방정식이 맞았다면 벌써 양전자들이 발견되었을 것이라고 믿었기 때문에 디락의 상대론적 양자역학이 옳다고 믿지 않았다. 하지만 앤더슨(Anderson)에 의한 양전자의 발견은 디락의 이론이 맞는다는 것을 확인시켜주었고 파울리도 그 이론이 정확하다는 것을 확인하였다. 파울리는 그의 첫 번째 영문판과 두 번째 독일어판 양자역학 책에서 그의 디락 이론에 대한 반대를 철회하였다.

이제 비록 양전자의 존재에 대하여는 의심할 바 없이 확실하지만 반물질의 다른 형태도 존재할 가능성이 있다는 점은 계속 궁금한 점으로 남았다. 예로 양성자는 그의 반양성자가 있을까? 양성자를 포함한 모든 입자가 그들에 대한 반입자를 갖는다면 이들 반입자들은 어디에 있을까?

오늘날 우리는 양성자가 쿼크로 구성된다는 것을 알고 반양성자를 만들 수도 있다. 1950년대 중반 Owen Chamberlain, Emilio Segré, Clyde Wiegand 그리고 Thomas Ypsilantis 4명의 물리학자들은 캘리포니아 버클리(Berkeley)에 있는 베타트론 가속기를 이용한 실험을 준비

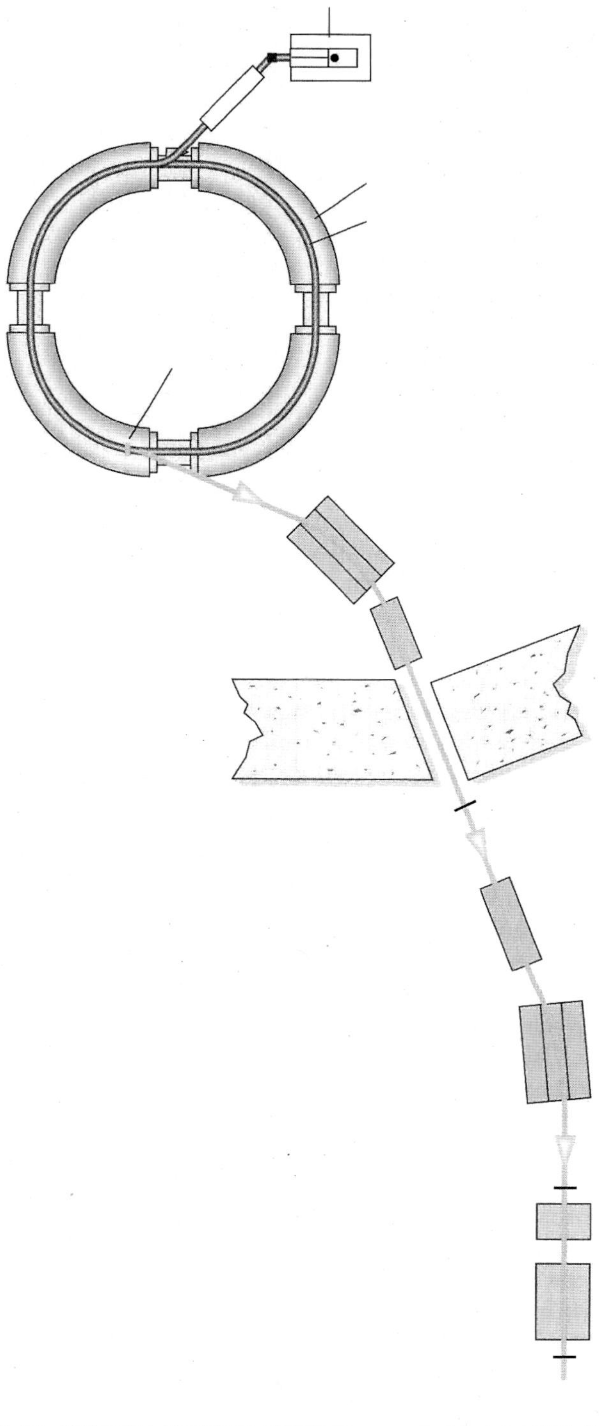

캘리포니아 대학 내에 있는 반양성자를 발견하였던 베바트론(Bevatron) 가속기가 실험의 주요 장비와 같이 있는 모습. 가속기의 양성자 빔은 구리표적을 때리고 여기서 발생된 음 전하의 입자들만 모아 반양성자를 파이온과 전자와 구분하기 위한 비행시간(time of flight)장치와 체렌코프장치(Cherenkov)의 빔라인(beam line)으로 보내진다.

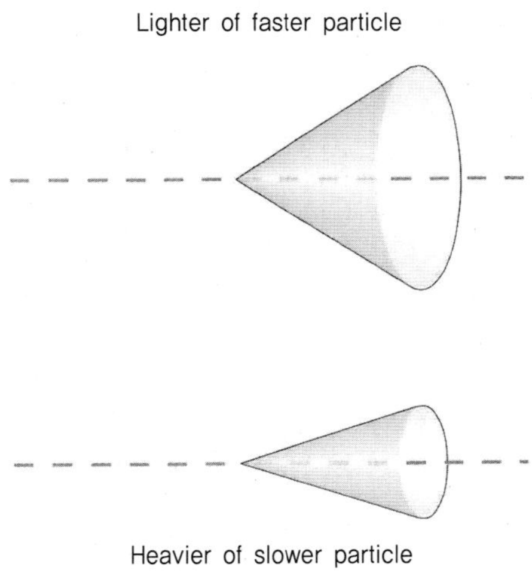


같은 운동량을 갖지만 질량이 다른 두 입자에 의해 발생된 체렌코프 콘 광(Cherenkov light cone) 모습. 진행 축에 대한 개방각(opening angle)을 보면 어느 정도 질량의 입자가 검출기를 통과했는지 알 수 있다.

하여 반양성자를 찾으려고 하였다. 이러한 새로운 실험은 모든 입자는 반입자를 가질 수 있다는 디락 이론의 연장선상에서 수행되었다. 그들은 양성자 빔 앞에 표적을 놓고 그 표적에서 발생되는 모든 음 전하를 갖는 입자들을 빔으로 만들었다. 이들 입자들 중에서 특정 운동량만 갖는 입자들만 선택하고 다시 어떤 특정 질량만 갖는 입자들만 선택하였다. 이러한 질량 선택기는 30 피트길이의 빔 라인을 입자들이 지나는 시간과 빔 라인 속에서 입자들의 체렌코프 광(Cherenkov light)을 이용하였다.

같은 운동량이면서 다른 질량을 갖는 두 입자들은 정해진 길이를 가는 동안 다른 시간이 필요하다. 전자나 다른 적은 질량의 입자들은 더 빨리 빔 라인을 지날 것이고 파이온 같은 더 무거운 입자들은 더 긴 시간이 걸릴 것이다. 반양성자가 존재한다면 이들도 더 긴 시간이 걸릴 것이다. 그래서 버클리 물리학자들은 입자들의 비행시간을 측정함으로서 입자들의 질량을 추정할 수 있었다. 또 다른 속도 측정 방법은 체렌코프 광(이를 발견한 러시아 과학자 이름(Cherenkov)을 따라서)을 이용하는 것인데 입자들의 속도에 따라서 다른 각도에서 체렌코프 광이 발생된다. 이 측정 각도와 입자들의 비행시간을 같이 분석하여 입자들의 실제 질량을 추정할 수 있었다. 이렇게 이중으로 측정하기 때문에 질량 측정실험을 더 정확하게 할 수 있었다. 이와 같은 실험에서 많은 데이터를 얻을 수 있었기 때문에 안개상자에서처럼 몇몇 반응에만 의존하지 않기 때문에 이들 실험의 결과는 더 많은 신뢰성을 가지게 되었다.

이러한 새로운 실험으로부터 음의 전하를 가졌지만 양성자와 질량이 같은 입자가 발견되었기 때문에 반양성자의 존재가 확인되었다. 반양성자의 표기는 양성자 p의 표기에 위에 선을 그은 표기 즉 $\bar{p}$ 이다. 일반적으로 어떤 반입자도 입자 표기위에 선을 그어 반입자 표기로 만들 수 있다. 그러나 역사적인 이유 때문에 이 규칙에 예외가 있다. 그것은 양전자인데 전자는 $e^-$로 표기하는데 반해 $e^+$로 표기한다.

중성자는 전기를 띈 쿼크로 구성된다는 것이 알려져 있기 때문에 중성임에도 불구하고 반입자를 가져야한다. 그래서 반물질은 반양성자와 반중성자로 되어있어서 반물질 원자는 양전자가 원자핵을 도는 원자로 구성된다. 반양성자와 반중성자를 구성하는 쿼크는 반쿼크라 부른다. 모든 쿼크에 대하여 반쿼크가 있고 전하만 반대이고 다른 모든 운동은 쿼크와 동일하다.

디락의 상대론적 양자역학에서는 전자와 반응하는 광자와 양전자와 반응하는 광자사이에 어떤 차이도 구분이 안 된다. 전자기력의 매개입자인 광자는 단지 에너지 양자이지 광자, 반광자의 차이가 없다. 반대로 약한 상호작용의 매개입자인 W입자는 음의 전하와 양의 전하를 갖는 두 가지 종류가 있고 모두 광자처럼 입자, 반입자 모두와 반응한다.

사실은 베바트론(Bevatron) 실험에서 반양성자를 확인하기 전에도, 밝은 별 모습처럼 보이는 여러 입자반응 사진이 우주선 실험에서 나왔다. 이들 반응들은 그 당시 핵건판 실험과 안개상자실험처럼 입자 확인도 안 될뿐 아니라 운동량을 알 수 없었기 때문에 무엇인지 몰랐다. 오늘날 이들 별 모양의 반응들은 반양성자나 반중성자 같은 반입자들이 보통의 입자들과 충돌하여 빛을 내기 때문으로 알려졌다. 어떤 입자가 반입자와 충돌하면 두 입자 모두 없어지고

켈리포니아 버클리대학 베바트론 가속기에서 처음 반양성자를 관측했던 과학자들. 왼쪽이 Emilio Segré, 오른쪽이 Thomas Ypsilantis, 이들 뒤에 반양성자를 검출하는데 사용된 전자장비들이 있다.

빛의 에너지를 방출한다. 우리 우주에 보통의 물질들이 많다는 것은 반입자들이 많이 없다는 뜻이다. 왜 우주는 보통의 물질로 구성되고 반물질이 없는지에 대한 의문은 10장에서 다룰 것이다.

많은 과학소설가들은 그들의 소설에서 물질-반물질 반응을 소재로 사용하였다. 또한 우주를 탐험하기 위하여 우주선을 먼 별로 보내는데 필요한 많은 양의 에너지를 저장하는 수단이 자기장 안에 많은 량의 반물질을 가두어 두는 것 밖에 없다는 것을 알고 있다. 하지만 우리의 현재의 기술로는 그러한 에너지 저장기기를 만들 수 없고 반물질 자체도 만드는 수준이 이제 막 초기 단계밖에 안 된다. 오늘날 어떤 실험에서는 순수한 반양성자 빔을 만들어 이들을 반대방향으로 움직이는 양성자 빔과 충돌시키기도 한다. 이렇게 충돌 시키면 많은 수의 새로운 입자를 만들 만큼의 엄청난 양의 에너지가 방출된다. 7장과 9장에서는 이들 기술을 이용하는 실험들의 세부내용들을 소개할 것이다.

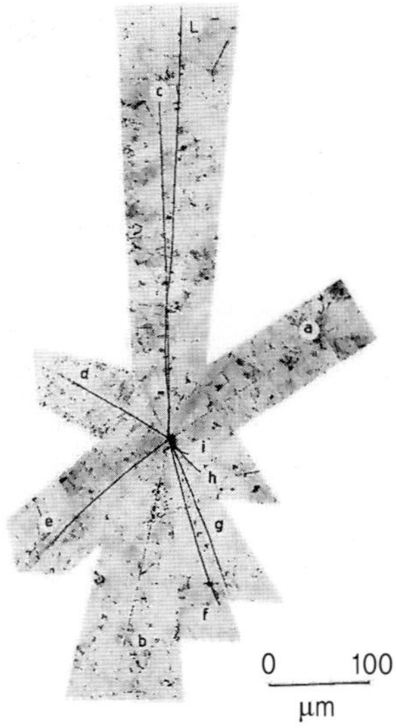


반양성자가 존재하는지 확인되기 전 베바트론에서 쪼여진 많은 우주선 에멀젼(emulsion)실험에서 그림처럼 별모양이 나타났다. 여기서 베바트론에서 만들어진 반양성자(비적L)는 보통 물질과 충돌하여 소멸하고 여러 개의 파이온(비적a와 b) 그리고 양성자와 알파입자(다른 비적들)을 방출한다.

## 마요라나 중성미자

Enrico Fermi가 1934년에 베타붕괴(beta decay)이론을 발표한 바로 직후, 그와 과학과 관련하여 아주 절친한 친구인 Ettore Majorana는 반중성미자는 중성미자 자신일 수도 있다고 발표하였다. 즉 반중성미자와 중성미자가 같을 수 있다는 것이다. 중성미자와 중성자는 전하가 중성이므로 자신이 바로 반물질일 수 있는 유일한 입자들이다. 지금은 중성자가 전기를 띤 쿼크로 구성되었다는 것을 알기 때문에 중성자에 대해서는 더 이상 문제가 아니다. 좀 영리한 사람은 중간자도 쿼크-반쿼크로 구성되기 때문에 이 중간자 또한 자기 자신이 반입자로 생각할 수도 있다. 그러나 중간자는 쿼크로 구성되기 때문에 어떤 하나의 물질로 된 소립자는 아니다. 반입자는 같은 질량의 전하만 반대가 아니고 스핀, 그리고 예를 들면 기묘도(strangeness)같은 그 입자와 관련된 모든 양자수가 반대이다.

심지어 오늘날까지도 중성미자 자신이 반중성미자인지는 아직도 확실하게 증명되지 않아서 계속 연구 중이다. 중성미자 자신이 반중성미자라면 디락방정식에서 기술된 것처럼 운동을 하지 않을 것이다. 대신 다른 어떤 독특한 운동을 할 것이다.

이런 가능성을 염두에 두고 마요라나는 중성미자의 운동을 이론적으로 기술하였다. 이 이론에 따르면 반물질의 베타붕괴에서 발생된 반중성미자는 보통의 물질의 베타붕괴에서 발생된 중성미자와 구분이 안 된다. 중성미자가 관여된 어떤 반응에서건 중성미자와 반중성미자는 서로 바꿔치기할 수 있고 이러한 바꿔치기는 그 반응에 어떤 영향도 미치지 않는다. 그러나 중성미자 자신이 반중성미자이기 때문에 물리법칙의 두 가지가 깨질 수밖에 없다. 하나는 경입자수 보존의 법칙인데 중성미자가 반중성미자로 바뀌면서 경입자수가 +1에서 −1로 바뀌기 때문이다. 두 번째로는 중성미자 스핀이 반중성미자 스핀과 같지 않기 때문에 즉 중성미자의 왼쪽 방향의 스핀이 반중성미자의 오른쪽 방향의 스핀으로 바뀌기 때문에 각운동량보존법칙이 깨진다. 그러나 경입자 보존법칙은 본래 경험적인 법칙이므로 스핀 문제만 해결된다면 그 법칙은 이러한 법칙이 깨질 수도 있다는 논의에서 무시할 수도 있다.

중성미자가 질량을 가지고 있다는 것이 사실이라면 중성미자 속도는 빛의 속도보다 적을 것이고, 그렇다면 그 중성미자보다 빠르게 가는 관측자에 의하면 헬리시티(helicity)가 바뀌질 것이다. 즉 반대 스핀으로 바뀌질 것이다. 이는 복잡하게 생각될 수도 있지만 간단한 예로 설명된다. 길 위에서 같은 방향으로 자동차 타고 가는 두 사람을 생각해보자. 한사람은 시간당 65마일 가는 스포츠카이고 다른 사람은 시간당 55마일 가는 트럭을 타고 간다고 하자. 트럭에 있는 관측자에서는 스포츠카는 트럭을 시간당 10마일의 속도로 앞질러간다고 이야기할 것이고 스포츠카에 있는 관측자는 트럭이 시간당 10마일의 속도로 뒤로 간다고 이야기할 것이다. 당신 자신이 지면에 대한 속도는 모르고 단지 지나가는 다른 차의 속도만 측정할 수 있는 어떤 차에 탔다고 생각해보자. 당신의 차가 멈추고 있다고 생각할 때 옆의 차가 시간당 10마일의 속도로 지나간 것과 당신 자신이 시

마요라나(Ettore Majorana) 중성미자는 자기 자신이 반중성미자라고 처음 제안하였던 이론물리학자. 이 가능성은 오늘날까지 오늘날에도 계속 확인 중이다.

간당 55마일로 가고 있을 때 옆 차가 시간당 65마일로 지나간 것은 같은 것이다. 비슷하게 당신이 느린 차를 앞질러 갈 때는 그 차는 뒤로 가는 것처럼 보일 것이다. 이러한 것은 우리가 관측하는 방향은 분명히 바꾸어질 수 있다는 것을 보여준다.

자동차 대신 돌고 있는 두 물체가 서로 움직이고 있다고 생각하자. 이들 물체는 관측자에 따라서 단지 두 방향으로만 움직이는 것처럼 보인다. 이렇게 움직이는 방향이 관측자에 따라서 변한다면 관측되는 헬리시티방향도 변한다. 3장에서 이야기한 것처럼 스핀의 방향은 항상 운동방향에 상대적이다. 운동방향을 바꾸면 헬리시티가 바뀌진다. 그러나 입자의 상호작용에 있어서는 가장 중요한 좌표계는 상호작용하지 않는 관측자의 좌표계가 아니라 상호작용하는 입자의 좌표계이다. 상대성이론에서 빛의 속도로 움직이는 입자는 관측자에 관계없이 빛의 속도로 움직인다. 단지 그렇게 빛의 속도로 갈 수 있는 입자는 질량이 없는 입자뿐이라는 것을 기억하자. 질량이 있는 입자는 빛의 속도로 갈 수 없다. 아무리 작은 질량을 가지고 빠르게 움직이더라도 그 보다 더 빠른 속도의 좌표계를 발견할 수 있을 것이다. 그래서 비록 중성미자 질량이 영은 아니므로 반대 방향의 헬리시티로 바꾸는 어떤 질량을 갖는 중성미자를 발견할 가능성이 있다고 결론지을 수 있다. 이는 2장에서 처음 이야기했던 중성미자가 질량을 가지고 있느냐의 문제로 되돌아가게 된다. 만일 그렇다면 마요라나 이론이 맞을 가능성이 있고 중성미자는 자기 자신이 반중성미자가 된다. 그리고 어떤 핵은 특별한 이중 베타붕괴를 할 수도 있다.

이중 베타붕괴는 하나의 핵이 동시에 혹은 하이젠베르크의 불확정성원리가 성립하지 않는 짧은 시간이내에 두 번 베타붕괴를 하는 것이다. 보통의 이중 베타붕괴는 기대하는 것처럼 하나의 핵이 두 개의 전자와 두 개의 중성미자를 방출한다. 그러나 방금 전에 이야기했던 특별한 이중 베타붕괴에서는 하나의 핵에서 방출했던 중성미자가 두 번째 붕괴에서 반중성미자로 다시 흡수된다. 이런 타입의 붕괴는 중성미자가 마요라나 중성미자이어야만 가능하다. 마요라나 중성미자는 스핀 상태를 바꿀 수 있다. 이렇게 바꿀 수 있으려면 중성미자가 질량을 가져야만 한다. 이런 붕괴에서는 중성미자는 관측이 안 되고 두 개의 전자만이 관측되고 핵은 양성자 두개가 늘어난 상태가 될 것이다. 과학자들이 이런 붕괴를 관측한다면 실제로 중성미자는 경입자수를 −1에서 +1로 바꾸고 자신이 반입자인 매우 특별한 입자가 될 것이다. 또한 중성미자의 질량은 확실하게 영이 아니라는 것을 명확하게 보여준다고 말할 수 있다.

어떤 특별한 원소의 핵은 1장에서 이야기했던 방사선 붕괴과정을 통하여 또 다른 원소의 핵으로 붕괴할 수 있다. 그러나 에너지 보존 법칙에 의하면 변환되기 전의 핵의 질량이 변환

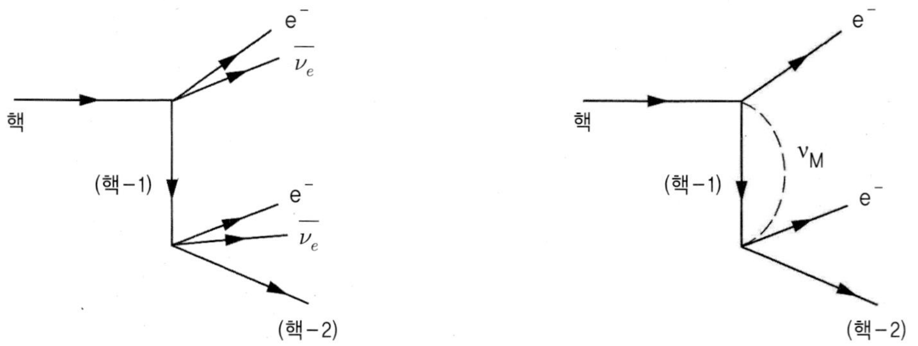


이중 베타붕괴의 두 가지 가능한 파인만 다이어그램. 밑의 그림에서는 첫 번째 붕괴에서 나온 중성미자가 두 번째 붕괴의 반대 스핀의 중성미자로 다시 흡수된다. 때문에 두 번째 붕괴에서 어떤 중성미자도 방출되지 않는다. 이런 형태의 베타붕괴는 중성미자자신이 반중성미자일 때만 일어날 수 있다.

된 후 핵의 질량보다 클 수 는 없다. 단일 베타붕괴는 일어날 수 없지만 이중 베타붕괴(double Beta decay)가 가능한 원소는 아직 존재한다. 이러한 원소는 이런 특별한 이중 베타붕괴 실험에 아주 적당할 것이다. 이중 베타 붕괴를 하면서도 안정된 핵은 아래와 같다.

$$^{76}Ge \rightarrow {}^{76}Se + e^- + e^- \qquad {}^{136}Xe \rightarrow {}^{136}Ba + e^- + e^-$$

$$^{82}Se \rightarrow {}^{82}Kr + e^- + e^- \qquad {}^{238}U \rightarrow {}^{238}Pu + e^- + e^-$$

이러한 리스트는 많은 가능한 것 중의 몇 가지만 보여준 것이다.

과학자들은 특별한 이중 베타붕괴를 관측할 수 있는 두 가지 특별한 방법을 고안하였다. 하나는 직접 반응을 관측하는 것이고 전자 에너지 분포 측정이나 지구물리에서 나오는 방사성원소의 비율측정 같은 간접적인 방법을 이용하는 것이다.

이중 베타붕괴의 직접 관측 시도는 1930년대 후반부터 시작되어 현재까지 진행되고 있다. 이러한 연구는 두 가지 방법으로 진행되어왔는데, 첫째는 이중 베타붕괴에서 나오는 두 개 전자를 직접 관측하는 것이다. 여기서 중요한 것은 이들 전자들이 하나의 핵에서 동시에 나오느냐 아니면 근처에 있는 두 핵에서 우연히 동시에 베타붕괴를 하여 나오느냐를 구분하는 것이고, 이것이 확인된다면 가장 확실한 방법일 것이다. 또 다른 방법은 이중 베타붕괴에서 나오는 전자의 에너지 스펙트럼을 측정하여 전자가 하나 나오는 스펙트럼과 두 전자가 나오는 스펙트럼의 차이를 확인하고 두 전자가 나오는 스펙트럼 중에서 중성미자가 나오는 스펙트럼과 중성미자가 나오지 않는 스펙트럼의 차이를 확인하는 것이다. 이러한 차이는 중성미

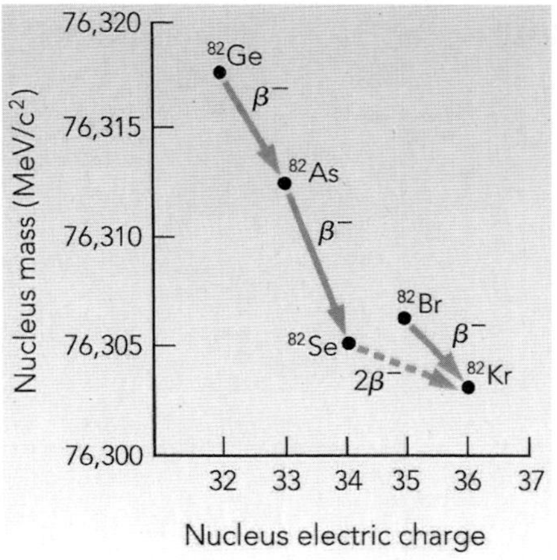


이 그래프에 표시된 원소들은 모두 핵에 82개의 양성자와 중성자를 가진다. 그러나 양성자수가 달라 질량과 핵의 전하가 다르다. 셀레늄-82는 에너지 보존법칙을 위배하지 않고 브롬-82를 형성하기 위해 베타붕괴를 할 수 없다. 그러나 셀레늄-82는 하이젠베르크의 불확정성 원리의 한계 내에서 가상적인 브롬상태를 거쳐 크립톤-82로 진행하는 이중 베타붕괴를 할 수 있다.

자가 없는 이중 베타붕괴는 전자의 에너지 스펙트럼이 이중 베타붕괴가 일어나기 전의 핵의 질량과 일어난 후의 핵의 질량의 차이가 바로 전자의 에너지와 같기 때문이다. 두 번째 방법을 사용하는 물리학자는 보통 고밀도 검출기를 사용하여 많은 이중 베타붕괴를 관측하려는 것이고 첫 번째 방법을 선호하는 물리학자는 정말로 특별한 이중 베타붕괴가 일어날 것 같은 몇몇 반응들에 관심을 집중하여 측정하는 것이다. 두 방법 모두, 문제는 주변에서 동시 다발적으로 발생되는 전자들의 노이즈와 진짜 이중 베타붕괴에서 발생되는 전자를 어떻게 구분하느냐이다.

일반 이중 베타붕괴를 처음 발견한 사람은 십 년 이상 계속 두 전자를 방출하는 실험을 한 켈리포니아 어바인 대학(The University of California at Urvine)의 M. K. Moe와 그의 동료들이다. 1987년 그들은 셀레늄82($^{82}$Se)에서 이중 베타붕괴를 직접 발견하여 물리학계를 흥분의 도가니로 몰아갔다.

일단 중성미자 없는 이중 베타붕괴가 발견된다면 마요라나가 제안한 것처럼 중성미자의 반중성미자는 자기 자신일 것이고 중성미자는 질량이 없다는 것을 증명하는 것이 된다. 1987년 이후 이에 대한 실험 열풍이 있었지만 여러 원소들이 중성미자가 있는 이중 베타붕괴를 확인하는데 그쳤고 중성미자 없는 이중 베타붕괴는 보지 못하였다.

이중 베타붕괴를 찾는 데 사용되는 두 번째 방법은 지질학에서 시작되었다. 사실 지질학자들에 의해 제공된 결과들은 상당부분 지금까지 물리를 기반으로 얻어졌다. 그 기술은 탄소연

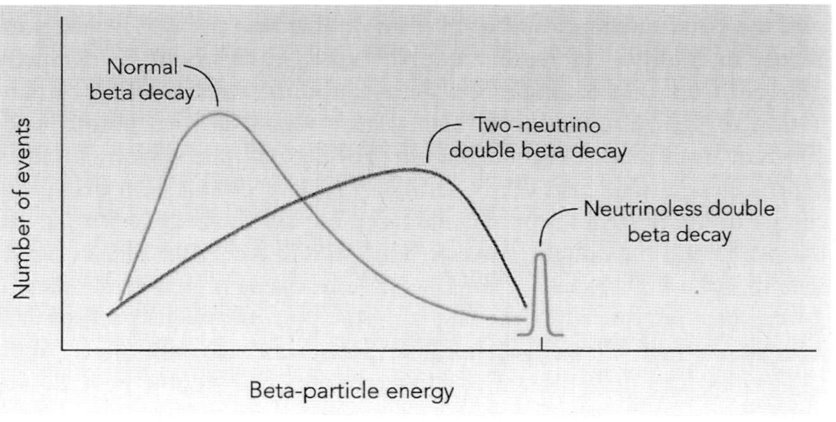


일반 베타붕괴에서 관측되는 전자에너지 스펙트럼, 그리고 이중 베타붕괴에서 발생되는 전자들의 에너지 스펙트럼. 중성미자 없는 이중 베타붕괴에서 나오는 전자의 에너지 스펙트럼은 거의 일정한 에너지를 갖는 전자들을 방출한다는 면에서 다른 베타붕괴와 확실하게 구분된다.

대측정방법과 비슷하다. 고고학자들은 탄소연대측정방법으로 죽은 동물, 인간 식물의 사체를 가지고 언제 죽었는지의 시기를 정한다. 예를 들면 어떤 동물이 죽으면 동물의 탄소 섭취는 멈추게 되고 탄소의 동위원소인 $^{14}$C는 붕괴하면서 $^{12C}$로 붕괴한다. 고고학자들은 사체에 남아 있는 $^{14}$C와 $^{12}$C의 비율과 $^{14}$C의 알려진 반감기를 사용함으로서 사체의 대략적인 죽은 시기를 계산할 수 있다.

지질학자들은 이중 베타붕괴를 하는 동위원소의 반감기를 추정하는데 탄소연대측정방법과 비슷한 기술을 이용한다. 이들은 베타붕괴를 하는 여러 원소들이 포함된 오래된 암석(단 그 기간 동안 그 구성 성분이 자연에 의해 중간에 바뀌지지 않는다는 가정 하에)를 구하여 암석 속에 있는 동위원소 비를 분석한다. 그리고 지질학적 연대 측정기술을 사용하여 그 암석의 형성연대를 추정하고 암석의 나이와 어미핵(parent nuclei)과 딸핵(daughter nuclei)의 비율을 비교하면 이중 베타붕괴율을 추정할 수 있다. 불행히도 이 방법에 의하면 이중 베타붕괴와 특별한 이중 베타붕괴를 구분할 수 없다. 그러나 이중 베타붕괴를 과학자가 직접 측정한다면 다른 종류의 이중 베타붕괴의 붕괴율의 한도를 알 수 있다. 측정된 이중 베타붕괴율이 암석 속에 들어있는 모든 원소들을 설명 못한다면 다른 형태의 이중 베타붕괴가 존재할 수 있다.

역사적으로 이중 베타붕괴율에 대한 한도는 이 분야에 관심을 불러일으키고 유지하는데 결정적인 역할을 하였다. 지질학자들은 이중 베타붕괴반응이 존재해야한다는 많은 증거를 물리학자들에게 제시함으로서 그들이 더 자세히 살펴보게 하였다. 1987년 Moe가 직접 이중 베타붕괴를 직접 관측한 이후 지질학자들은 지금까지도 이 분야에 계속 도움을 주고 있다. 그들은 이중 베타붕괴의 반감기 데이터와 직접 관측값 사이 차이를 이야기하면서 이중 베타붕괴모드에는 또 다른 모드가 존재할 수 있다는 것을 제시한다. 이러한 차이는 바로 물리학자들로 하여금 중성미자 없는 이중 베타붕괴 모드의 존재에 대하여 더 관심 있게 살펴보게 하고 있다.

방사성 동위원소 계수기(radioactive-isotope counting)와 정밀 화학을 기반으로 하는 새로운 탐지기술은 방사화학(radiochemistry)이라 부르는데 언젠가는 성공할 수 있다는 기대를 부풀게 한다. 1991년 시카고대학의 Tony Turkevich와 그의 동료들은 30년 된 우라늄 238에서 어떤 신호를 포착하였다. 이 우라늄 동위원소는 한 번의 베타붕괴는 하지 못하고 이중 베타붕괴를 하면서 플루토늄으로 변한다. 이렇게 형성된 플루토늄 동위원소는 방사성붕괴를 하고 아무리 적은 양일지라도 방사성계수기를 통하여 정밀하게 양을 측정할 수 있다. 비록 이 기술에 의해 중성미자 없는 이중 베타붕괴의 직접적인 관측을 할 수 없지만 관측 가능성은 열어두고 있다. 이 기술의 단점은 사용되는 우라늄이 오염될 수 있다는 가능성이다. 그 그룹은 무기 부산물로 남은 오래된 우라늄 샘플을 사용하였고 이들 샘플은 자연 방사능이 있는 주변 환경으로부터 완전히 분리된 상태가 아니었다. 그럼에도 불구하고 그 결과는 매우 흥미로워서 이 분야를 계속 연구하는데 많은 도움을 주었다.

직접 이중 베타붕괴를 관측하려는 실험은 1990년대부터 개선되면서 마요라나 중성미자와

하이델베르크-모스크바 이중 베타붕괴 실험장치. 가장 안쪽 실린더는 이중 베타붕괴를 할 수 있는 $^{76}Ge$가 들어있는 샘플이다. 이 실험에서 게르마늄은 이중 베타붕괴 역할과 베타붕괴에서 방출되는 전자를 감지하여 빛을 방출하는 섬광제(scintillator)로서의 역할을 하는 원소이다. 이 실험장치를 둘러싸는 높은 순도의 구리는 주위에서 방출되는 자연 방사선과 우주선(cosmic rays)으로부터 장치를 보호하기 위하여 설치되었다.

중성미자 없는 특별한 이중 베타붕괴가 곧 검출될 것이라는 희망을 주고 있다. 지금(2015년)까지 가장 좋은 검출기는 Grand Sasso 실험시설 Apennine산 지하 깊이 있는 Heidelberg-Moscow실험실의 검출기인데 게르마늄76($^{76}$Ge)을 사용하여 중성미자 없는 이중 베타붕괴를 찾고 있다. 여기서는 이중 베타붕괴에서 나오는 전자들의 총에너지를 측정하면서 방출된 전자가 모든 에너지를 가지고 나오는 그런 반응(전자가 모든 에너지를 가지고 나오면 아무리 적은 에너지라도 가지고 있는 중성미자는 방출되지 않는다)을 찾고 있다. 만일 이들이 그런 반응을 찾는다면 중성미자 없는 이중 베타붕괴반응에 대한 증거를 확인할만한 충분한 데이터를 얻는 방법을 알게 되는 것이다. 이 실험은 중성미자 없는 이중 베타붕괴에 대한 가장 좋은 결과를 얻었고 마요라나 중성미자 질량의 한도를 1.1 eV/$c^2$ 이하로 설정하였다.

## 중성미자 진동

5장에서는 물질의 구성이 쿼크로 되었다는 것을 간단히 언급하였다. 핵물질이 양성자, 파이온, 그리고 그 외 물질과 강상호 작용을 하는 쿼크로 구성된 입자들로 구성되었다는 이러한 이론은 물질에 대한 새로운 관념을 제시하였다. 그러나 나는 5장에서 물질에 대한 내가 아는 새로운 관념의 모든 것을 설명하지 않았다. 내가 설명하지 못한 것 중의 하나는 중성미자가 다른 중성미자로 바뀐다는 특성이다.

이러한 변환 가능성은 아마 중성미자 자신이 반중성미자일 수 있다는 것 보다 더 이상한 특성이다. 이러한 가능성 모두 중성미자가 질량을 가져야한다. 더해서 중성미자가 또 다른 중성미자로 바뀔 수 있다는 것과 자신이 반중성미자일 수 있다는 것 자체가 중성미자가 변할 수 있다는 기본 특성이다. 이런 특성을 가진 중성미자야 말로 물질의 세계와 반 물질의 세계에서 중성미자의 여러 반응들이 잘 설명된다.

1940년대 입자물리의 황금시대에 발견된 여러 입자들은 두 종류의 다른 평균 수명을 가졌다. 델타입자($\Delta$)같은 입자들은 강한 상호작용 때문에 불안정하고 평균 수명이 약 $10^{-23}$초 정도로 빠르게 붕괴하는 특성을 가진 반면에 어떤 입자들은 $10^{-8}$의 평균 수명의 상대적으로 보다 긴 수명을 가진다. 이들 긴 수명의 입자들은 새로운 쿼크 양자 수 보존법칙인 기묘도(strangeness) 보존법칙을 깰 뿐 아니라 약한 상호작용으로 붕괴를 한다. 다음의 람다($\Lambda$)와 음의 카온($K^-$)의 입자 붕괴는 이러한 예를 보여준다.

$$\Lambda^0 \rightarrow p + e^- + \overline{\nu_e}$$

$$K^- \rightarrow \pi^0 + e^- + \overline{\nu_e}$$

이들 약한 상호작용 붕괴는 W입자에 다운(d)쿼크가 붙어 최종 상태에서 업(u)쿼크를 만드는 것 대신 W입자에 스트레인지(s)쿼크가 붙어 최종상태에서 업(u)쿼크가 만들어지는 것을 제외하고 일반 베타붕괴와 거의 같게 보인다. 그 밖의 붕괴 과정에서는 모든 것은 똑 같게 작용한다. 이것은 실제로 스트레인지쿼크가 업쿼크처럼 행동하는 것처럼 보인다. 이 붕괴과정에서 기묘도가 보존되지 않는다. 하지만 이러한 기묘도나 다른 쿼크 양자수 보존 법칙이 깨지는 것은 약한 상호작용에서만 일어난다.

1963년 이론물리학자 N. Cabibbo는 이러한 현상에 대해 새로운 설명을 하였다. 그의 이론은 기본적으로 선택법칙(selection rule)인데, 붕괴과정에서 기묘도 변화는 붕괴되기 전 입자의 전하 변화와 같아야 한다는 것이다. 이런 단순한 법칙으로 그때까지 알려진 기묘도가 보존되지 않는 모든 붕괴를 잘 설명하였다.

N. Cabibbo 이론은 더 나아가 이러한 붕괴의 내부 구조를 설명하였다. 즉 d와 s쿼크는 순수한 d와 s쿼크 상태가 아니고 이들 순수한 쿼크 상태들의 혼합 상태라는 것이다. 이러한 혼합 상태는 5장의 쿼크와 경입자 표에서 d'과 s'으로 표기되었다. 수학적으로 d'은 대부분의 시간을 d로 행동하고 적은 시간을 s쿼크처럼 행동한다. 비슷하게 s'은 대부분의 시간을 s로 행동하고 짧은 시간을 d로 행동한다.

만일 다운쿼크와 스트레인지쿼크의 혼합 상태가 없다면 많은 새로운 입자들은 약한 상호작용으로 붕괴하지 않고 수명이 긴 안정된 상태로 존재할 것이다. 그렇다면 현재 우리가 보는

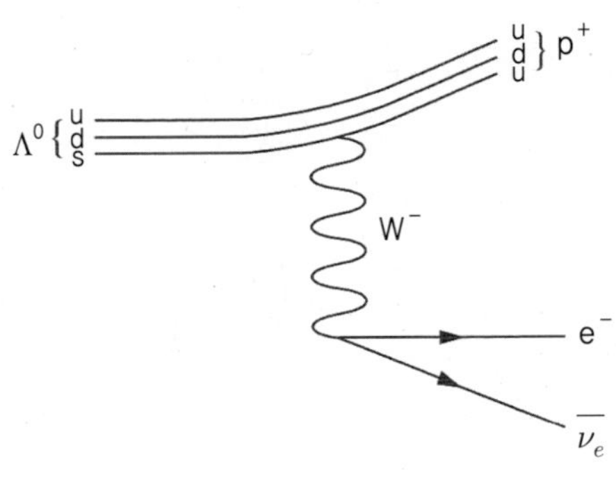


람다(Λ)핵의 쿼크 수준에서 베타붕괴 파인만 다이어그램

보통의 물질 보다 훨씬 무겁고 이상한 물질을 만나게 될 것이다. 또한 기묘도 보존법칙을 깨는 입자들의 상당히 긴 수명도 이러한 혼합 상태에 의해서 설명된다. 이러한 입자들은 강한 상호작용에 대하여 상당히 긴 수명을 가지며, 결국 혼합 상태에 의한 약한 상호작용이 적용 안되면 붕괴되지 않았을 것이다. 이러한 입자들은 강한 상호작용에 의한 불안정한 입자들보다 훨씬 긴 수명을 갖는다.

쿼크중 업쿼크와 참쿼크를 제외한 한 세트만 약한 상호작용에서 혼합되기 때문에 자연스럽게 경입자도 혼합 상태를 가질 수 있냐고 질문할 수 있다. 전자와 뮤온같은 하전 경입자들은 혼합 상태가 분명히 없는 것 같다. 그러면 혼합 가능성이 있는 경입자는 중성의 중성미자이다. 중성미자 혼합 가능성을 측정한 처음 실험은 1980년대 초반 CDHS검출기를 사용하여 스위스 제네바에 있는 CERN 가속기 연구소에서 진행된 중성미자 진동(neutrino oscillation) 실험이다.

그 실험에서 26 GeV 양성자 싱크로트론(Synchrotron) 가속기에서 발생된 낮은 에너지 중성미자 빔은 두 개의 검출기를 지난다. 한 검출기는 중성미자 빔 발생장치에서 130 m에 떨어진 곳에 설치되었고, 또 다른 검출기는 885 m 떨어진 곳에 설치되었다. 물리학자들은 두 검출기를 지나면서 중성미자 빔이 어떤 변화를 했는지 두 검출기에서 중성미자 반응수를 비교하였다. 그들은 전자중성미자가 뮤온중성미자로 변하는 것을 포함한 여러 중성미자 변화를 찾을 수 있었다. 중성미자 진동은 다운쿼크와 스트레인지쿼크에서 보았던 Cabibbo 혼합상태

중성미자 진동을 처음 찾았던 CERN의 CDHS실험. 여러 층으로 된 고밀도 강철 판은 검출기를 여러 개로 나누어 중성미자를 멈추게 한다.

와 비슷하지만 다른 점은 중성미자의 경우 그러한 혼합 상태가 시간에 따라 변한다는 것이다. 더구나 중성미자진동은 중성미자가 통과하는 물질이 무엇이냐에 따라 영향을 받는다: 물질이 많이 있을수록 중성미자 진동은 더 많이 된다. 심지어 물리학자들은 어떤 중성미자가 그 중성미자의 반입자로 변하는 중성미자 진동을 찾을 수 있다. 이러한 변환에서는 마요라나(Majorana) 이론에서 처럼 경입자 수가 −1에서 +1로 변한다.

실제로 첫 실험에서 중성미자 진동을 뒷받침 하는 증거가 발견되었다. 이러한 뉴스는 물리학계와 심지어 천문학계에까지 주목을 받았다. 왜냐하면 중성미자가 물질을 지나면서 중성미자 종류가 변하는 것은 태양 중성미자 부족 문제를 설명할 수 있기 때문이다. 태양 중성미자는 태양의 중심에서 발생되므로 지구에 도달하기 전 태양 내부물질을 통과해야한다. 그러한 큰 거리상에서 일어나는 작은 영향이라도 전자중성미자에서 뮤온중성미자로 변환되는 아주

중성미자 진동을 처음 봤다고 볼 수 있는 1995년 로스알라모스(Los Alamos)실험은 큰 탱크 속에서 중성미자를 검출하였다. 여기서는 이 탱크가 비어있는 것처럼 보이지만 보통은 화학적 형광물질이 섞인 광오일(Mineral oil)로 채워져 있다. 검출기 내부 벽은 중성미자가 액체 속의 원자와 충돌할 때 발생되는 희미한 빛을 검출하기 위하여 빛에 민감한 여러 센서(보통 pm tube로 부름)들이 일렬로 배치되었다.

큰 중성미자 진동을 일으킬 수 있다. 이러한 진동이 충분히 크면 부족한 태양중성미자 문제를 해결할 수 있다. 검출기는 뮤온 중성미자에는 반응을 잘 안하기 때문에 전자중성미자의 뮤온 중성미자로의 변환은 태양 핵반응에서 방출되는 중성미자는 더 적게 관측될 것이다.

이러한 중성미자 진동물리학에서 돌발적인 상황은 오래 지속되지 않았다. 심지어 뒤따른 여러 실험들에서는 백그라운드 노이즈를 더 잘 제거할 수 있음에도 불구하고 다른 실험들에서는 첫 번째 결과를 확인할 수 없었다. 첫 실험에서 결과가 실제로 있었다면 후속 실험에서 보다 분명히 그것을 볼 수 있었어야 했다. 그런데 실제로 그렇지 못한 것은 중성미자 진동이 이론적인 상상 속에서만 존재한다는 것을 뜻한다.

후속 실험에서 중성미자 진동을 발견하지 못함으로서 과학이 어떻게 작용하는지를 알게 되었다. 실험 결과들을 믿으려면 여러 실험으로 신뢰성 있게 검증 되어야한다는 예를 앞에서 비슷하게 이미 몇몇을 보여주었다. 그런 작은 효과를 찾는 측정 실험에서는 과학자들은 여러 오차의 원인을 잘 살펴야하고 잘 제거되어야한다. 그리고 실제 실험이 작은 효과를 측정될 수 있는 수준으로 진행되기 전에 여러 오차의 크기를 예측되어야한다. 현재 대부분의 물리학자들은 입자물리에서 CERN의 측정이 가장 정확하다고 동의하지만 그것의 결과는 정밀하게 검증되어야한다.

어떤 물리학들은 물리에서 여러 실수를 책을 쓰거나 강연까지 하지만 나는 그러한 실수들이 물리학자들에게 흥미롭더라도 여기서 그러한 실수를 너무 깊게 다루지 않을 것이다. 우연히 반양성자를 발견했던 과학자들이 그들의 결과를 출간하면서 비행시간에 관한 데이터에 잘못된 시간축을 사용하였다: 이러한 결과로 반양성자는 빛보다 빠르게 가는 것처럼 보였다. Tom Ypsilantis에 따르면 이런 작은 실수 때문에 왜 과학자들이 빛보다 빠른 입자의 발견을 잘 이야기하지 않는지를 알고 싶은 어떤 과학 소설 팬이 유명 물리학자인 Emilio Segré에게 편지를 쓰게 되었다. 우리는 의도적이지 아니하면 결코 실수를 부끄러워해서는 안 된다. 실수를 통해서 혹은 이론에 의해서 설명되지 못하는 것을 찾음으로서 자연과학에 대한 우리의 이해는 더 커지게 된다.

1970년대까지 중성미자 진동에 대한 탐색 실험이 계속 되었지만 중성미자진동이 있다는 확실한 증거를 보여준 실험은 없었다. 아마 이때까지 가장 중성미자 진동에 가장 가까운 실험은 Los Alamos National Laboratory에서 진행되었다. 그들의 결과는 중성미자 신호가 있을 수도 있고 없을 수도 있다. Los Alamos 데이터는 CERN의 첫 결과보다 훨씬 적은 중성미자 진동을 보였고 그들은 중성미자 진동을 주장하지도 않았다. 만일 중성미자 진동 주장이 옳다

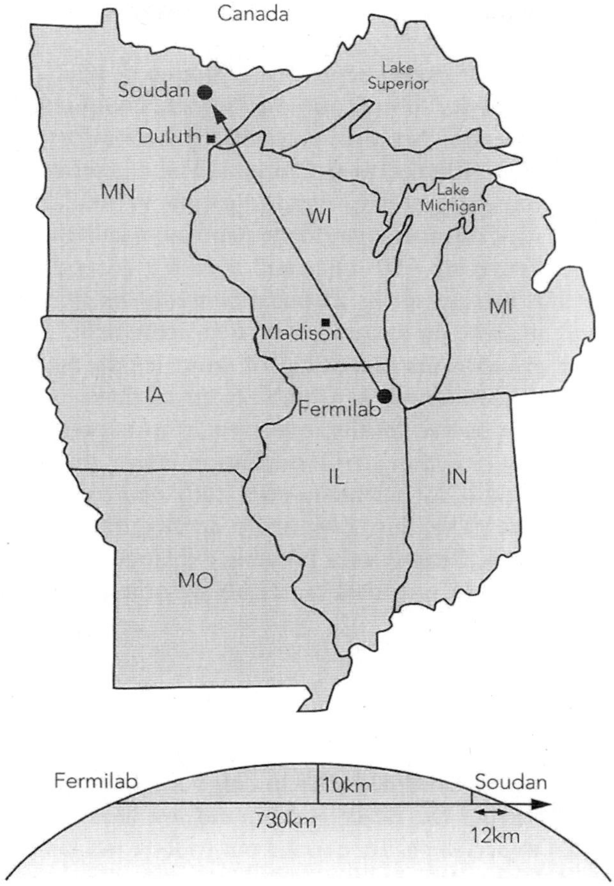


제안된(proposed) 장거리 중성미자 실험으로 중성미자 빔을 시카고 근처 Fermilab에서 북 미네소타주 Soudan 광산까지 보낸다.

면 중성미자 질량은 0.2 $eV/c^2$보다 적을 것이다. Los Alamos실험실은 아주 순수하고 빔세기가 큰 일차 입자 빔 때문에 이런 정밀 실험을 위해서 가장 좋은 가속기를 보유하고 있다.

아마 몇 년 내로 중성미자 진동을 확인하기에 충분한 데이터를 얻을 수 있을 것이다[역자 주: 2016년까지 일본 카미오카에서 진행되었던 Super Kamiokande실험과 캐나다에서 진행된 SNO실험에 의해서 중성미자 진동은 확인되었다].

중성미자 진동을 검증하기에 더 좋은 실험은 시카고 근처 일리노이 바타비아(Batavia)에 있는 Ferni National Accelerator Laboratory(FNAL)을 이용하는 실험일 것이다. 이 가속기는 중성미자 빔을 미네소타주 수단(Soudan)에 있는 어떤 광산으로 보내는데 길이가 450마일이고 깊이가 6마일에 이른다. 비교하는 두 중성미자 검출기 사이 거리를 늘이는 것은 측정의 정확성을 높이게 된다.

두 검출기 사이 거리가 짧은 중성미자 실험은 CERN에서 진행되고 이 중 어떤 것도 중성미자 진동에 대한 희망적인 결과는 없었다. 하지만 이들 실험이 준 어떤 한계는 태양 중심에서 발생되는 중성미자를 연구하는 과학자들에게 어떤 중요한 가이드라인이 될 것이다. 결과적으로 가속기 실험은 부족한 태양 중성미자 설명을 못하고 과학자들이 다른 실험을 통하여 이 태양 중성미자 문제를 해결하게 될지도 모르겠다.

• • •

다운쿼크와 스트레인지쿼크의 특별한 혼합 상태는 과학자들로 하여금 중성미자도 비슷한 혼합 상태를 가질 수 있다고 생각하게 하였다. 이러한 것이 정말 사실인지 불확실하지만 이러한 실험을 계속하여 서로 다른 중성미자가 서로 혼합상태가 되거나 중성미자 반중성미자가 혼합된 상태를 발견하게 될수 있기를 바란다. 더구나 이러한 중성미자 진동을 발견한다면 마요라나 중성미자의 존재도 확인할 수 있을 것이다.

1934년 Fermi 이론에 의해 중성미자가 실제로 존재함을 확인한 이후 지금까지도 마요라나 중성미자가 존재하는지 확인되고 있지 않다. 즉 중성미자는 자기 자신이 반중성미자일까? 이런 단순하면서도 아직 해결되지 않는 문제에 대한 답은 중성미자가 질량을 가지고 있느냐의 문제와 관련이 있다. 하지만 그 역은 아니다. 즉 마요라나 중성미자가 없다하더라도 중성미자는 질량을 가질 수 있다. 중성미자가 마요라나 중성미자라면 이러한 것은 이미 알려진 특성에 더해져 중성미자가 가장 이상한 입자로 될 것이다.

제7장

# 전자기-약 상호작용의 통일 이론에 대하여

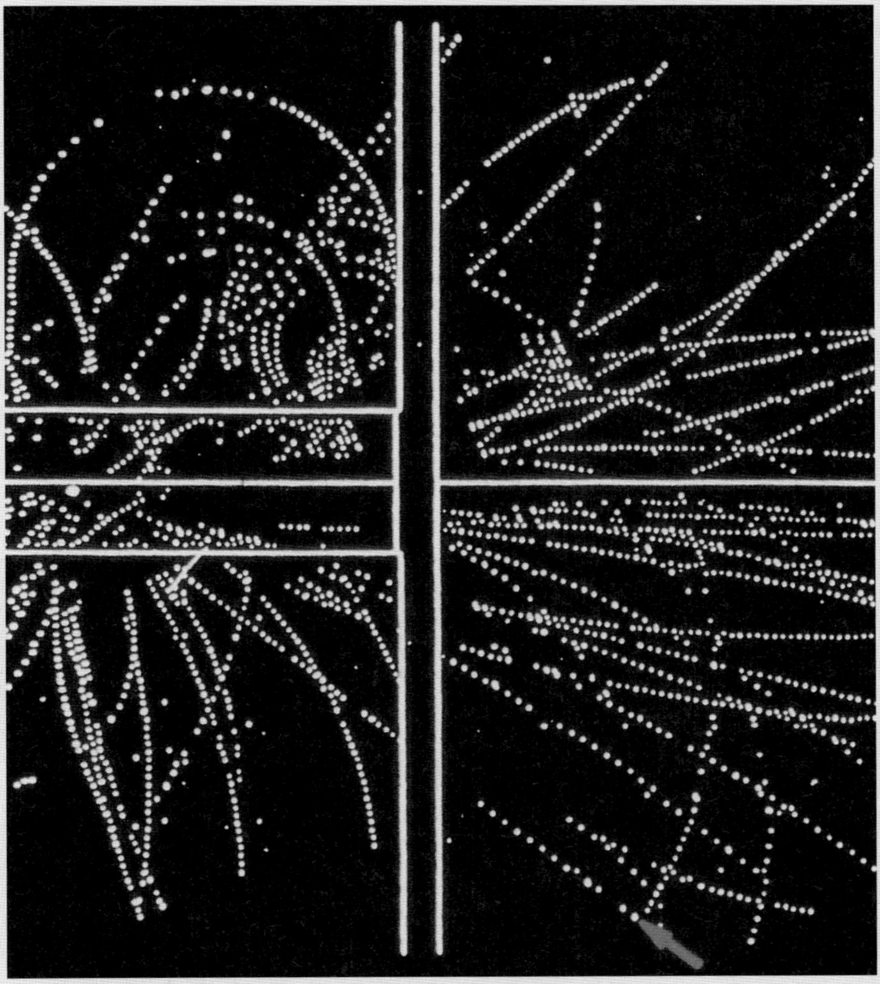

CERN의 초양성자 싱크로트론(Super Proton Synchrotron) 가속기에서는 양성자와 반양성자가 충돌하여 입자와 반입자를 물이 분수에서 나오는 것처럼 방출한다. 이 그림에서 여러 입자 중 고에너지 전자를 화살표로 표시하였다. 이 전자는 여기서 처음 발견된 W입자의 시그널이었다.

과학자들은 약한 상호작용과 중성미자에 대하여 처음 파울리가 제안한 이래, 약 40 여 년 동안 잘 알게 되었고 1973년 새로운 중성미자 상호작용이 발견된 하나의 굉장한 실험 때문에 물리학계는 깜짝 놀라게 되었다. 이 발견은 처음 중성미자가 제안된 이래 약한 상호작용에 대한 이야기 속에서 하나의 전환점이 되었다. 이는 약한 상호작용 틀을 이해하는데 필요한 혼돈스런 이론을 야기하는 계기가 되었다. 더군다나 이 새로운 이론 틀에서는 약한 상호작용이 물질과 광자와의 상호작용을 포함하는 더 큰 이론의 일부라는 것이 알려졌다.

## 중성류 중성미자 상호작용

약한 상호작용에 대한 유가와 이론의 모든 것이 표면적으로는 완벽하게 보이지만, 나는 3장에서 정직하지 않았었다. 그 이론은 우아할 정도로 좋고 파이온 뮤온등과 같이 새로 발견된 입자들의 붕괴에 대하여 잘 설명하였다. 그러나 실제 이 새로운 이론은 페르미 4정점 베타붕괴(Fermi four-point beta decay) 이론보다는 부정확하였다. 페르미의 4정점 베타붕괴 이론은 새로운 입자들에 대해서는 실패하였다. 하지만 이 페르미 이론은 단순한 방사성 베타붕괴의 실험 결과와는 아주 정확히 일치하였다. 페르미 생애 중 그는 항상 옳다는 평판을 얻었다. 그의 사후에는 왜 약한 상호작용의 새로운 공식이 정확히 측정된 매개변수를 정확히 예측하지 못하는가를 이해하는 과정 중 페르미는 그가 비록 틀릴지라도 계속 옳게 가려고 노력한다는 새로운 평판을 얻었다.

중성류(neutral-current) 중성미자 상호작용이 처음 발견되었던 무거운 액체 거품 검출기상자(heavy liquid bubble chamber)인 Gargamelle내부(금으로 도금된 내부)에서 일하는 두 명의 기술자

확실히 유가와 이론의 무언가는 틀렸고 새로운 약한 상호작용 전달자인 W입자를 사용해서는 해결할 수 없었다. 이론가들이 유가와 이론의 문제점으로 어려워한다는 점은 약한 상호작용 물리를 완전히 이해하는데 중요한 어떤 것이 아직 이해되어야 한다는 것을 암시하였다.

1970년대 초에 CERN에서는 브룩헤븐 AGS가속기보다 에너지가 약간 작은 양성자 싱크로트론 가속기와 무거운 액체거품 상자(heavy-liquid bubble chamber)를 사용한 새로운 실험 Gargamelle를 시작하였다. 이 실험은 프랑스, 영국, 이탈리아, 벨기에 그리고 독일의 국제 협력실험으로 프랑스 Orsay의 물리학자 Andre Lagarrigue가 이끌었다. 다른 유명한 물리학자 CERN의 Paul Musset, A. Rousset, 영국 옥스퍼드 Don Perkins들도 Gargamelle에서 나오는 데이터를 분석하는 여러 그룹을 이끌었다. 이러한 창의적인 실험에 의해서 결국 약한 상호작용의 수수께끼의 중요한 일부를 해결할 수 있었고 이러한 해결로 인하여 이론 물리학자들은 약한 상호작용과 전자기상호작용의 통일 이론을 만들 수 있게 되었다.

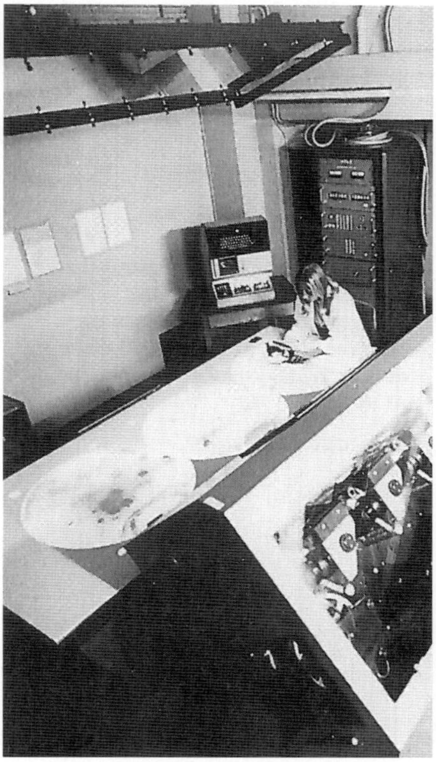

Gargamelle 거품 상자 검출기에서 찍힌 반응을 스캐닝(scanning) 책상위에 투영하였다. 자와 콤파스(compasses)를 이용하여 투영된 사진에서 과학자들이 측정을 하고 있다.

이러한 새로운 실험은 그전에 있었던 실험에서 거품상자와는 달리 사용한 액체에 있어서 달랐다. 그전의 실험들은 액체 수소 같은 가벼운 액체를 사용한 반면에 새로운 실험에서는 프레온 13같은 무거운 액체가 사용되었다. 이러한 무거운 액체를 사용한 실험에서는 보다 많은 중성미자 반응들이 발생되었고 파이온들이 뮤온들과는 보다 쉽게 구분되었다. 더해서 실린더가 상하로 배치된 전의 거품상자들과 달리 새로운 실험 Gargamelle에서는 실린더가 옆으로 누워있었다. 이러한 빔 방향의 실린더 옆으로의 배치 때문에 더 많은 중성미자 상호작용이 발생되었다. 더구나 매우 큰 거품상자 검출기에서는 하나의 반응에서 발생된 모든 입자들을 완전히 포착할 수 있다. 거품상자 속으로 들어간 중성미자는 비록 일부는 반전자 중성미자이지만 대부분은 뮤온 중성미자이다. 실험기간동안 Gargamelle실험에서는 거의 백만 개의 중성미자 반응의 사진을 얻었고 각개 사진에서는 여러 상호작용이 같이 포함되어 있어서 세심하게 투영테이블에서 스캔작업을 해야만이 우리가 원하는 반응을 찾을 수 있었다.

전의 실험에서 관측된 대표적인 중성미자 반응은 검출기 쳄버(chamber)내에 들어오는 중성미자로 시작해서 무거운 질량의 W입자를 교환함으로서 양성자나 중성자와 상호작용하였다. 이러한 중성미자 상호작용에선 전하를 띤 전자나 뮤온같은 경입자가 중성미자와 상호작용했던 중입자(baryon)와 같이 발생된다. Gargamelle실험에서는 W입자를 실제로 만들어서 이들의 질량을 측정하였다. W입자의 질량이 측정됨으로서 이론가들은 약한 상호작용의 정확한 상호작용 세기를 알 수 있었고 W입자가 실제로 존재한다는 것을 증명하였다. 그러나 Gargamelle실험에서는 곧 W입자보다 더 믿을 수 없는 사건을 발견하게 되었다. CERN물리학자 Paul Musset는 데이터분석을 통하여 전혀 전하를 띠는 경입자가 없는 많은 반응들을 발견하였다. 과학자들은 전하를 갖는 W입자를 매개해서 전하를 띤 경입자가 발견 안 된다는 것은 도저히 믿을 수가 없었기 때문에 완전히 혼란스러웠다. 만일 또 다른 약한 상호작용의 매개입자가 존재한다면 중성이었을 것이다.

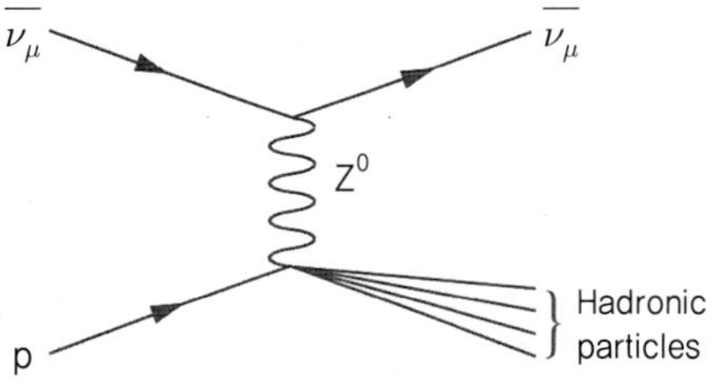


강입자가 발생되는 중성류 약상호작용의 파인만 다이어그램; 이 상호작용에서는 어떤 경입자도 발생 안 된다. 이런 반응을 통해서 약 상호작용의 중성 매개 입자가 존재해야한다는 것이 증명되었다.

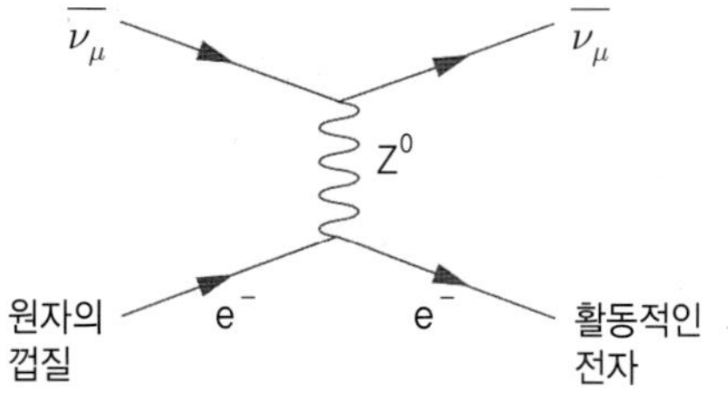


원자속의 전자와 중성류 약상호작용하는 중성미자의 파인만 다이어그램. 이 반응이 발견됨으로서 물리학자들은 중성류의 매개입자인 Z입자가 존재한다는 것을 확신하였다.

이러한 반응들은 중성류(Neutral Current) 중성미자 상호작용으로 불리웠다. 이러한 상호작용에서는 중성미자가 검출기속에서 중성자나 양성자와 전하 없는 약력의 매개입자 $Z^0$를 교환함으로서 상호작용한다. 때문에 중성류(Neutral Current)는 그 이름이고 반대로 전하류(Charged Current)는 (+)와 (−) W입자가 매개한다. 또한 이러한 중성류 약 상호작용에서는 하나의 중성미자가 상호작용에서 나오고 경입자 수가 보존되나 추가적인 에너지가 상호작용에 참여하는 중성자나 양성자에 전해지고 이러한 중성자나 양성자는 운동선상에 있는 다른 하드론(hadron)과 상호작용하기도 한다.

Gargamelle실험에서는 이처럼 경입자 없는 중성류의 약한 상호작용 반응들이 탐색되었다. 실제로 물리학자들은 이러한 반응들이 중성의 약력매개입자에 의한 것이라면 원자의 전자와 상호작용하는 중성류 약한 상호작용도 기대하였다. Don Perkins에 의한 데이터 분석에 의해 그러한 반응도 발견되었다. 서부독일의 한 도시 Aachen에서 일하는 그의 그룹은 반 뮤온 중성미자가 원자 내의 전자와 상호작용하여 떨어지는 것을 처음으로 발견하였다. 그 반중성미자는 에너지 일부를 그 원자에서 나온 전자에 주어 원자로부터 떨어져 거품상자에서 그 궤적을 발견하였다.

Perkins는 그가 쓴 교재인 “Introduction to High Energy Physics”를 통해 원자각(atomic-shell)의 전자와 상호작용하는 중성류 중성미자의 관찰이 중성류를 입증하는 전환점이 되었음을 명백히 영어권 세계에 확신시키려 하였다. 그 당시 CERN의 Gargamelle 실험의 위원장 Charles Peyrou는 이 분석에서 다음과 같은 문제점을 지적하였다. 비록 중성류 상호작용에 의해 원자각 전자(atomic-shell electron)와 중성미자와의 상호작용이 원래의 반응을 이중으로 체크한다는 것이 중요한 일이지만 뮤온 반중성미자는 원래의 반전자 중성미자 빔의 오염된 입자이므로 더 많은 반뮤온중성미자와 원자각 전자(atomic-shell electron)와의 반응들이 발견되어야 의미가 있다는 것이었다. 반전자 중성미자는 W입자를 교환함으로서 상호작용하여 전자를 방출한다. 그래서 단지 전자만을 만들어내는 몇몇 반응은 뮤온 중성미자 빔 라인에 오염된 반전자중성미자 때문일 수 있다고 쉽게 이해할 수 있다.

1973년 7월에 CERN Gargamelle실험은 공식적으로 중성류 중성미자 상호작용을 발견했다고 발표하였다. 이러한 발견은 이론 물리학 발전에 있어서 엄청난 전환점이다. 사실 이는 입자 상호작용의 새로운 이론과 유아기시대의 고전 이론 물리이론을 가르는 일이라고 생각된다. 이 실험결과는 3장에서 언급한 시카고대학교 물리학자 Val Telegdi와 그의 학생 Roland Winston이 참여한 어느 컨퍼런스에서 발표되었다. Telegdi는 이 발표는 십여년 사이 가장

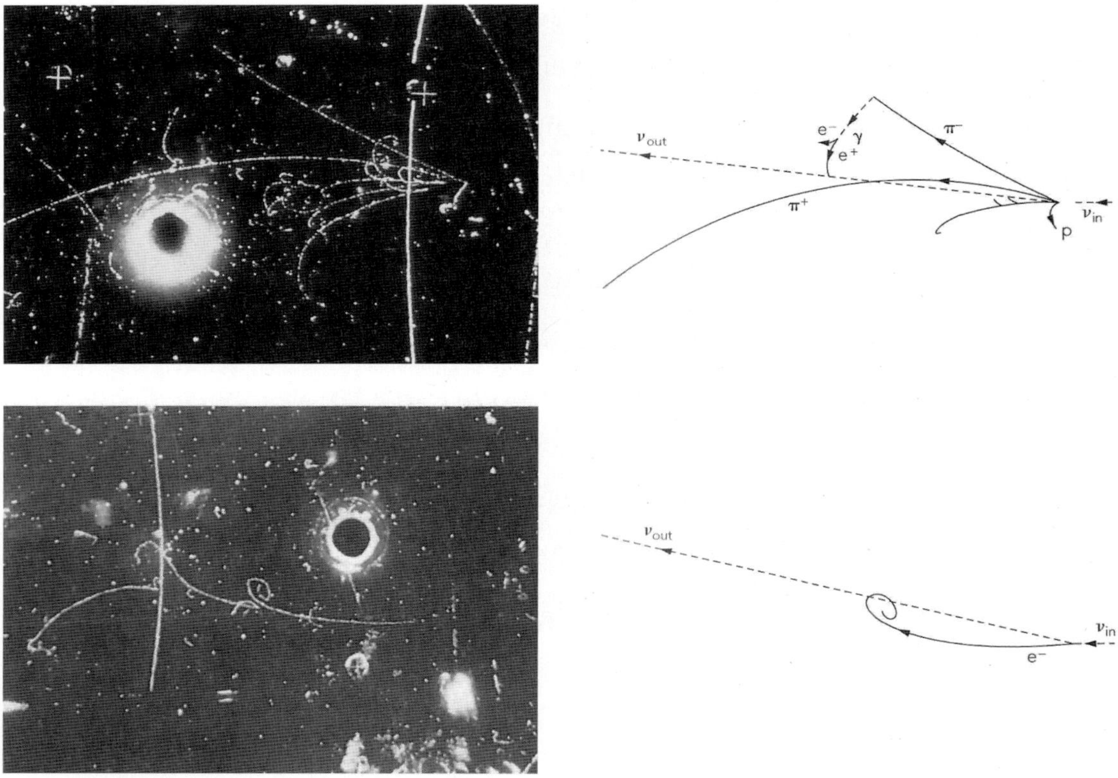


입자를 좀 더 명확하게 보여주는 스케치와 함께 Gargamelle거품상자 실험에서 두개의 다른 중성미자 상호작용. 두 상호작용 그림에서 중성미자는 오른쪽에서 들어간다. 위 그림은 경입자가 전혀 없고 자기장속에서 휘어지는 여러 강입자가 발생되는 중성류 중성미자 상호작용이고 아래는 중성미자가 원자 속 전자와 상호작용하면서 하나의 휘어지는 입자만 발생되는 희귀한 중성류 약상호작용.

중요한 발견이라고 이야기하였다.

많은 유명한 이론 학자들은 중성의 매개입자가 있는 약한 상호작용의 존재를 예언하였다. 이론물리학자들은 실험물리학자보다 더 잘 기억되어지기를 원한다. 왜냐하면 결과를 확인한 실험은 잊어버리지만 이론은 교과서에 이론가의 이름과 함께 오래 남기 때문이다. 그러나 이론가들이 아주 정확한 이론을 만들었더라도 많은 물리학자들은 그러한 이론에 대해 알기는 어렵다. 왜냐하면 너무 많은 이론가들이 실험가들이 따라가기도 어려울 정도로 많은 이론을 만들기 때문이다. 거의 모든 실험결과에 대하여 이론가들이 예측을 하였다. 이 경우에 나는 실험에 손을 들어준다. 왜냐하면 중성류 약한 상호작용 과정의 첫 관측이 이론가에게 방향을 제시했기 때문이다. Gargamelle 실험이 그러한 중성류 상호작용을 관측하지 않았다면 중성류 상호작용 이론은 아마 지금도 알려지지 않았을 것이다.

오른쪽의 실험학자인 Paul Musset와 이론학자인 Abdus Salam이 중성류 중성미자 상호작용의 발견을 축배로 축하하고 있다. 두 사람 모두 중성미자 상호작용을 이해하는 연구에서 중요한 역할을 하였다. 이들의 축배는 실험이 이론과 어떻게 잘 일치해야 하는지를 상징적으로 보여준다. (Abdus Salam은 무슬림으로서 한 잔의 오렌지 주스를 마시고 있다.)

## 중성류 상호작용을 관측할 수 있는 또 다른 가능성

역사적으로 중성류 상호작용을 명확히 처음으로 찾으려는 실험은 1961년 모스크바에서 북쪽으로 100마일 떨어진 Dubna가속기 센타의 Pontecorvo에 의해서 이루어졌다. 이 실험은 CERN, Brookhaven, Arogon National Laboratory에서 이루어진 실험과 비슷하게 그러나 Gargamelle실험을 한 CERN보다는 훨씬 전에 이루어졌다. 이들 실험들은 모두 중성류 상호작용을 발견할 잠재력을 가지고 있었다. 왜 그들은 과학이 어떻게 탄생되는지에 대한 안목을 가지지 못했을까?

Argonne실험 핵심 멤버 중의 한명인 Malcolm Derrick은 그의 그룹이 중성류 상호작용을 처음 발견할 기회를 왜 놓치게 되었는지를 설명하였다. 1963년에 Derrick과 그의 그룹은 Gargamelle실험과 비슷한 실험을 하였으나 가속기는 12 GeV Zero-Gradient Synchrotron (ZGS)를 사용하고 12 foot길이의 거품상자(bubble chamber) 등 실험기기는 약간 다른 기기를 사용하였다. 비록 ZGS 가속기가 가졌지만 중성미자 빔의 세기는 물리학자들이 중성류 상호작용을 볼 수 있을 만큼의 충분하였다. 그러나 Derrick은 지금은 카네기멜론대학으로 바뀐 Carnegie Tech에서 입자물리학의 약한 상호작용에 관한 수업을 들었는데 중성류 상호작용은 없다고 배웠다. 그를 가르친 교수는 Lincoln Wolfenstein이었는데 1950년대 이후 가장 뛰어난 이론 물리학자였다. Wolfenstein은 강의 중 칠판에 모든 가능한 약한 상호작용을 적고 그 중에서 중성류 상호작용을 지우면서 이러한 중성류 상호작용은 존재하지 않는다고 설명하였다. 그 당시 Wolfenstein, Feynman을 비롯한 일부 이론가들의 이러한 회의론 때문에 Derrick 그룹은 ZGS 거품 상자에서 얻어진 데이터를 분석하면서 중성류 상호작용에 의한 반응을 찾지 못하였다.

앞의 이야기로부터 실험 물리학자들은 이론 물리학자들이 없다고 하는 것도 실제로 없는지를 확인하는 실험을 하는 것이 옳을지도 모른다. 이것은 바로 6장에서 디락의 반물질 예언에 의해 실험 물리학자들이 반양성자를 발견하였고 양전자를 완전히 이해하는 등 이론가들이 먼저 예언하고 나중에 실험가들이 확인하는 과정과 반대이다. 이때는 이론가의 반물질과 실험학자들의 실제 반 물질사이 명확하게 연결이 되었다. 중성미자 중성류 상호작용의 경우 실험 물리학자들은 이론 물리학자들을 도와서 이론가들이 자기들이 세운 모델중의 어느 모델이 맞는지 결정하게 하였다. 오늘날 많은 실험 물리학자들은 이러한 교훈을 잘 기억하고 있어서 있을 것 같지 않는 아주 희귀한 반응을 찾는 시도도 계속하고 있다.

중성류 상호작용을 발견하지 못하였음에도 불구하고 Argon의 ZGS 중성미자 실험은 많은 일을 하였다. 중성미자가 이 같은 에너지에서 다른 입자들과 상호작용하는 정도를 중성미자 빔과 매우 큰 거품상자 실험을 사용하여 정밀하게 측정하는 최초의 실험이었다. 아르곤 물리학자들은 양성자가 전자기 상호작용 만큼 약한 상호작용도 비슷한 크기로 상호작용하는 것을 보였다. 가장 축하할만한 사건은 1974년 데이터를 정밀 분석하면서 일어났다. 이는 중성미자 중성류 상호작용에 의해서도 기묘물질(strange matter)과 반 기묘물질의 쌍 생성이 발생하는 하나 반응을 관측한 것 이었다. 비록 이러한 반응은 희귀하지만 ZGS 거품 상자에서 발견된 이러한 하나의 반응에 의해서 중성미자 중성류 상호작용이 실제로 존재함을 확인할 수 있었다. 그러나 이러한 하나의 반응에 의한 결과는 비록 Gargamelle결과 전에 발표되었더라도 중성류 상호작용을 발견하였다고 이야기할 수 없다.

얼마 안 있어 곧 Fermi National Laboratory의 Carlo Rubbia와 Dave Cline에 의해서 Gargamelle실험에서 보았던 중성미자 중성류 상호작용을 찾는 실험을 하였다. 이 실험은 규모가 훨씬 작았고 얻은 데이터도 또한 이해하기 어려웠다. 처음에는 Cline과 Rubia는 비록 Gargamelle실험에서보다 일어나는 발생률이 훨씬 적었지만 중성류 상호작용을 확인하였다. 그러나 1년도 안되어 중성류 신호는 없어지고 확인할 수 없다고 발표하였다. CERN의 유명한 물리학자인 B. Gregory에게 과연 중성미자 중성류 상호작용이 없다는 그들의 발표를

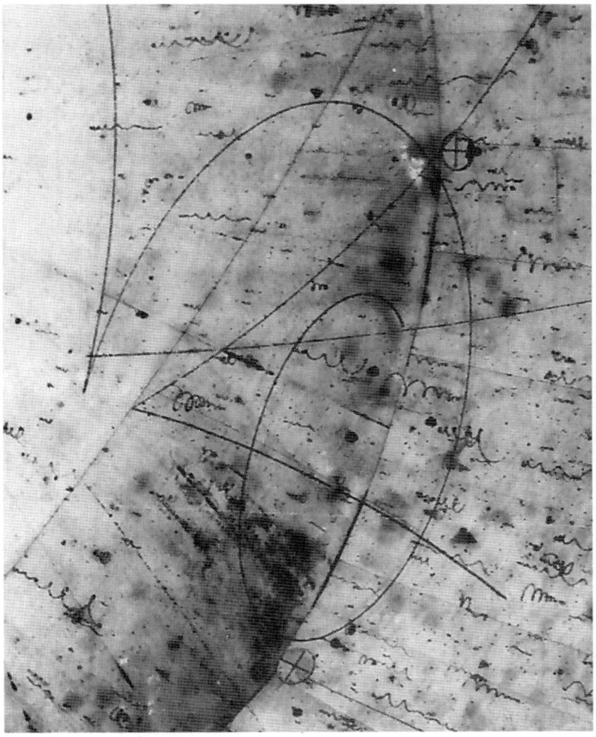

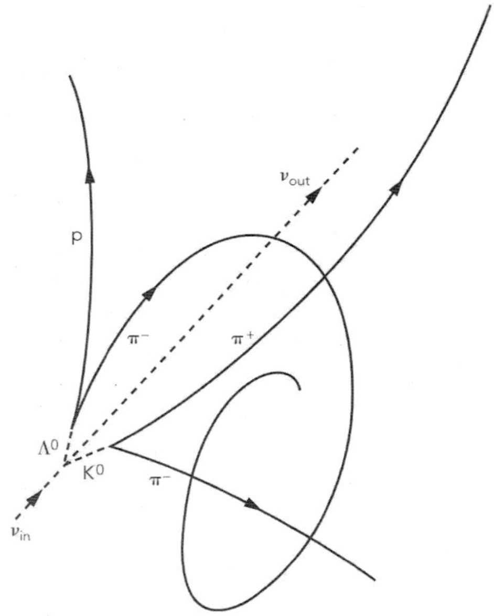


Argonne 거품상자 실험에서 기록된 이 그림은 중성류 중성미자 상호작용에 의해서 발생된 두 개의 이상한 입자(strange particle)를 보여준다. 이들 $\Lambda^0$와 $K^0$은 옆에 있는 스케치 그림에서 알 수 있듯이 중성입자가 붕괴된 이후 이차 입자들에 의해서만 알 수 있다.

믿느냐고 질문하였을 때 그는 그들의 실험이 옳다고 믿을 수 없다고 답하였다.

자연적으로 Fermi Laboratory에서 발표로 인하여 Gargamelle 실험의 물리학자들은 혼란에 빠졌다. 그 당시 CERN실험에서 원자 속에 있는 전자와 상호작용은 아주 완벽한 하나의 반응만 보았지만 전기를 띈 경입자를 발생하지 않는 중성미자 중성류 상호작용은 의심할 여지없이 매우 많이 있다고 생각하였다. 물론 가장 좋은 데이터는 통계적으로 의미가 있는 데이터 샘플에서 나온다. 아주 깨끗하지만 단 하나의 반응은 의미 있는 데이터로서 생각될 수 없다. 또 하나 CERN그룹에게 관심 있는 사항은 중성류(neutral current) 상호작용대 전하류(charged current) 상호작용의 비였다. 이 비율이 Fermi Laboratory실험에서 처음 발표하였던 5%보다 훨씬 높았다.

결국 Fermi Laborartory 실험 물리학자들은 그들의 검출기를 자세히 조사하여 무엇이 문제인지 알게 되었다. 그들은 CERN이 처음 발표했던 수준과 비슷하게 Gargamelle실험 결과들을 확인하였다. C. Peyrou가 토론에서 이야기했던 것처럼 Fermi Laboratory 물리학자들은

Gargamelle와 같은 크기는 아니지만 처음 그 효과를 보았다. Gargamelle실험에서는 예측되는 비율과 맞게 원자속의 전자와 상호작용하는 두 개의 중성류 상호작용을 찾아냈다. 실험이 마침내 끝났을 때는 총 3개의 원자 속 전자와 상호작용하는 중성류 상호작용을 발견하였고, 하전 경입자가 없는 중성미자 상호작용의 많은 sample을 얻었다. 비록 그들의 결과가 확인되지 않을때 다른 많은 과학자들처럼 Gargamelle 실험물리학자들은 걱정하였지만 마침내 그들의 처음 발표는 옳다는 것이 증명되었고, 중성류 중성미자 상호작용은 확실하게 확립되었다.

중성류 중성미자 상호작용의 존재가 CERN에서 발표된 이후 물리학자들은 하전된 나오는 하전류 반응과 경입자가 없는 중성류 상호작용의 비를 연구하였다. 그들은 뮤온중성미자의 사분의 일은 중성류 중성미자와 상호작용하였고, 반 뮤온 중성미자의 거의 절반은 중성류 상호작용을 통하여 상호작용한다는 것을 알게 되었다. 분명히 중성미자의 중성류 상호작용은 무시할 수 있는 이차적인 상호작용이 아니고 약한 상호작용의 실질적인 결과이다. 이렇게 굉장한 효과가 곧 발견되지 않고 실험적으로 어떤 힌트도 없이 어떤 것을 아는 것은 어렵다. 마침내 CERN물리학자들은 그 효과를 알아차렸을 때 실험이 성공할 때까지 끈질기게 연구하였다. Peyrou에 따르면 Musset는 그의 온 힘을 다하여 중성류를 찾고 있었다. 이러한 실험적 증거로 인하여 전자기-약상호작용의 통합이론으로 가는 길이 열렸기 때문에 이 실험 결과는 입자물리분야에서 하나의 전환점이었다.

앞장에서 기묘쿼크(strange quark)는 일부 시간은 다운(down)쿼크로 행동하였다는 것을 알았다. 이러한 행동은 W입자를 수반하는 전하류(charged current)에서 관측되지만 중성류(neutral current) 상호작용에서는 전혀 관측되지 않았다.

## 전자기-약 상호작용의 통일이론

19세기 물리학자 멕스웰(James Clark Maxwell)은 그의 박사학위 논문을 전기력과 자기력의 통일에 관하여 썼다. 영민한 그는 자기(magnetism)는 운동하는 전기의 표현이라는 것을 보일 수 있었다. 그의 이러한 연구는 결국 4개의 맥스웰법칙에 전자기의 모든 법칙이 함축되었다. 이는 두 가지 힘을 하나로 통합하는 확실한 예이다. 여기에 전기력과 자기력을 기술하는 법칙이 이 새로운 이론에 포함되어있을 뿐 아니라 이 전자기력에 관한 새로운 정보를 포함하는 내용이 추가로 들어가 있다.

앞장에서 보았던 것처럼 1961년부터 1968년까지 여러 이론 물리학자들이 약한 핵력을 매개하는 중성의 입자를 처음으로 제안한 논문들을 출간하였다. 이러한 논문을 출간한 핵심 이론 물리학자는 Sheldon Glashow, Abdus Salam, 그리고 Steven Weinberg이다. 이들은 각각 서로 독립적으로 비슷한 이론을 제안하였고 상대방도 모르게 출간하였다. 이들은 이런 추상적인 중성류 상호작용이 전자기력의 광자의 교환과 비슷하다고 생각하였다. 단 두가지 차이점이 있는데 하나는 약한 상호작용에서는 베타붕괴에서 W입자를 매개로 하는(교환하는) 또 하나의 상호작용이 있다는 것과, 두 번째는 전자기 상호작용에 없는 왼쪽 스핀만 상호작용(left-handed spin interaction)하는 것이 약한 상호작용에 있다는 것이다. 이론가들은 QED(Quantum Electro Dynamics)와 같은 형식으로 약한 상호작용을 기술하여 전자기 상호작용과 약한 상호작용을 하나로 통합한 통일장 이론을 처음으로 만들었다. 이 통합 이론은 전자기-약 통일 이론으로 불리웠고 그 이론 명칭에 Sheldon Glashow, Abdus Salam, Steven Weinberg 세 사람 이름이 같이 포함되었다.

전자기 상호작용에서는 광자가 음이나 양의 전하를 가진 입자와 작용을 하여 낮은 에너지에서는 전자-양전자 쌍을 생성하고 높은 에너지에서는 쿼크-반쿼크 쌍을 생성한다. 비슷하게 중성의 Z입자는 왼쪽(left-handed spin) 혹은 오른쪽 스핀(right-handed spin)을 가진 입자와 작용을 하여 전자기 상호작용과 비슷하게 반대 전하를 갖는 경입자 쌍 혹은 중성미자-반중성미자, 쿼크-반쿼크 쌍등을 생성한다.

이론 물리학자들은 그들의 새로운 이론에서 항상 자연의 대칭성을 가정하고 이론을 전개한다. 이러한 대칭성은 전기를 띤 하나의 입자를 예를 들 수 있다. 자기장을 통과하는 양의 전하를 갖는 입자는 음의 전하를 갖는 입자와 비슷한 운동 경로를 만들지만 운동방향은 반대이다. 중성류 상호작용에서 또 다른 대칭성의 예를 찾아볼 수 있는데, 왼쪽 스핀과 오른쪽 스핀을 갖는 입자는 약력 매개입자(교환입자) Z와 왼쪽 오른쪽 모두 상호 작용한다. 반대로 W입자는 오직 왼쪽 스핀을 갖는 입자와 작용한다. 이렇게 W, Z입자와 작용하는 입자들의 스핀 사이 차이를 설명하기 위하여 전자기 상호작용에서는 성립하는 대칭성이 약상호 작용에서는 깨졌다고 이야기한다. 대칭성이 깨지는 일반 적인 예로는 인간의 신체 대칭성이다. 얼른 보면 신체는 좌우 대칭성이 있는 것처럼 보인다. 예를 들면 우리가 책이나 신문을 읽을 때 왼쪽 오른쪽 눈을 모두 사용한다. 그러나 우리가 무엇을 종이에 쓸 때는 단지 한 손만 사용한다. 어린 시절에는 오른손 왼손이 서툴지만 모두 사용한다. 하지만 성장하면서 서서히 스스로 선택하거나 아니면 부모의 강요에 의해서 왼손잡이나 오른손잡이가 되면서 대칭성은 자연적으로 깨진다. 전자기-약 상호작용 통일 이론을 만들 기위하여 이론 물리학자들은 이러한 자발적 대칭성 깨짐(spontaneous symmetry break)을 이용하였다.

현대의 일부 이론 물리학자는 현대 물리 이론은 완전히 대칭성과 그의 아름다움을 바탕으로 만들어졌다고 이야기한다. 그러나 이들 학자들은 파울리(Pauli)의 영감도 대칭성을 기반으로 하였으나 여러 번 틀렸고 특히 패리티 비보존(parity violation)이 틀렸다는 것을 명심해야 한다. 가끔 파울리가 나중에 옳다고 판명된 이론을 비난한 적은 있으나 그 자신 스스로 잘못된 이론을 만들지는 않았다.

실험과 이론 물리에서 시너지(synergy) 효과는 현대물리에서 아주 크다. 잘 아는 것처럼 이론 물리에 의해서 실험결과가 유명해지는 경우가 있고, 실험 결과에 의해서 이론이 옳거나 틀리다는 것이 결정되거나 이론이 정확하지 않다는 것이 밝혀지기도 한다. 파울리조차도 실험으로 그의 이론이 검증될 때는 재빠르게 어떤 반대의견도 철회하였다.

일부 물리학자들이 비록 이 장에서 이야기한 나의 이론가와 실험가의 과학업적의 중요도에 대한 의견에 관하여 반대의견을 낼 수 도 있지만 나는 Rutherford 이야기로 이해시키고자 한다. Chadwick이 러더포드 실험실에서 일하면서 중성자발견을 발표했을 때 그와 러더포드는 한 이론가로부터 일 년 전에 이론가의 이론적 중성자예측을 존중하지 않았다는 비난편지를 받았다. 러더포드는 중성자에 대한 예측은 그의 그룹 내에선 이미 5년 전에 했었고, 여러 해 전에 이미 대중강연에서 중성자의 존재를 그 자신 이야기했었다고 주장하였다. 그러고서 이 이론가에게 그는 어떤 물질에 관하여 쓰는 것은 매우 쉽지만 실험적 증거를 얻는 것은 더욱 어렵다고 말함으로서 실험의 과학에 대한 기여도를 가장 확실하게 표현 하였다. 실험가와 이론가 사이 과학에 대한 기여도 논쟁은 계속 이어질 것이다. 하지만 부연하면 나는 실험가이어서 공평하지 않을 수도 있다.

과학계는 중성미자 중성류 상호작용 발견이후 전자기 -약 상호작용의 이론적 틀에 더 관심을 갖게 되었다. 그 새로운 이론은 더 정밀해졌고 이론가들은 실험가들이 측정하고자 하는 어떤 양도 정밀하게 예측할 수 있게 되었다. 이 이론의 연구로 Salam, Glashow, 그리고 Weinberg는 1979년 노벨물리학상을 수상하게 되었다.

나는 지금까지 이 책에서 누가 노벨상을 받느냐에 거의 관심을 두지 않았다. 하지만 이 당시 나는 과학에 대한 어떤 교훈을 줄 수 있는 이 노벨상에 관하여 몇 가지 점을 지적하고 싶다.

해마다 스웨덴 과학학회에서 수여하는 노벨상은 개개인에게 어떤 부대조건 없이 수여되고 상금도 주어진다. 하지만 죽은 사람에게는 절대 주어지지 않는다. 만일 상이 주어졌다면 노벨상위원회는 아마 뉴튼이나 갈릴레오에게 상을 주었을 것이다. 중성미자의 중성-전류 상호작용에 대한 노벨상이 주어진다면 아마 첫째로는 이 반응을 발견한 실험의 대변인 Lagarrigue이고 둘째는 그 실험에서 중요한 역할을 한 Musset일 것 이지만 예측치 않게 두사람 모두 죽어서 받지 못하였다. 실제로 과학의 세계에서 그러나 대부분의 과학자들은 그들의 큰 업적을 인정받기 위해서 노벨상을 이용하지 않는다. 대신 노벨상을 받으면 신문의 앞면에 과학적 업적이 나오면서 널리 퍼지게 된다. 즉, 노벨상 수상자들에게 노벨상은 그들의 과학적 업적을 과학세계 밖으로 퍼지게 하는데 도움을 준다.

노벨상을 수상하기 위해서는 어느 정도 행운도 따라야한다. 어느 경우든 제때 제 장소에 있어야 하는 것이 중요하다. 새로운 장비나 기술의 개발로 어떤 발견을 더 쉽게 할 수 도 있다. 엄청난 경쟁 때문에 많은 훌륭한 과학자들이 노벨상을 받지 못한다. 심지어 노벨상 위원회는 가끔은 우연히 혹은 업적이 잘 알려져 있지 않아서 우수한 업적이 있음에도 불구하고 훌륭한 과학자를 선발하지 못하곤 한다.

노벨상을 받은 과학자가 정부나 언론 혹은 공공기관으로부터 받는 환대는 매우 유용하다. 노벨상을 받았던 아인슈타인의 능력이 어느 정도인지는 루스벨트 대통령에게 보낸 그의 편지의 영향력을 보면 부분적으로 이해할 수 있다. 그는 루스벨트 대통령에게 핵폭탄을 만들 연구 프로젝트를 하라고 편지로 촉구하였고 그 편지의 영향으로 루스벨트는 맨하탄(Manhattan)프로젝트를 시작하라고 명령을 하였다. 그러나 가끔 그러한 노벨상의 영향력은 과학자 자신들에게 좋지 않게 작용하는 경우도 있다. 노벨상을 받으려는 야심이나 노벨상 수상자에게 주어지는 과도한 관심 때문에 몇몇의 물리학자들이 불행하게 되는 경우도 있었다.

과거에 노벨상은 보통 많은 작은 상이 여러 번 수여된 후 받게 되었다. 그러면 그 상은 훌륭한 업적을 남긴 과학자들에게 금전적인 보상이 되었다. 그러나 오늘날 노벨상을 받은 사람에게까지 더 작은 상들도 수여되고 있다. 이는 더 작은 상의 위원회들이 다른 중요한 과학적 업적들을 찾을 수단이 없거나 그들이 훌륭한 과학자들을 전에 홀대했다는 비난을 받지 않기 위해서이다.

노벨상은 보통 업적이 완전히 끝나고 상당한 기일이 지난 이후 수여된다. 왜냐하면 결과를 다시 재현하거나 적절한 역사적인 관점에서 평가하기 위해서는 어느 정도 시간이 필요하기 때문이다. 자주 다른 크나큰 업적이 뒤따르지 않아서 발견이 상을 받지 못하는 경우도 있다. 그래서 당신이 과학에 있어서 어떤 중요한 일을 하였고 노벨상을 받고자 한다면 건강한 삶을 살려고 노력하여 결국 당신의 성과가 인정받기를 바란다.

## 이론 논문으로부터 컴퓨터 모델링까지

일단 전자기-약한 상호작용이론이 확립되자 좀 복잡하게 되었다. 그 이론의 방정식이 기존의 수단으로는 풀 수 없게 된 것이다. 다행히도 더 새로운 방법들이 가능하였고 난수(random number)에 기초한 계산 방법들이 1940년대에 사용되었기 때문이었다. 이러한 난수 사용은 컴퓨터의 발전에 큰 공헌을 하였다. 전자기-약상호작용 이론이 확립되면서 이 새로운 컴퓨터 수학방법이 입자물리의 표준 테크닉으로 자리잡게 되었다.

이 새로운 계산 방법은 몬테카를로 기법(Monte Carlo technique)으로 불렸고 물리학자들이 맨하탄 프로젝트에서 사용한 수리계산법에 기반을 두었다. 이러한 기법은 Las Vegas나 Monte-Carlo의 카지노에서 아주 효과적인 힘을 발휘하였다. 몬테카를로는 카지노가 있는 Monte-Carlo의 지명에서 따왔다. 이후 몬테카를로는 입자물리학에서 계속 언급되는 단어가 되었다. 이런 수학적 기법의 사용은 아주 고대로 까지 올라간다.

고전물리학에서 물리 현상을 기술하기 위해서는 단일 방정식이나 몇몇의 방정식이면 충분하였다. 같은 이유로 양자역학이나 입자물리 상호작용에서도 몇몇 방정식이면 충분히 물리현상을 기술할 수 있다. 이러한 기법은 2차 세계대전 이후 입자물리 상호작용을 현대의 장이론으로 해석하면서부터 벽에 부딪치게 되었다. 양자세계에서는 입자가 어떻게 퍼지면서 작용하는지는 확률에 근거를 두고 있다. 또한 이들은 많은 변수에 의존하면서 어떤 입자가 무엇을 하게 될지는 예측하기가 어렵게 되었다. 예를 들면 핵 원자로(nuclear reactor)안의 중성자를 가정해보자. 우리는 이 중성자가 중수(heavy water) 원자로 안에서 속도가 느려지면서 당구에서 당구공으로 모여 있는 여러 당구공을 처서 흩어지게 하는 것처럼 다른 핵을 쳐 그 핵을 깨지게 한다. 그러나 이런 상호작용의 수학적 기술(표현)은 조금 어렵다. 엄청난 계산이 필요하기 때문이다. 그래서 그 문제를 알기 위하여 하나의 공식을 이끌어내는 대신에 물리학자들은 중성자가 어떤 행동을 할지를 나타내는 확률을 가지고 그런 상호작용을 시뮬레이션 한다. 중성자는 상호작용 없이 공간을 이동하기도 하고 혹은 핵에 포획되기도 하고 다른 핵을 깨서 여러 조각을 내면서 몇 개의 중성자를 새로 만들어 내기도한다.

중성자가 취할 엑션에 대해서 룰렛휠(roulette wheel)의 하나의 숫자가 할당된다. 몬테카를로를 실행하기 위해서는 물리학자는 많은 중성자를 준비한다. 이들의 통계적인 예측을 위해서 중성자 가 취하는 매단계마다 룰렛휠을 돌려서 무엇을 할지 정한다. 결국 하나의 중성자는 다른 중성자와 충돌하여 더 많은 중성자를 만들어낸다. 이 결과는 또한 룰렛휠을 돌려서 통계적으로 결정된다. 위의 결과는 결국 모든 중성자가 없어지거나 중성자 수가 엄청 늘어나서 자동으로 지속되는 핵반응을 만들기도 한다. 이러한 계산을 수행하는 물리학자는 다시 처음부터 시작할 수 있고 이번에는 완전히 다른 매개변수(중성자의 초기 운동에너지, 감속재(moderator material)를 바꾼다)를 이용할 수 도 있다. 이러한 매개변수를 바꿈으로서 의도한 결과를 낼 수 있는 가장 최상의 매개변수 조합을 찾게 된다.

초기의 계산에는 실제로 Vegas-style 룰렛 휠이 사용되었다. 이제 더 이상 룰렛 휠을 사용하지는 않지만, 몬테카를로 계산 기술의 기본은 게임자 혹은 카지노 소유자들이 룰렛 휠의 확률적 특성에 의존하듯이 양자역학의 확률적 특성에 따라 달라진다.

오늘날 입자물리 이론의 세부 방정식뿐 아니라 실험 장비들은 매우 복잡해서 한 매개변수가 전체 과정에 어떤 영향을 미치는지 이론 자체만으로 정하기 어렵다. 그런 경우에 물리학자들은 몬테카를로 기술을 이용하는 수치계산법을 사용한다. 룰렛 휠 대신 물리학자들은 난수발생기(random generator)가 포함된 컴퓨터를 사용한다. 이런 난수 발생기는 결코 같은 수열(a sequence of numbers)을 만들어 내지 않고 룰렛 휠처럼 예측하기도 힘들다. 이런 수치계산은 실제 실험에서 얻어지는 결과와 비슷한 결과를 낼 때 까지 반복적으로 계속된다. 만일 측정 결과가 몬테카를로 결과와 일치하지 않는다면 보통 그 오차는 매개변수를 조정함으로서 해결되거나 초기 방정식의 어딘가에서 일어날 수 있다. 매개변수 조정으로 해결 될 수 없다면 이론 자체가 문제일 수 있다. 그러나 매개변수를 조정함으로서 결과와 일치되면 몬테카를로는 비슷한 상황에서 발생될 미래를 예측하는데 매우 유용한 도구가 될 것이다.

이처럼 통계와 확률이 현대 물리의 계산에서 큰 역할을 한다고 현대물리학의 모델들이 고전 물리의 식이나 모델보다 덜 정확하다는 것은 아니다. 오히려 현대물리학의 모델들은 종이 한 장에 방정식을 풀어 해결할 수 없다는 것을 뜻한다. 진실로 그런 모델을 제대로 이해하기 위해서는 물리학자는 컴퓨터로 수치계산 프로그램을 만들어 컴퓨터에서 그 프로그램을 작동시켜 매개변수와 상호작용사이 관계를 명확하게 찾아야한다. 모델이 한 두 개의 방정식으로 된거면 모델의 기본 관계를 쉽게 이해할 수 있지만 더 복잡한 모델은 또 다른 이점을 가지고 있다는 것도 사실이다. 일단 어떤 모델이 컴퓨터 프로그램으로 짜지면 물리학자는 프로그램에 어떤 조건을 가해서 결과를 얻을 수 있다. 이렇게 얻어진 결과가 실험 측정에서 특히 이론식보다는 실험 측정 결과와 일치한다면 순수이론가에겐 문제가 될 것이다.

이후 장들에서 나오는 많은 결과들은 수치계산과 몬테카를로에 의해서 얻어졌다는 것을 염두에 둬야한다. 8장 9장에서 나오는 약 상호작용 모델, 슈퍼노바 폭발, 핵의 합성 등은 이런 것에 의해서 결과가 얻어졌다는 것을 기억해야한다.

## 양성자-반양성자 충돌 가속기

많은 과학자들에 의해서 정밀해진 현재의 전자기-약 통일 상호작용이론에 의해 중성류 상호작용의 성질은 잘 설명된다. 그러나 현 시점(1994년도)에서 어떤 실험도 이 이론의 가장 중요한 핵심인 약 상호작용의 매개입자(W, Z)의 존재를 확인하지 못하였다. 단지 이 매개입자에 의한 반응만을 관측하였다. 이들의 존재는 거의 확실하고 질량 예측도 가능하였지만 Gargamelle실험 당시와 처음 전자기-약상호작용 통일이론이 나올 때에는 실험실에서 직접 이들 입자를 연구할 만큼 이들 매개입자들을 만들어내지 못하였다. 그래서 실제로 중성 매개입자 Z가 존재할지에 대해서도 의심이 있었다. 어떤 물리학자들은 이론 물리학자들의 수학적인 공상물이라고 생각할 정도였다. 이에 대한 이유는 Z입자의 존재는 거의 알려져 있지 않고 대신 중성미자 중성류 상호작용만 알려져 있었기 때문이었다. 그리고 Z입자에 의한 상호작용으로 보인 것은 실제로 $W^+$와 $W^-$ 입자가 동시에 상호작용해서 일어나는 반응일 수 있다는 가능성이 계속 있었다. 이러한 가능성은 이론적으로 검증이 끝날 때까지 계속되었다.

얼마나 기다려야지 과학자들이 W, Z입자의 존재를 발견할 수 있을지에 대한 의문은 계속 증폭되었다. 이들의 존재를 증명하기 위하여 실험실에서 이들 입자들을 실제로 만들어야했었다. 상호작용하는 동안 단순히 매개하는 입자가 아닌 실제 존재하는 입자로 이들 매개입자들을 확인하는 것은 단순히 전자기-약 상호작용의 힘만을 이야기하는 수준 이상의 것이 필요하였다. 즉 거기에는 질량과 상당한 긴 수명을 가지고 있는 입자를 발견해야만 하였다. 전자기-약 상호작용 입자를 관측하였다고 주장하려면 그 전에 많은 W입자들을 만들어내야 할 것이다. 그러면 이렇게 만들어진 입자들에 의해서 질량도 측정하고 이들 W입자들이 참여하는 다른 상호작용과 이들의 특성을 연구할 수 있을 것이다. 허나 Salam, Glashow, 그리고 Weinberg 등은 이러한 입자들을 실제로 실험실에서 만들어지기도 전에 이들 입자가 참여하는 전자기-약 상호작용의 이론적 특성들을 추론 할 수 있었다. 이는 이들이 노벨 물리학상을 받은 만한 위대한 일을 하였다고 생각한다. 이들이 추론한 이론적 결과들은 후에 진행된 실험에서 곧 증명되었다.

Gargamelle실험에서는 작은 양성자 싱크로트론 가속기를 사용하여 상대적으로 작은 에너지인 26 GeV까지의 에너지를 갖는 양성자로 중성미자 빔을 만들 수밖에 없었다. 그러나 여기서 만들어진 많은 중성미자 상호작용 사진들을 분석하기도 전에 CERN에서는 W와 Z입자들을 만들어 낼 수 있는 더 크고 높은 에너지 가속기를 디자인하고 있었다. 이 새로운 가속기는 이는 Fermilab에서 방금 완성했던 가속기와 비슷한 사이즈였는데 약간 더 높은 에너지를 가지게 되게 계획되고 있었다. CERN은 Fermilab보다 한 가지 더 이점을 가지고 있었다. 그것은 가속기 단지를 더 확장할 수 있어서 모든 것이 새로운 가속기인 반면에 Fermilab 가속기는 부분적인 개보수정도로부터 건설될 수밖에 없었다. CERN의 기존의 가속기는 돈과 시간 노력을 아끼기 위하여 CERN의 새로운 가속기의 낮은 에너지 가속기 빔을 제공하도록 보수하여 사용되고 있다. 또한 매우 우수한 과학자들이 있는 실험실을 가지고 있다. 이에 반해 Fermilab팀은 Gargamelle실험의 발견 때까지 과학적으로 충분히 발전되지 않았다. CERN의 새로운 초양성자 가속기(Super Proton Synchrotron: SPS)는 1970년대 초기에 건설되었고 1976년 여름 동안에 가동되었다.

CERN-SPS와 Fermilab의 여러 실험에서 좋은 물리 결과들이 나왔지만 누구도 약력의 매개입자를 생성할 만큼의 충분한 에너지가 아니었다. 이 중요한 목표에 도달하기 위하여 CERN의 물리학자, Simon Van der Meer는 SPS 가속기를 혁신적으로 재설계하였다. 양성자를 고정표적에 보내는 에너지 320 GeV 대신 Van der Meer와 그의 팀은 많은 반양성자를 만들어 낼 수 있는 기술을 개발하였다. 이들 반양성자들은 모아져 낮은 에너지 빔이 되고, 이 빔은 다시 양성자와 동시에 더 큰 에너지의 가속기인 SPS에 반대방향으로 주입 되었다. 양성자

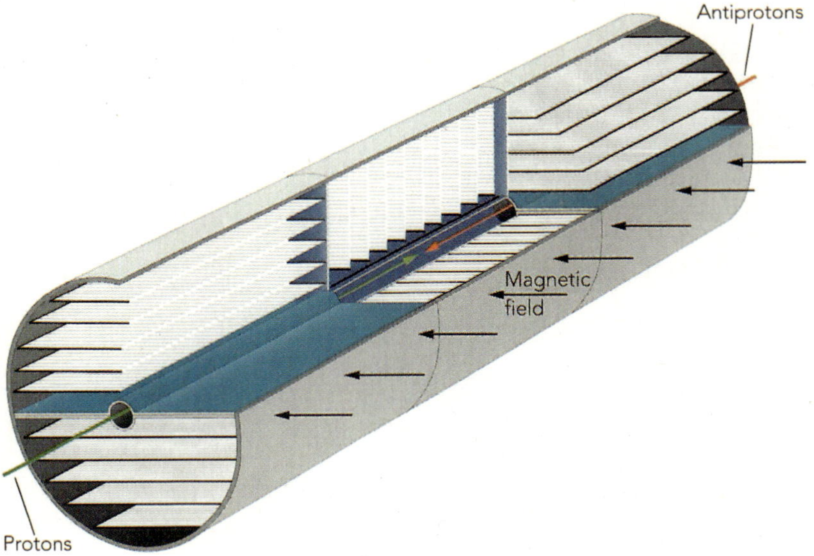


처음 W와 $Z^0$ 입자가 발견된 UA1실험의 안쪽 추적 상자(inner tracking chamber). 이 검출기는 가스로 채워진 상자 속에 수 천 가닥의 선들이 들어있는 현대적인 타입이다; 아주 고율로 발생되는 입자 상호작용신호를 전기적으로 읽어 들인다.

움직임에 맞게 디자인된 자기장에서 반양성자들은 양성자와 반대방향으로 운동한다. 그래서 CERN은 하나의 가속기에서 270 GeV의 높은 에너지의 양성자와 반양성자의 두 가지 빔을 가지게 되었다. 이 두 빔들은 링의 충돌이 일어나는 두 곳 이외에서는 어떤 곳에서도 서로 충돌이 안 일어나게끔 아주 정밀하게 조정되었다. 충돌이 일어나는 두 곳은 실험시설이 만들어졌다. 양성자와 반양성자 빔 사이 정면충돌은 두 입자가 합해져(annihilation) 에너지를 발생시키는데 이는 고정 표적 즉, 어떤 고정된 물질에 반양성자만 270 GeV로 충돌시키는 것보다 훨씬 많은 에너지가 발생되어 이들 에너지는 전보다 훨씬 무거운 질량을 가진 입자를 만들어내는데 이용된다. 그렇게 재건설된 CERN가속기 센터는 1981년 완성되어 실험을 위한 준비가 끝났다.

Gargamelle 거품상자 실험과 첫 양성자-반양성자 충돌형 가속기가 완성이 될 사이 십여 년 동안, 입자를 구분하는 기술은 비약적으로 발전하였다. 거품상자를 사용하는 물리학자들은 자기장 속에서 형성된 액체 속의 거품자국의 원 반경을 측정할 수 있었다. 또한 움직이면서 붕괴하는 입자들을 볼 수 있었다. 액체 속에서 입자들은 각 입자의 특성을 나타내는 거품자국을 만들지만 이것으로는 입자를 명확히 구분하는 것은 힘들었다. 더군다나 거품상자 크기는 컸지만 상대적으로 간단한 기구이었다. 그것은 여러 대의 카메라로 볼 수 있는 거대한 액체 탱크였다. 그것은 단순한 하나의 구조물이었다.

10년 후에 거품상자는 사라지고 좀 더 복잡한 구조를 갖는 검출기가 자리를 잡아가기 시작하였다. 1969년 Georges Charpak은 다중선비례상자(multiwire proportional chamber)라는 새로운 전자 공학적 검출기를 개발하였다. 이 검출기는 다양한 형태로 발전되었지만 이들 모두는 공통으로 수백 가닥의 가는 철사들이 서로 직교하는 가스 상자를 가지고 있었다. 이들 가스 상자들은 거품상자보다 훨씬 빠른 속도로 데이터를 획득할 수 있었다. 이런 능력은 Gargamelle실험과 관련하여 앞에서 보았던 것처럼 희귀반응이나 특별한 반응을 찾을 때 매우 유용하였다. 또한 물리학자들은 어떤 반응에서 나오는 입자들에 관하여 더 많은 정보를 얻기 위하여 관습적으로 칼로리미터에서 에너지를 측정하기 시작하였다. 하지만 1980년대나 1990년대의 현대적인 전자공학적인 검출기가 1970년대 거품상자와 다르지만 입자분석에 있어서는 많은 유사점이 있었다. 두 검출기 모두 단지 전기를 띠는 입자만 측정할 수 있고 중성의 입자는 어떤 입자 간에 분석할 수 있는 자국을 남기지 않기 때문에 측정할 수 없었다. 또한 두 검출기 모두 입자의 운동량과 에너지를 측정할 수 있었다. 마지막으로 검출기의 디자인에 의해서 그들이 수집한 데이터로 무엇을 할 수 있는지가 결정된다.

작동준비중인 UA1검출기. 3층 건물 높이의 이 검출기는 중심부에서 양성자와 반양성자가 충돌한다. 충돌 지점 주위에는 앞 그림의 가스와 선들이 채워진 검출기(gas-filled wire chamber)에 의해서 둘러싸여 있고 다음에는 에너지 측정기기가 둘러싸고 있다. 검출기로부터 나오는 신호는 카메라 앞 바닥에 보이는 수많은 둥근 케이블에 의해서 검출기 밖으로 나오게 된다.

CERN 연구자들은 양성자와 반양성자가 만나는 SPS 가속기내의 두 지점에 UA1과 UA2라는 두 개의 검출기를 만들어 설치하였다. UA는 Underground Area의 약자이다. 이는 양성자와 반양성자의 충돌에서 발생되는 입자들이 지상으로 새어나오는 것을 막기 위하여 양 실험은 지하에서 수행되었다. 이들 실험중 가장 중요한 실험은 UA1(책임자 Carlo Rubbia)이었다. 왜냐하면 UA1이 UA2보다 운동량 분해능과 수행효율이 더 앞섰기 때문이었다. 또한 Rubbia는 새로운 충돌형 가속기의 주된 연구자이기도 하였다. 그가 CERN을 유도하지 않고, 가속기 물리학자들이 고정표적형 가속기를 충돌형 가속기로 바꾸지 않았다면 그렇게 빠른 시간 내에 그 실험을 끝낼 수 없었을 것이고 W와 Z입자의 발견도 상당히 늦어졌을 것이다.

반양성자빔 주위의 한 반양성자가 양성자와 충돌할 때 반양성자 속의 반쿼크는 양성자 속의 쿼크와 충돌한다. 이러한 쿼크와 반쿼크가 충돌해 합쳐지면서 강한 에너지의 광자가 나온다. 반면에 양성자와 반양성자 속의 다른 쿼크들은 충돌해 합쳐지지 않고 많은 수의 낮은 에너지의 입자들을 만들어 낸다. 이러한 충돌이 강력하게 일어나면 약력 매개입자인 W와 Z입

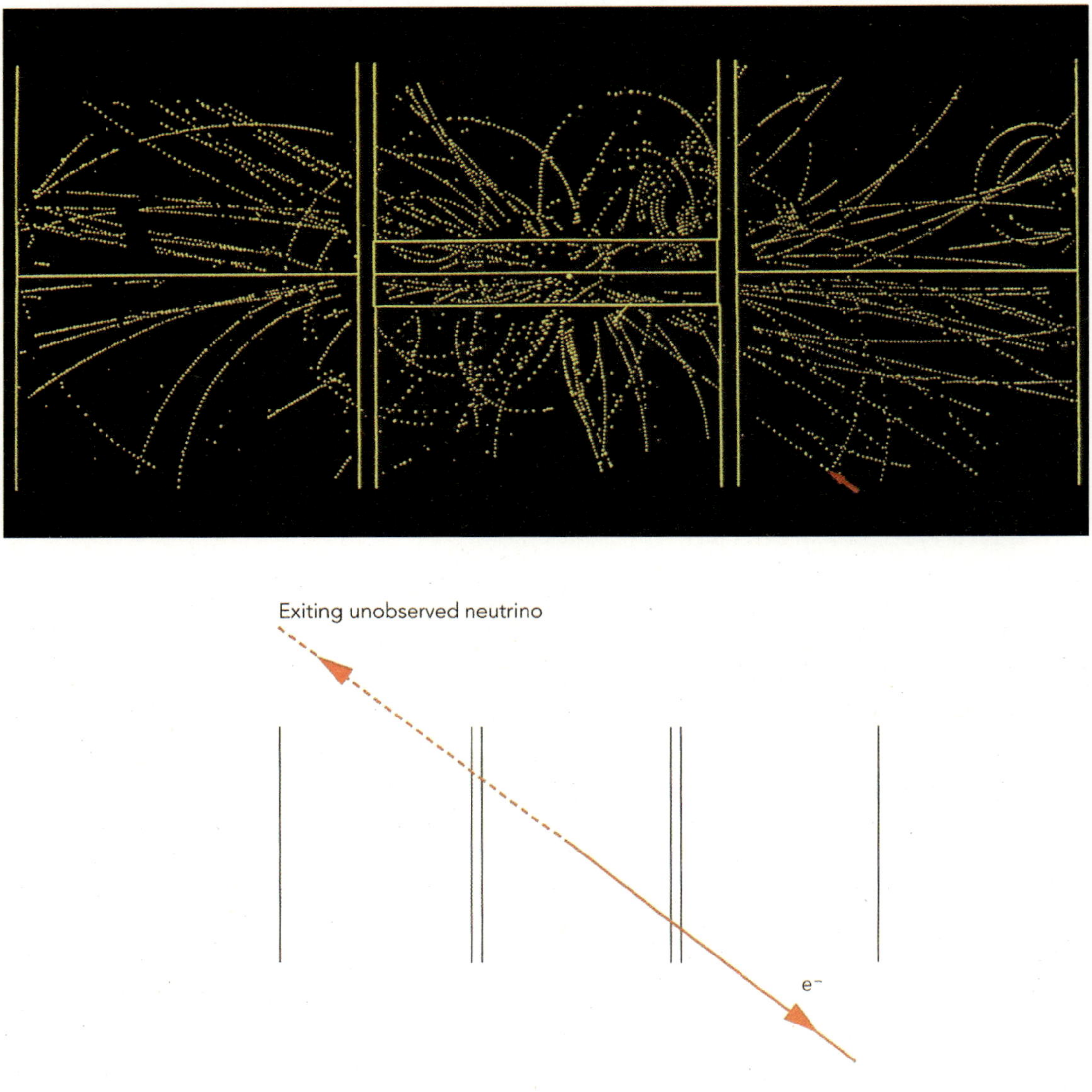


UA1실험의 전자 계측기에 나타난 W입자 반응 그림. 오른쪽 아래 빨간색 화살표는 에너지의 대부분을 가지고 가는 전자를 가르킨다. 아래 스케치 그림에서는 전자와 함께 W입자의 붕괴에서 발생된 보이지 않는 중성미자 입자의 궤적을 보여준다.

자가 실제로 만들어진다. 이러한 충돌은 아주 특수하여 다른 반응과 구분할 수 있다. 즉 W붕괴에서 나오는 하나의 전자는 아주 많은 양의 에너지를 가지고 있고 이는 바로 실제 W입자 존재 반응에 대한 신호이다. Z입자 실제 존재에 대한 신호는 서로 반대 방향으로 가는 아주 높은 에너지 전자 양전자 쌍 혹은 뮤온 반 뮤온 쌍 이다. 이런 두 종류의 신호들을 데이터에서 많이 찾을 수 있었다. 물리학자들은 이들 데이터로부터 W입자의 질량이 80 GeV/$c^2$이고

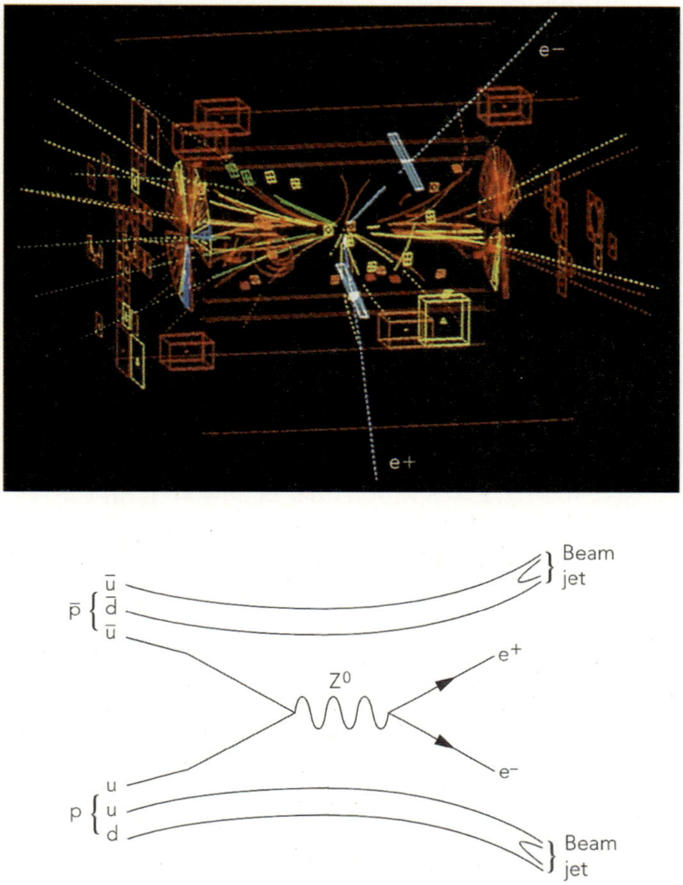


UA1 검출기에 나타난 Z입자를 생성시키는 양성자-반양성자 충돌 반응 그림. Z입자는 전자-양전자로 붕괴되어 서로 반대쪽으로 나가는 궤적(파란색)에 의해서 알 수 있다. 다른 궤적들은 Z입자 생성에 관여하지 않았던 양성자와 반양성자의 조각들이 만들어낸 파이온(pion)과 카온(kaon) 입자들이다.

Z는 91 GeV/$c^2$임을 알았다. W와 Z입자의 질량을 이렇게 정밀하게 측정함으로서 전자기-약상호작용 이론을 개선시킬 수 있었고 기묘쿼크(strange quark)와 다운(down)쿼크의 정밀한 혼합 정도를 이해하였고 또한 Z와 W입자들의 보통 입자로의 붕괴를 더 자세히 연구할 수 있었다.

질량 측정은 또 다른 이유로 중요하다. W와 Z입자는 매개 입자중 질량을 가진 것으로는 최초로 발견되었다. 전자기 상호작용을 매개하는 광자는 질량이 없고 강 상호작용(strong interaction)을 매개하는 글루온(gluon) 또한 질량이 없다. 3장에서 이야기했던 것처럼 약 상호작용(weak interaction)은 질량을 가지고 있기 때문에 짧은 거리에서 작용하고 상호작용 확률이 적다. 질량을 측정함으로서 이러한 개념을 증명할 수 있다.

유가와(Yukawa)에 의해서 예견되었던 전하를 갖는 매개입자를 찾는 시도는 1983년도에 끝나게 되었다. 유가와가 그의 이론을 제안한 이후, 십 여년 동안 중성 매개입자의 존재를 포함한 약력에 대하여 많은 것이 알려졌다. 그리고 마침내 이 약력의 이론은 유가와의 처음 제안한 이론과 다르게 보였지만 그의 1930년대 그의 제안은 분명히 물리학자들이 옳은 방향으로 연구하고 생각하게끔 유도하였다.

• • •

비록 유가와 약한 상호작용의 이론이 논문에서 매우 멋지게 보이지만 실험적인 결과를 성공적으로 예측하지 못했기 때문에 무엇인가가 잘못된 것처럼 보였다. 약한 상호작용이론 매개입자 Z의 발견에 영향을 받아 이론 물리학자들은 오늘날 우리가 아는 약한 상호작용에 관한 이론에 집중하였다. 이러한 Z입자 발견은 CERN의 첫 번째 가장 위대한 업적이었지만 이러한 성공은 이전의 중성미자실험들의 실패에 기반을 두었다고 생각할 수 있다.

물리학자들은 무거운-액체 거품상자에서 중성미자 상호작용을 연구함으로서 Z입자의 존재를 간접적으로 확인하였다. 이러한 결과는 전자기 상호작용과 약한 상호작용을 하나로 통합하는 이론 즉, 전자기-약 상호작용 통합이론이 나오게 하는데 결정적 기여를 하였다. 19세기에 멕스웰(J. Maxwell)은 두 힘을 하나의 수학적 형태로 통합하였다. 하지만 약한 상호작용과 전자기 상호작용을 하나로 통합하는 이 믿을 수 없는 업적은 물리학자들이 약한 상호작용의 매개입자 W와 Z를 실제로 만들지 않고도 통합 이론을 만들었다는 면에서 더 엄청나다고 할 수 있다.

W와 Z입자가 실제로 관측 가능한 입자로 존재하는지를 알기 위하여 전 세계 실험실에서는 새로운 가속기를 짓기 시작하였다. 나는 이 장에서 이들 중의 일부 실험실과 가속기들만 언급하였다. 최소한도 미국에서 4개, 일본에서 1개의 가속기가 만들어졌으나 유럽의 CERN에서는 관측 가능한 첫 W와 Z입자를 만들었던 양성자-반양성자 충돌형 가속기는 충돌형 가속기 시리즈에서 4번째 가속기였다. 비록 1983년에야 W와 Z입자가 관측되었지만 사실 SPS의 디자인은 1960년대 후반부터 시작 되었고, 물리학자들의 끊임없는 노력으로 1970년대 후반에서야 SPS는 양성자-반양성자 충돌형 가속기로 변화되었다. 이렇게 올바른 입자 물리학의 길로 들어서는 과정에는 많은 이론들이 버려지고 많은 놀라운 발견들이 있었다.

제8장

# 중성미자 망원경으로 우주 탐험

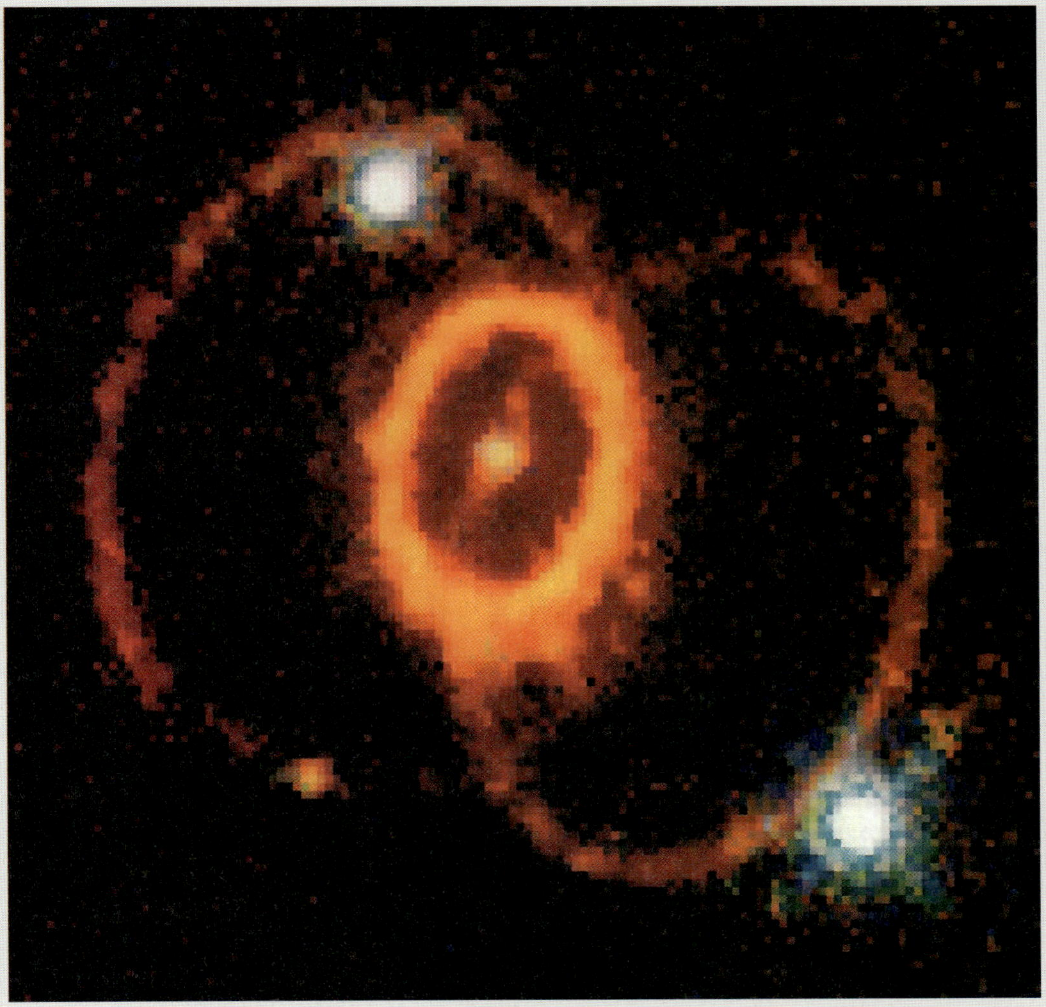

1994년 허블망원경에 의해서 찍혀진 3개의 고리 환과 중심부 핵은 1987년 지구에서 관측된 초신성 폭발 후 잔류한 나머지 물질들이다. 이 초신성 폭발은 수많은 중성미자를 방출하였고 이들은 지구 양쪽에 있는 두 검출기에서 관측되었다.

천문학자들은 가시광선 영역 너머로 우주를 보기 시작했을 때 새로운 희망을 보기 시작하였다. 천문학자들이 별들이 내는 가시광선으로만 하늘을 보는 것 대신 눈에 보이지 않는 라디오파, 엑스선, 감마선 등 가시광선 파장보다 더 짧거나 긴 영역의 파장을 이용하면서 밤하늘은 매우 다르게 나타났다. 그들이 발견했던 가장 흥미로운 물체는 펄사별(Pulser star), 물질의 은하중심이 만드는 제트(galactic cores bilging jets of matter), 그리고 블랙홀(black holes) 후보 등이었다.

비록 중성미자와 빛 모두 입자들이지만 이들 사이 유사성은 그걸로 끝난다. 중성미자는 밤하늘을 보는 데 이용되는 전자기 스펙트럼의 일부가 아니고 우주를 보는 또 다른 창이다. 중성미자의 유용성은 1987년 초신성(Supernova)이 폭발하여 발생된 중성미자가 검출기에서 검출되었을 때 처음 보였다. 비록 검출된 중성미자가 초신성 폭발에서 나온 것이라 예측을 하였지만 방출된 중성미자 스펙트럼을 보면 천문학자가 예측한 것과 완전히 일치하지는 않았다. 특히 그러한 중성미자 검출기는 또 다른 초신성을 찾을 수 있는 수단을 제공하였고 또한 다른 중성미자 방출 천체를 찾을 수 있는 수단을 제공함으로서 전보다 더 자세히 천체를 연구할 수 있게 되었다.

## 미지세계 탐색

중성미자 같은 입자를 검출하는 검출기를 일종의 망원경으로 생각할 수 있다는 아이디어는 좀 이상하게 보일 수 있다. 대부분의 사람들은 망원경을 먼 거리에 있는 물체에서 나오는 빛을 모아 그 물체의 상을 확대하는 역할을 하는 렌즈들로 구성된다고 생각한다. 그러나 최근 백여 년 동안 망원경의 정의는 엑스선이나 감마선을 검출하는 기구를 포함하는 용어로 확대되었다. 이러한 기구들은 광학망원경에서 사용되는 전자기파를 모으는 원리와 다른 원리로 작동된다. 망원경의 주된 특성은 빛을 모으거나 빛을 방출하는 천체의 타입을 아는 것이 아니고 하늘에 있는 빛을 방출하는 천체의 위치를 정확히 아는 것이다. 때문에 망원경의 적절한 정의는 방출하는 천체의 상을 알기위하여 천체에서 방출된 방사선 형태를 찾는 기구이다.

과학자들은 대부분의 시간을 미지의 천체를 관측하면서 시간을 보내는데 가끔은 우리 우주를 더 이해하기 위하여 아직 관측 안된 것도 찾아야한다. 새로운 현상에 대한 신호를 발견하는 것은 매우 어렵다. 구체적으로 어디서 시작해야할지? 아니면 정확히 무엇을 찾아야할지 모르기 때문이다. 천문학자들은 수백 년 동안 하늘을 광학 망원경으로 찾아왔다. 광학 망원경

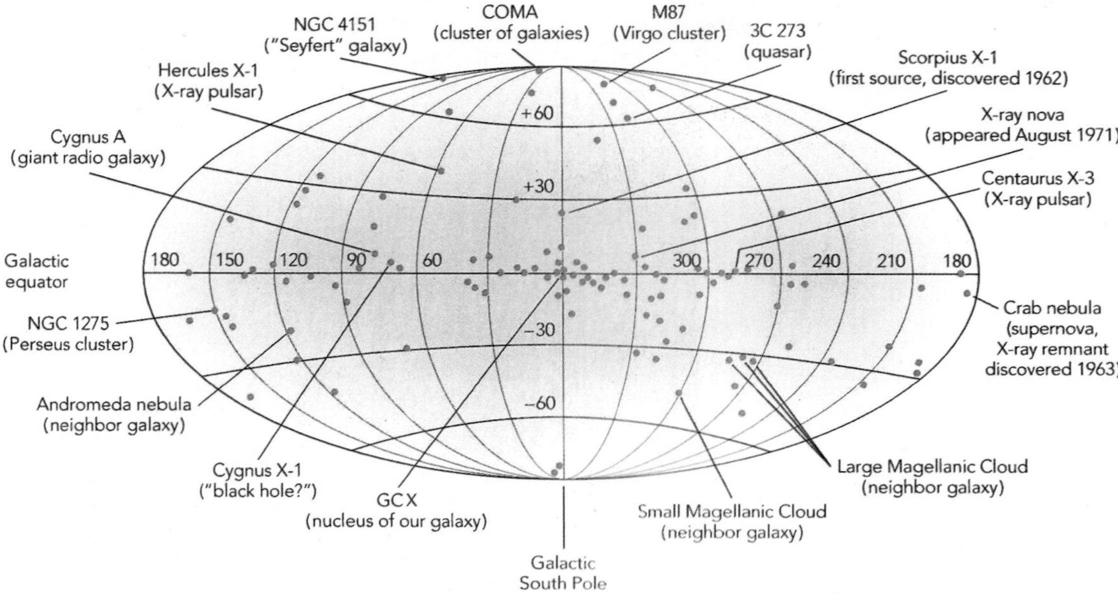


첫 X선 관측위성 UHURU에 의해서 관측된 X선 발생지 하늘지도(sky map).

발견 이래 수 세기 동안 광학망원경은 단계별로 발전되어 왔고 어떤 특수 목적에 맞게 개선되었다. 가장 최근에는 허블(Hubble)천체 우주 망원경을 날려 보냈다. 이 망원경은 미지의 우주로 보내는 비교적 작은 보통의 망원경으로 지구 대기고도 보다 높이 있어서 우주의 사진을 비교적 깨끗하고 선명하게 영상을 보내준다. 허블 망원경은 갈릴레이 망원경의 목적과 같고 밤하늘의 여러 신비한 천체를 찾고 탐색하는 것인데 단지 크기만 약간 더 크다는 것이다.

비록 별들과 다른 천체의 광학적 사진이 고무적인 정보를 제공해주지만 광학망원경이 주는 에너지 스펙트럼(에너지 파장별로 세기 분포도)은 별과 은하가 방사하는 전체 에너지 스펙트럼의 일부밖에 지나지 않는다. 적외선이나 엑스선 혹은 라디오파 등에 의해서 보는 밤하늘의 스펙트럼은 광학망원경으로 보는 것과는 아주 다르다. 천문학자들이 광학적 스펙트럼이 아닌 다른 스펙트럼 영역 즉 자외선 혹은 적외선 혹은 라디오파 혹은 초고에너지 감마선영역에서 하늘을 관측하면, 여기에서 얻는 정보는 단지 천체의 기원이나 역학적인 운동에 대한 광학영역에서 모르는 의문에 대하여 명확한 설명이나 해결을 하는데 도움을 준다.

예를 들면 지구대기 고도 보다 높은 곳에 쏘아 올린 엑스선 관측 위성 같은 경우 블랙홀(black hole)같은 희귀한 천체를 탐색하는데 도움을 준다. 블랙홀은 천체의 전 질량이 싱귤레러티(singularity)같은 무한히 작은 점으로 붕괴되었던 것을 이야기한다. 블랙홀의 중력은 엄

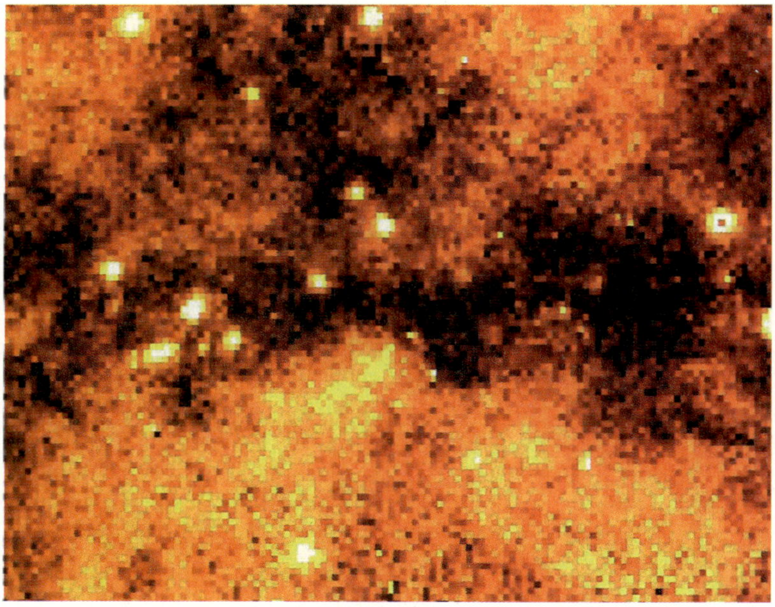

우리 은하의 중심부의 X선 관측 그림. 많은 하얀 동그란 부분은 중성자별로 떨어지는 물질에 의해서 발생되는 X선 발생지이다. 오렌지색 밴드부분은 은하 중심에 있는 무거운 블랙홀로 떨어지는 물질에 의해 만들어지는 X선 발생지를 나타낸다. 위 중앙부와 중앙부에 있는 약간 검은 밴드는 X선이 뚫을 수 없는 은하의 먼지구름이 존재함을 나타낸다.

청 커서 지금까지 알려진 어떤 입자, 심지어 빛도 블랙홀에서 빠져나올 수 없다. 블랙홀 자체는 빛을 내는 천체가 아니나 블랙홀 경계의 지점에서 내는 빛을 관측함으로서 발견된다. 상대론과 우주론 분야에서 다루는 블랙홀 이론은 이들 블랙홀들이 강한 엑스선들을 방출한다는 것이다. 이런 엑스선 방사선 형태는 블랙홀의 사건 지평(black hole's event horizon) 근처에 있는 천체가 강한 중력에 의해서 떨어질 때 발생된다. 블랙홀 사건 지평 너머에서는 어떤 것도 탈출할 수 없다. 이런 엑스선들을 찾는 위성에 의해서 우리 은하계 면에 산포되어 있는 엑스선 배경(X-ray diffuse background)과 함께 강한 엑스선 근원(블랙홀 후보)들이 발견된다. 처음에는 천문학자들이 모든 엑스선들을 방출하는 천체를 블랙홀 후보로 생각했었는데 주의깊게 그러한 천체를 연구한 후에는 그들이 모두 같지 않다는 것을 발견하였다. 어떤 천체는 엑스선들을 분산되어 방출하는 타입(type)이고 어떤 것은 어떤 한 점에서 방출하는 타입도 있었다. 엑스선 위성의 이미지를 보다 정밀하게 분석해보니 한 점에서 엑스선을 방출하는 블랙홀 후보가 좋은 블랙홀 후보라는 것을 알게 되었다.

우리의 태양 또한 엑스선 발생원(source of emission)이다. 이 태양 엑스선은 태양 플레어(flare)에서 방출되는 하전 입자에 의해서 만들어진다. 이들 플레어는 태양의 표면 근처의 강한 자기장에서 나선모양으로 회전할 때 엑스선을 방출하며 아치형 형태를 이룬다. 이들 플레어는 플라스마(plasma)라는 뜨거운 가스를 분출하는데 이들은 하전입자로 구성되며 심지어 지구까지 도달하여 지구의 극지방에서 깔때기 모양을 이루며 중심으로 모여든다. 이들이 바로 캐나다나 스웨덴 같은 나라에서 볼 수 있는 오로라(aurora) 혹은 스웨덴 빛(Swedish light)이라 불리는 굉장한 광경을 만든다. 과학자들은 태양을 엑스선 스펙트럼으로 관측함으로서 광학망원경보다 보다 더 깊은 태양 층들(solar layers)을 볼 수 있게 되었다. 그러나 4장에서 기술한 것처럼 중성미자 관측만이 태양의 중심부를 볼 수 있다.

천문학자들 또한 여러 은하중심부에서 엑스선이 방출되는 것을 연구하였다. 그들이 5－20 keV의 낮은 에너지 엑스선만을 관측할 때 중심부는 매우 큰 확산물체(diffuse objects: 여러 군데서 빛이 나오는)처럼 보였으나 100 keV보다 큰 에너지의 엑스선을 관측해보니 중심부가 엑스선을 방출하는 구름 속의 작은 점들로 보였다. 부드러운 엑스선이 확산되는 것은 은하 중심부의 높은 밀도의 물질 때문이다. 높은 에너지 엑스선은 그러한 높은 물질 때문에 산란되고 확산되면서 에너지를 잃게 되고 낮은 에너지의 부드러운 엑스선이 된다. 안드로메다 은하(Andromeda galaxy 나선형의 은하)는 두 개의 방출 코어(core)가 있다. 이러한 관측은 굉장한 흥미를 불러일으키고 그 코어 생성원인은 매우 호기심을 자극시키지만 허블망원경으로 이들을 관측했음에도 불구하고 아직 그 원인은 모른다. 이들 외 다른 감마선 천체에서 나오는 여러 영역의 스펙트럼 연구도 나올 수 있다.

엑스선보다 더 강한 것이 감마선이다. 1972년 입자물리학자들은 나사(NASA)가 SAS-2라는 위성을 쏘아 올림으로서 감마선으로 하늘을 보는데 새로운 방법을 가지게 되었다. SAS-2 위성에 5장에서 언급한 것보다 조금 적은 스파크 상자(spark chamber)를 실었다. 이 스파크 상자는 하전입자가 상자 안을 지나면 그 방향을 기록할 수 있어서 천문학자와 물리학자들은 그 입자들이 어디서 왔는지를 알 수 있었다. 하전입자들은 자기장에서 방향을 바꾸기 때문에 지구, 태양, 은하의 강한 자기장 때문에 이들이 어디서 왔는지 정확히 알기 어렵다. 그러나 먼 천체로부터 지구에 오는 광자들은 어떤 자기장 속에서도 그들의 방향을 바꾸지 않는다. 스파크 상자 속의 높은 에너지 광자는 전자－양전자 쌍으로 바뀌고 이들 전자쌍을 역추적하면 원래 높은 에너지 광자가 어디서 왔는지 알 수 있다. 이런 높은 에너지 감마선을 거의 일 년 동안 SAS-2위성 데이터로부터 모아서 고에너지 감마선 하늘 지도를 만들 수 있게 되었다. 이후로 더 업그레이드된 관측위성 COS-B이 궤도에 올라가있어 감마선 지도도 더 정밀해졌다.

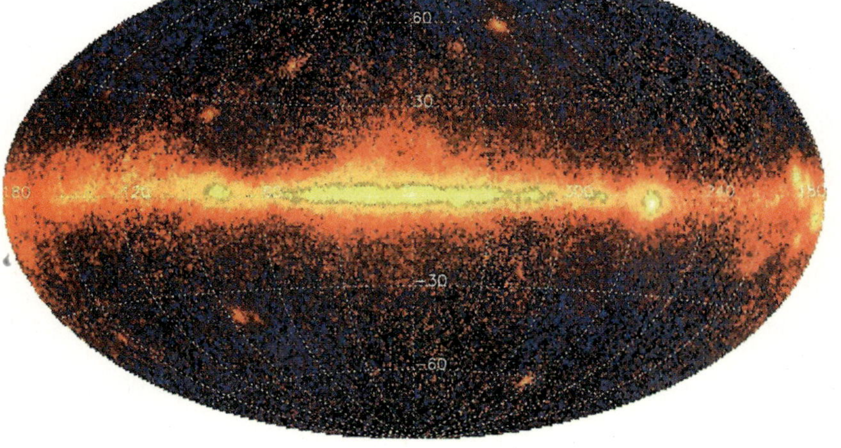

위: EGRET를 통하여 본 우리 우주의 사진. 중앙부에는 고에너지 감마선 영역이 있음을 보여준다.
오른쪽: 감마선 관측위성에 실려지는 EGRET(Energetic Gamma-Ray Eperimental Telescope)의 단면도. 꼭대기 부분엔 감마선이 들어와 스파크 상자(spark chamber) 사이사이에 끼여 있는 철판 사이 무거운 물질과 상호작용하면서 발생되는 전자-양전자 쌍생성을 전기적으로 검출하는 작은 스파크 상자가 있다.

이렇게 하여 얻어진 감마선 방출(source) 위치는 많은 부분 엑스선과 가시광선의 발생 위치와 겹친다. 아인슈타인 관측소(Einstein Observatory)라 이름 붙여진 엑스선 위성에 의해서 가장 밝은 엑스선 천체(X-ray objects)의 구조가 측정되었는데 이들 엑스선 천체 중의 하나가 블랙홀을 차폐하고(shield) 있다는 것이 알려졌다. 천문학자들은 이처럼 지상의 망원경과 허블 망원경에서 얻은 엑스선 발사체와 감마선, 일반 가시광선 천체들과의 상관관계를 이용하여 블랙홀을 확인하였다.

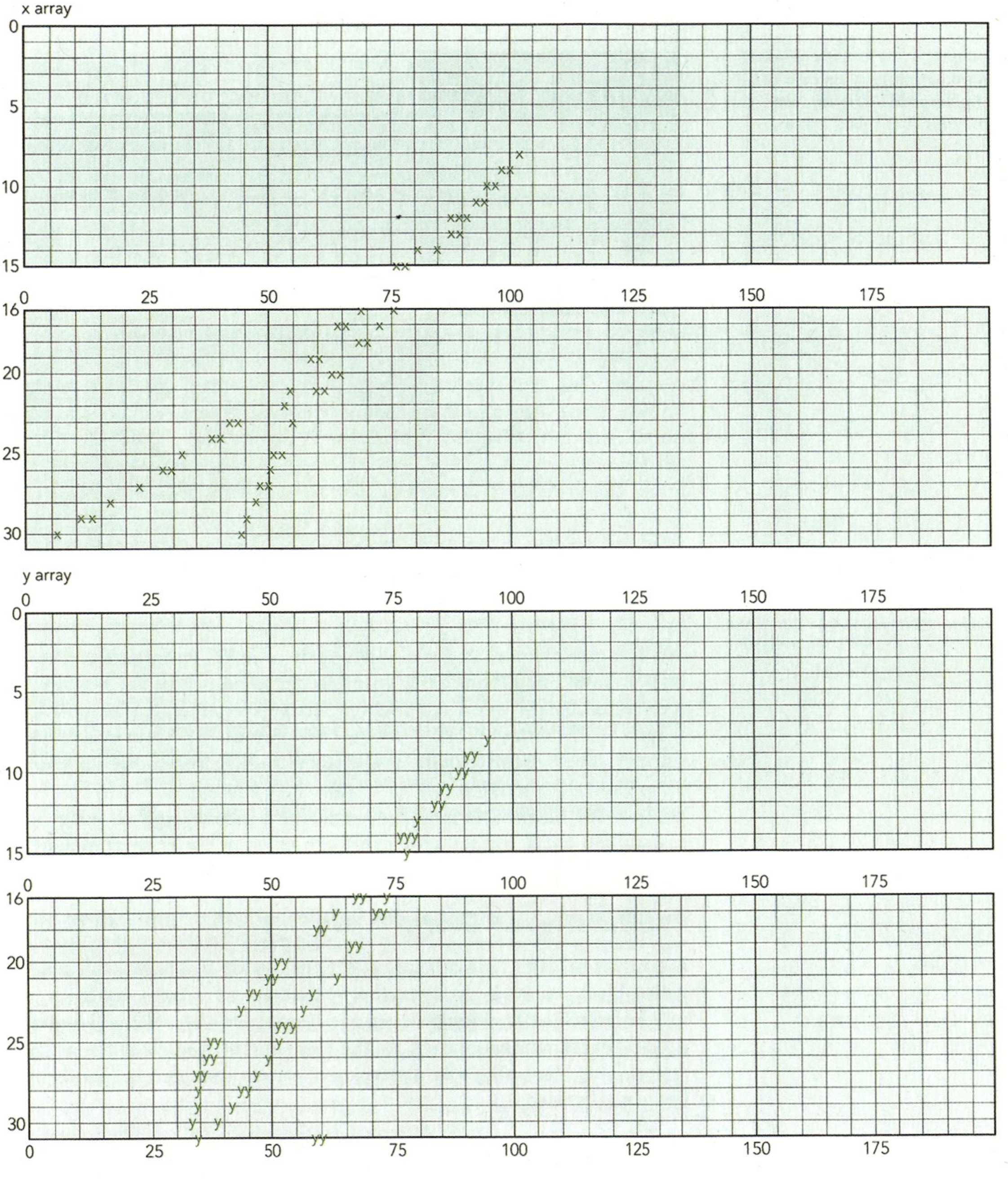


SAS-2 스파크 상자에서 감마선에 의해 발생된 전자-양전자를 두 가지 방향(x, y)에서 바라본 궤적. 이들 궤적 방향을 측정함으로서 과학자들은 처음 감마선의 방향을 정확히 측정할 수 있다.

진짜 블랙홀은 최소한 두 가지 점에서 확연히 일반 다른 천체와 다르다. 첫째, 블랙홀은 매우 질량이 크고 직접 관측할 수 있는 표면이 적다. 잘 아는 것처럼 초기의 하늘 엑스선 관측에 의하면 아주 강한 엑스선을 발생시키는 물체에 초점이 맞추어졌었다. 1992년 이전만 하더라도 가장 강력한 블랙홀 후보는 백조자리 X-1(Cygnus X-1)이라는 엑스선 발생처(X-ray emitter)였다. 그러나 그 천체의 질량을 너무 크게 추정하였다. 그러한 블랙홀 후보는 직접 볼 수 없기 때문에 주위를 도는 별의 회전속도로부터 질량을 추정한다. 오늘날은 백조자리 별의 집단 속에 있는 V404라는 천체를 가장 강력한 블랙홀 후보로 보고 있다. 실제로 많은 천문학자들은 이것을 설명하는 다른 현상이 없기 때문에 가장 강력한 블랙홀 후보라고 믿는 것이다. V404는 블랙 홀 주위를 싸는 물질들이 원형으로 돌면서 나선형으로 중앙으로 모여드는 중력적 부가(gravitational accretion)형태에서 발생되는 엑스선 형태를 보여준다. 감마선이 발생하지 않는 것 또한 그 천체가 블랙홀의 후보라 여겨진다. 블랙홀은 블랙홀 바깥의 관측자에게 단단한 표면이 없는 것처럼 보이기 때문에 감마선은 블랙홀에서 나오기 힘들다. 일반적으로 감마선은 어떤 물체가 백색왜성(white dwarf star)이나 중성자별의 표면에 투입될 때 발생된다. 블랙홀에 대한 가장 결정적인 증거는 V404 주위를 도는 별의 속도가 엄청나게 빠르다는 것이다.

주위를 도는 별의 질량이 깃털처럼 가볍다 하더라도(실제는 별이 빛을 내려면 어느 정도 이상의 최소질량을 가져야하기 때문에 이는 불가능함) 블랙홀이 형성되기 위한 질량의 두 배

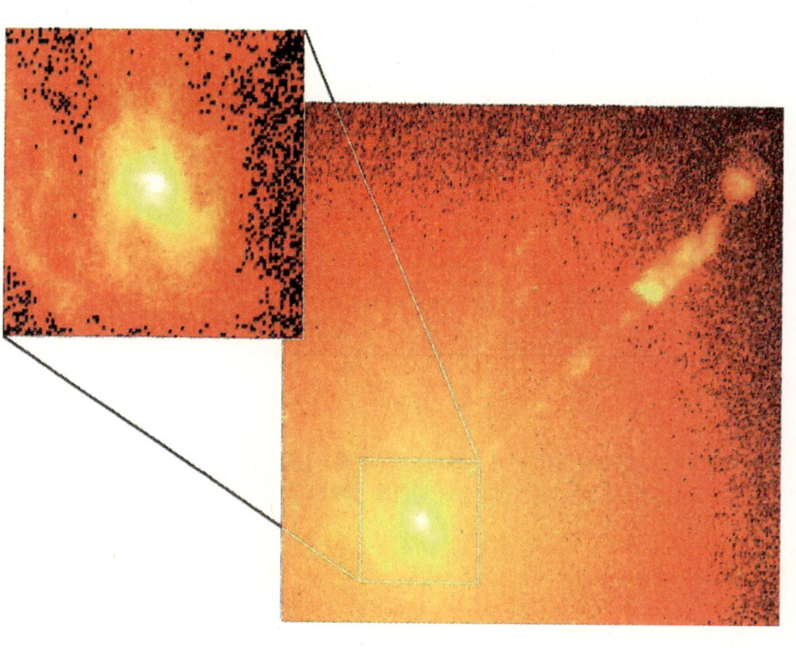

거대한 타원은하(M87)의 핵 주위를 도는 원반 모양의 빛나는 가스원반을 최근 허블 망원경이 촬영하였다. 이 원반 모양의 가스는 무거운 블랙홀로 떨어지는 물질 때문에 만들어졌다고 보여진다.

를 V404가 가지고 있다고 추정 할 수 있다. 이러한 여러 증거에 비추어보면 V404는 블랙홀이라고 판단된다.

타원은하(M87)의 은하 중심부에서는 강력한 엑스선과 감마선이 발생되고 있는데 개량된 허블 망원경에 의해서 첫 블랙홀 후보로 선택되었다. M87의 중심부 주위로 굉장한 속도로 나선형으로 모여드는 물체를 허블망원경은 발견하였다. 그러한 가스 물체의 궤도와 속도는 너무 커서 블랙홀이 아니면 설명할 수 없다. 이 경우에 블랙홀이 은하 중심부에 있어 매우 큰 질량을 가지므로, 이러한 큰 질량이 중력에 의하여 중심부로 떨어지는 물체에서는 감마선과 엑스선이 발생된다.

## 별의 죽음

이제 블랙홀이라는 거대 천체의 근원에 대한 설명을 하고자 한다. 매우 큰 별의 최종 단계를 추적하면 이게 바로 블랙홀의 시작이 된다. 그리고 별이 죽으면 바로 다시 중성미자 이야기로 되돌아오는데 왜냐하면 죽어가는 별은 제일 먼저 지구에 있는 중성미자 검출기에 의해서 검출된다.

4장에서 보았던 것처럼 별은 연소되면서 무거운 원소로 되고 이들은 중심부로 모이게 된다. 탄소가 연소가 된 후에는 니켈을 태우고 철이 만들어진다. 이런 과정이 계속되면 별의 중심부는 점차로 무거워 진다. 처음 별이 만들어질 때는 중심부의 밀도가 낮아서 중심부 중력이 중심부 물질의 원자들 사이 반발력보다 약하여 중력에 의한 붕괴가 일어나지 않는다. 붕괴되는 대신 별은 다 타고 난후 우주에 바위 같은 단단한 물체를 남기게 된다. 이런 별을 백색왜성(white dwarf, 하얗고 작은 천체)이라 부른다. 이 백색 왜성은 점차로 빛이 약해지고 더 이상의 질량이 증가되지 않는 한 그대로 유지된다.

원래 처음 만들어진 별이 붕괴를 일으킬만한 충분한 질량을 가지면 중심부 물질의 원자들 사이의 반발력이 중력을 이기지 못하여 붕괴하게 된다. 전자들은 양성자와 합해져 중성자로 되면서 크기가 줄어드는데 별의 크기는 7마일(1마일 = 1.609 km)정도 밖에 안 될 정도로 밀도가 매우 크다.

별이 붕괴될 때 물리법칙은 깨지지 않는다. 전자는 그림에서처럼 양성자와 결합하여 중성자가 되면서 약한 상호작용을 통하여 중성미자를 방출한다. 중성자별로의 변화는 거의 순간적이면서 그때 발생되는 중성미자 수는 엄청나다. 별이 붕괴되면서 별의 바깥 부분이 폭발하

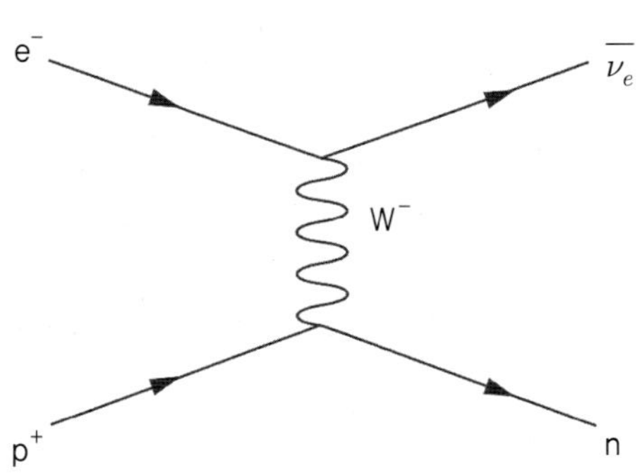


전자와 양성자가 합하여 중성자와 중성미자가 만들어지는 반응에 대한 파인만 다이어그램

면서 밝게 빛나는데 이를 초신성 폭발(supernova explosion)이라 부른다. 초신성 폭발 후, 중성자별 주위에는 성운(nebula)이라는 밝게 빛나는 가스 구름이 남는다.

초신성 폭발에 의해서 만들어진 성운은 밤하늘에서 가장 아름다운 천체 중의 하나이다. 우리가 오늘날 보는 황홀한 게성운(Crab nebula)의 시초는 1606년 까지 거슬러 올라간다. 1006년 중국의 한 점성술사는 굉장한 밝게 빛나는 별을 보았다고 전해지고 있다. 너무 밝아서 오전의 밝은 낮에도 볼 수 있었고 한 달 동안 지속되었다고 기록하고 있다. 이 새로운 별은 실제로 초신성폭발이 진행되는 오래된 별이다. 게성운과 그 외 다른 성운들은 붕괴되는 별 속에서 굉장히 많은 수의 중성미자를 방출하는데 이들은 별을 탈출하면서 물질과 많은 중성미자 상호작용을 통하여 별의 바깥 부분을 가열·폭발시킨다. 우리가 눈으로 보는 것은 바로 이러한 황홀한 성운 폭발이다.

질량이 큰 별이 붕괴되어 중성자별이 되면 어떤 일이 일어날까? 이런 별은 중성자별로 되면서 계속 한 점이 될 때까지 붕괴되어 블랙홀이 된다. 그러나 그러한 별의 붕괴가 중성자별의 단계에서 멈춘다 할지라도 중력이 너무 강하여 주위의 물질을 계속 끌어 모을 것이다. 결국은 물질이 더해지면서 충분한 질량이 되면 추가 물질이 더해진 중성자별은 결국 블랙홀로 붕괴될 것이다. 이러한 두 가지 경로의 블랙홀은 별이 중력 압력에 못 견뎌서 만들어진다. 엄청난 크기의 질량에 의해 형성되는 중력은 중성자들 사이 인력으로 작용하는 강력(strong force)보다 크다.

블랙홀은 물질이 한 점으로 수축된다는 상상할 수 없는 경우라 많은 관심을 받고 있다. 천문학자들을 지속적으로 당혹케 하는 질문은 블랙홀 내부에서 무슨 일이 일어나느냐이다. 이론적인 모델에 의하면 블랙홀의 중력은 엄청 커서 빛이나 중성미자조차도 블랙홀을 빠져나올 수 없다고 한다. 우리는 블랙홀에 가지 않는 한 내부를 볼 수 없으므로 블랙홀 내부가 어떻게 생겼는지 모르고, 또한 별이 붕괴하는 동안 입자물리 법칙이 성립하지 않을 수 있다고 단순히 상상할 수는 있지만 과학적 무지를 나타내는 표현이다. 우리가 아는 것은 그런 극한 상황에서 입자물리법칙은 실험실에서 우리가 적용하는 것과는 다르다는 것이다.

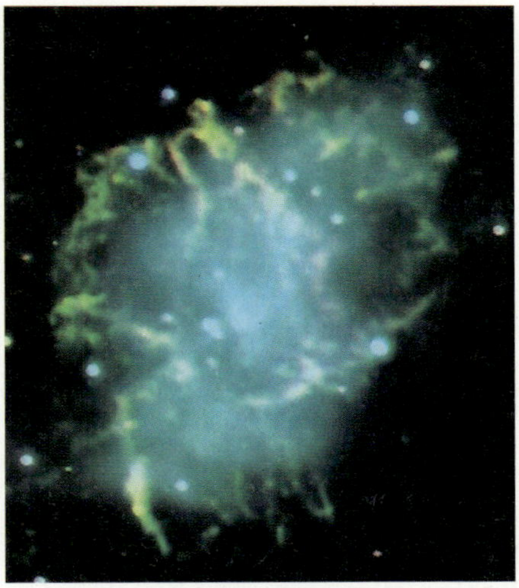

초신성 1006으로부터 생성된 게성운(Crab nebula)의 중앙부에 중성자 별이 있다.

최근 입자물리학자들은 블랙홀과 중성자별 사이의 중간의 상태가 있을 수 있다고 생각하고 있다. 중성자는 업(up)쿼크와 다운(down)쿼크로 구성되어있고 핵자(nucleon, 쿼크 세 개로 구성된 입자)들 중 가장 단순하고 가벼운 핵자다(사실 양성자 질량이 약간 더 작다). 자유 중성자는 불안정하여 붕괴하나 양성자와 붙게 되면 두 핵자사이 강한 상호작용 때문에 양성자처럼 안정하게 된다. 비록 중성자별이 양성자를 포함하지는 않지만, 중성자별 내의 자유 중성자들은 강 상호작용만큼 강력한 중력 때문에 붕괴되지 않고 안정하다. 우리는 입자물리 실험으로부터 기묘(strange)나 매혹(charm)쿼크로 구성된 핵자들도 안정적이지 않다는 것을 안다. 하지만 중성자별의 중앙에서 엄청난 중력 때문에 물질은 더 밀집되고 심지어 기묘물질(strange matter, 기묘쿼크로 구성된 핵자)이 안정되게 존재할 수 있다. 이러한 상상의 물질은 중심부가 보통의 업(up)쿼크와 다운(down)쿼크로 구성된 물질이라면 자신의 무게를 안정되게 유지할 수 없고 쿼크들이 다음 세대의 쿼크인 기묘나 매혹 쿼크라면 안정되게 중성자별이 유지될 수 있다. 또한 중성자가 일반 중성자별에서 안정한 상태로 존재할 수 있는 것처럼 무거운 핵자(예를 들면 람다 입자: λ)의 구성 쿼크도 붕괴되는 중성자별의 강력한 중력 하에서 안정될 수 있을 가능성도 있다. 이것이 만일 사실이라면 붕괴되는 중성자별이 더 무거워져야하기 때문에 블랙홀이 형성되기는 어려울 것이다.

## 1987년 초신성으로부터의 중성미자

1987년 2월의 3분의 2정도 지날 쯤, 우리 은하와 가까이 있는 불규칙은하(소마젤란 은하: Small Magellanic Cloud)에서 한 별이 초신성으로 바뀌었다. 이 초신성은 380년 동안 우리 태양계에서 가장 가까운 곳에서 발생한 것이다. 처음 천문학자들은 밤에 찍은 사진 건판에서

물리학자이며 스쿠버다이버인 Karl Luttrell이 IMB체렌코프 검출기의 광전자 증배관들(PM tubes)을 수선하고 있다. 이사진은 60피트 깊이의 물속에서 찍어졌는데 매우 투명하다는 것을 보여준다. 이는 체렌코프 광이 물 속에서 광전자증배관까지 흡수됨이 없이 가기 위해서는 필수적이다. 이 검출기는 1987초신성 폭발에서 나온 중성미자의 검출기에서 반응으로부터 나온 광펄스를 관측한 두 검출기 중의 하나이다.

폭발하는 별을 보았고 깊은 땅속에서 실험하는 물리학자들은 폭발로부터 바로 도착한 중성미자를 보았다. 이러한 초신성 폭발을 잘 연구하면 별 붕괴에 관한 현대물리 이론을 테스트할 수 있는 굉장한 기회를 얻을 수 있다. 모든 과학적 분석이 끝난다면 초신성 폭발에 관한 과학자들의 이론이 바뀌질 수도 있을 것이다.

이러한 초신성 폭발 후, 중성미자 검출에 유리한 여러 대형 지하 실험이 운영되고 있다. 이러한 실험들은 10장에서 이야기한 것처럼 원래 양성자 붕괴를 검출하기 위한 것이었으나 처음으로 이러한 검출기들은 중성미자 망원경으로 이용되기 시작하였다. 소마젤란 은하는 우리 은하에 있지 않기 때문에 우주를 탐색하는 첫 번째 중성미자 망원경이다.

이들 중성미자 검출기는 두 개 인데 하나는 오하이오 클리블랜드(Cleveland, Ohio)에 있고 또 하나는 일본의 카미오카(Kamiokande Japan)에 존재한다. 이 검출기에서는 초신성과 관련된 중성미자 신호가 검출되었다. 모두 체렌코프(Cherenkov) 빛을 관측하기 위하여 광 검출기

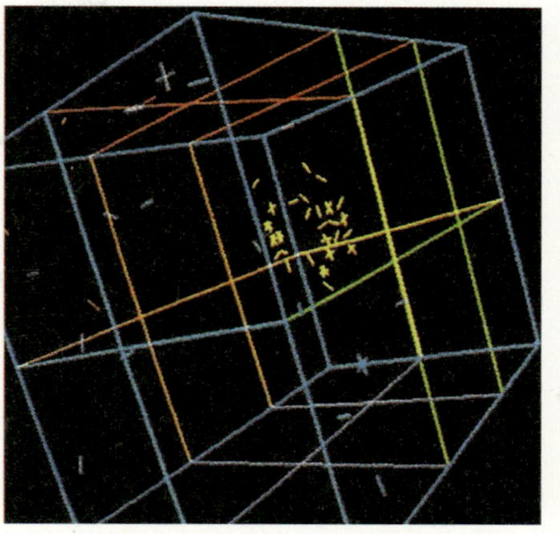

1987초신성에서 나온 중성미자의 IMB검출기에서 반응 사진. 정육면체 박스는 검출기의 벽을 각각 다른 색으로 나타내었고, 짧은 노란색 선으로 된 고리환(ring)은 중성미자 반응에 의해서 생성된 강한 에너지의 경입자가 만들어낸 체렌코프 광이다.

(photodetectors)가 일렬로 설치된 거대한 물탱크(large tanks of water)가 주된 시설이다. 이들 중성미자 검출기들은 지하 깊은 곳에 설치되어있다. 클리브랜드에 있는 검출기는 이리(Erie) 호수 밑 소금 광산 모르톤(Morton) 속에 있다. 양 중성미자 검출기 모두 4장에서 기술한 것과는 다른 과정을 통해 중성미자를 발견하였다.

초신성 폭발에서 나온 중성미자는 태양의 중심부나 원자력발전소에서 나오는 중성미자보다는 에너지가 더 높다. 결론적으로 중성미자가 검출기 내에서 상호작용할 때 어느 정도 이상의 높은 에너지를 가질 때 입자들이 발생된다. 발생되는 가장 높은 에너지의 입자는 하전 경입자이다. 이 경입자는 7장의 끝에서 기술한 것처럼 다중 비례상자(multiwire propotional chamber) 속에서 보거나 경입자가 내는 빛으로 관측할 수 있다. 20 MeV의 높은 에너지의 경입자로부터 체렌코프 광이 경입자 진행방향의 원추형(cone) 형태로 발생되는데 이 체렌코프 광은 검출기 내의 광센서(Photomultiplier tube: PM tube)에서 검출된다. 검출기는 중성미자의 진행 방향을 대략 추정할 수 있는데, 왜냐하면 검출기는 중성미자를 검출하는 것이 아니라 중성미자 상호작용에서 나오는 하전 입자를 검출하기 때문이다. 그럼에도 불구하고 중성미자의 방향을 달(moon)의 세 배 지름정도의 오차로 추정가능하다. 하지만 이것은 중성미자 발생원의 구조(neutrino source's structure)를 알 정도는 안 된다.

광학 천문학자들이 초신성이 폭발했다고 발표한 후, 당시 두 대의 거대한 지하 검출기에서 나오는 데이터를 분석한 결과 중성미자 반응들이 보통 때보다 많음을 확인하였다. 두 대의 검출기에서 상당한 양의 중성미자들이 초신성 폭발에서 발생되었다는 것을 알게 되었고 이들의 모양은 우리가 모르는 초신성의 구조와 관련이 있다. 카미오칸데(Kamiokande) 연구자들은 11개의 높은 에너지 중성미자 반응을 다른 중성미자 백그라운드 반응으로부터 찾아냈다. 이들 11개의 중성미자 반응들은 두 개의 펄스 모양으로 검출기에서 검출되었는데 두 개의 펄스 사이 시간은 약 10초 정도이다. 클리블랜드 검출기(The Cleveland detector, IMB: the University of California at Irvine, the University of Michigan, and Brookhaven National Laboratory, IMB실험이라 부름)에서는 카미오칸데 반응의 구조와 약간 다른 8개의 중성미자

반응들이 관측되었다. 과학자들은 카미오칸데의 두 펄스 형태의 중성미자 반응 모양에 대한 원인을 3가지로 생각하였다.

첫째, 중성미자 검출이 어렵기 때문에 두 번째 펄스의 중성미자 반응들은 검출 시스템 자체의 부정확성 때문에 늦게 검출기에 도달한 것처럼 보인다는 것이다. 즉, 검출된 중성미자 반응수가 작기 때문에 일어나는 통계적인 요동(statistical fluctuations) 때문에 두 개의 펄스로 보인다는 것이다.

둘째, 질량이나 비행 경로의 길이차이 때문에 두 개의 펄스로 나타날 수 있다는 것이다. 붕괴하는 별에서 나오는 중성미자 수가 매우 많아야 지구에서 중성미자 반응이 나타날 수 있다. 지구에서 관측된 중성미자 반응의 수는 초신성 폭발로부터 하나의 중성자 별이 생성되었다는 것을 확실하게 보여준다. 중성자별의 중심부가 질량이 큰 기묘쿼크(strange quark)나 매력쿼크(charm quark)로 구성된다면 보통 중성자가 만들어질 때 발생되는 전자 중성미자 외에 뮤온 중성미자도 만들어질 수 있다. 만일 중성미자가 질량을 가진다면 이들 두 중성미자는 다른 질량을 갖게 될 것이고 약간 무거운 질량을 가진 중성미자가 검출기에 가벼운 중성미자보다 늦게 도착 할 것이다. 또한 중성자별이 무거워서 주위의 공간을 휘게 한다면 어떤 중성미자는 다른 중성미자보다 다른 경로를 거쳐 지구에 도달하기 때문에 지구에 더 늦게 도착할 수 있을 것이다. 이런 연유로 두 개 펄스의 중성미자 반응들이 만들어질 수도 있다.

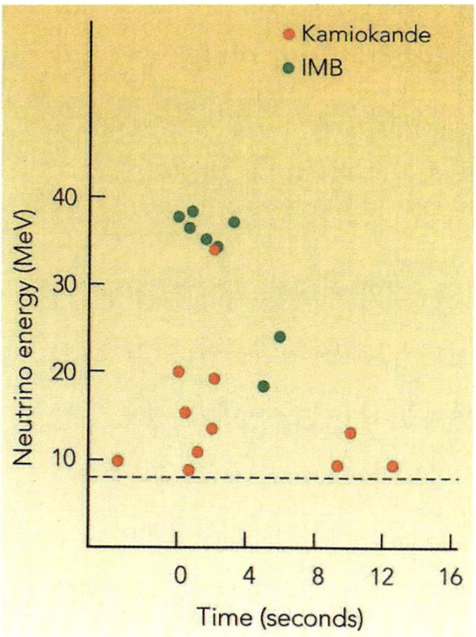


IMB와 카미오칸데 검출기에서 관측된 1987초신성에서 방출된 중성미자의 도착시간과 에너지 분포도. 점 선은 검출기의 검출 기준에너지(sensitivity threshold)를 보여준다.

세 번째 별은 붕괴할 때 되 튕길 수 있다(bounce). 별이 처음 붕괴되어 중성자별이 만들어질 때 탈출한 일부 중성미자는 별의 바깥부분을 뚫고 나오면서 바깥부분 물질과 상호작용하여 가열한다. 이 바깥부분의 물질들은 폭발하여 약 10초 후에 다시 중성자 별로 떨어지면서 중성자별은 지구에서 관측되는 이차 중성미자를 방출한다. 이차 붕괴 때 더해진 질량이 중성자별이 유지될 수 있는 가장 큰 질량보다 크다면 중성자별의 중심부는 중성자가 아닌 어떤 특이한 다른 물질로 바뀌지거나 블랙홀이 될 수 있다. 불행히도 이러한 초신성 폭발은 천문학자가 블랙홀이 생성되었는지를 알기에는 너무 멀리 떨어져있다. 그러나 그러한 초신성폭발이 우리 근처에서 일어나지 않았다는 것에 감사해야한다. 왜냐하면 가까이서 폭발하면 중성미자 수가 엄청나서 매우 가까이에서 발생되는 초신성의 충격파(shock wave)로 지구의 대기 일부가 이탈해 나갈 것이다.

만일 초신성 폭발에서 이런 중성미자 두 개의 펄스가 실제로 발견된다면 10초간의 사이가 있는 펄스를 만들 가장 그럴듯한 후보는 세 번째 모델인 되 튕기는 붕괴(bouncing collapse)일 것이다. 이러한 되 튕기는 펄스를 천문학자가 설명하려면 그들의 초신성 폭발에 대한 모델을 수정해야한다.

중성미자가 질량이 없다할지라도 기본적으로 아인슈타인의 일반상대성원리의 중력이론을 만족한다. 아인슈타인의 일반상대성이론은 질량이 없는 광자에 대해서도 성립한다. 왜냐하면 질량은 공간을 휘게 만들기 때문이다. 이 때문에 광자가 블랙홀을 빠져나오지 못한다. 중성미자는 단지 약한 상호작용만 하기 때문에 과학자들은 일반상대성이론을 중성미자가 따를지에 대해 토론을 하였다. 어떤 과학자들은 약한 상호작용은 공간을 휘게하지 못하기 때문에 중성미자는 블랙홀을 빠져 나와 직진할 것으로 생각하였다. 1987년 초신성은 이에 대한 답을 제공하였다. 초신성 폭발동안 지구에서 관측된 중성미자들은 광학적인 빛의 펄스가 걸린 8시간 이내에 지구에 도달하였다. 비록 중성미자의 도달 시간이 정확히 초까지 알려졌지만 빛의 펄스의 도달 시간은 정확히 알지 못하였다. 왜냐하면 폭발을 기록한 첫 번째 사진건판이 하늘의 그 지역을 찍었던 전의 건판 보다 8시간 이후에 찍어졌기 때문이다. 그러나 빛은 공간이 휜 지역을 통과하므로 지구까지 완전한 직선 경로로 오지 않는다. 1987초신성은 마젤란 은하(Magellanic Cloud)에서 일어났고 지구로부터 거리가 약 십만 광년(100,000 light years) 떨어져 있기 때문에, 직선으로 올 때 보다는 약 한 달 더 걸릴 것이다. 중성미자가 몇 주 빨리 도달하지 않았다는 것은 중성미자도 광자처럼 일반상대성이론을 따른다는 것을 이야기한다.

1987년 초신성 이후 여러 검출기에서 과학자들은 그들의 옛날 데이터들을 살펴보아 광학망원경에서 보지 못한(예를 들면 진한 가스 때문에 가스 뒤에 있는 별은 지구에서 보이지 않는다) 초신성 폭발들을 찾으려고 했으나 6년 동안의 데이터를 찾아보아도 중성미자 폭발은 보이지 않았다. 다음 장에서 소개할 새로운 검출기에서도 초신성 폭발을 찾으려는 탐색은 지속될 것이다.

1987년의 초신성 폭발에서 물리학자들은 중성미자의 질량을 측정하는 방법을 알게 되었다. 중성미자 질량이 매우 크다면 어느 곳도 거의 빛의 속도로 움직일 수 없다. 초신성 폭발에서 발생되는 전자중성미자 같은 가벼운 전자중성미자의 경우 에너지의 폭과 지구에 도달

시간에서의 차 때문에 중성미자 질량은 10 MeV/$c^2$ 이하이다. 이러한 상한값은 2장에서 이야기했던 더 직접적인 실험에서 얻어진 상한값보다 더 정확하지는 않다.

허블 우주망원경은 1987년 초신성 폭발 후 남겨진 물질을 현재까지 계속 연구하고 있다. 허블망원경은 아주 우수한 능력 때문에 3개의 중심이 다른 원 형태의 고리를 초신성 폭발 근처에서 검출할 수 있었다. 이러한 3개 고리는 왜 그러한 형태로 되었는지의 이유는 모르지만 초신성 폭발후의 나머지 물질(성운, Nebular)로 구성된 것이다. 전파천문학자들은 스위스 시계보다 더 정확한 시간을 제공하면서 한 회전 때마다 라디오파를 방출하는 펄서(pulsar) 즉 빠르게 회전하는 중성자별을 성운에서 찾고 있다. 이러한 물체는 1006년에 형성된 게성운(Crab nebula)의 중심부에 있다고 알려져 있다. 1987년 초신성 폭발 후의 남은 물질의 중심부에서 지금까지 어떤 펄서의 징후를 발견하지 못하였다. 그러나 그것은 중성자별이 충분히 빠르게 회전하지 않을 수 있기 때문일 수 있다. 실제로 중성미자 검출신호의 "튀어오름(bounce)"이 중성자별이 블랙홀로 진행하는 것을 지시한다면, 펄서는 기대하기 어려울 것이다. 왜냐하면 블랙홀 가까이 있는 어떤 빛이나 라디오파도 블랙홀을 빠져나오지 못하기 때문이다. 관측을 계속한다면 결국 더 많은 비밀을 풀 수 있을 것이다.

## 중성미자 망원경에 대하여

중성미자 망원경을 이용함으로써 우주에 대한 이론을 근본적으로 변화시킬 정도의 대단한 발견이 나오지는 않을 것이다. 그러나 이러한 망원경을 이용하면 은하나 다른 무거운 물체에 관하여 더 많은 정보를 얻을 수 있을 것이다. 과학자들이 태양에서 발생되는 중성미자를 관측함으로서 태양 핵융합의 중심부를 아는 것처럼, 중성미자 망원경을 사용하여 은하 중심부를 직접 볼 수 있다. 이러한 망원경은 우리 은하의 중심부와 우리 은하와 가까운 안드로메다 은하(Andromeda galaxy)에서 발생되는 중성미자를 연구하는데 사용될 수 있다. 여기서 발생되는 두 중성미자 스펙트럼을 비교하면 두 은하에 대한 중요한 정보를 얻을 수 있다. 또한 우리 은하에서 멀리 떨어진 은하의 중심부에 있는 지대 질량의 큰 블랙홀로부터 엄청난 에너지가 중성미자 형태로 발생되는지도 이 망원경을 통하여 알 수 있다.

비록 지하 검출 실험에 의해서 우리 은하계 밖의 은하에서 오는 중성미자를 이미 검출하였지만 아직 진정한 의미의 중성미자 망원경(true neutrino telescope)은 만들어지지 않았다. 그러한 진정한 중성미자 망원경은 현재 지하 실험시설이 가지고 있지 않는 특징들을 가져야

할 것이다. 첫째 중성미자 상호작용에서 나오는 모든 입자들의 궤적을 더 잘 알 수 있어야하고 발생된 입자들을 재구성(reconstruct)하여 원래의 중성미자 방향을 더 정확히 알 수 있어야 한다. 감마선 망원경은 감마선에서 만들어진 전자-양전자 쌍을 관측하여 원래의 감마선방향을 정하는 것처럼 중성미자 망원경은 중성미자 상호작용에서 발생되는 모든 입자를 정확히 측정하는 어떤 수단이 있다면 중성미자 망원경에서는 재구성을 통하여 중성미자의 방향을 더 정확히 추정 가능하다. 체렌코프(Cherenkov) 검출기를 사용하는 망원경은 중성미자 상호작용에서 발생되는 하전 경입자(lepton)들만 관측할 수 있고, 하나의 하전 경입자만 나오는 중성미자 상호작용의 중성미자 방향은 제대로 알기 어렵다. 그러나 모든 하전 입자들의 궤적을 추적할 수 있는 수단2(Soudan 2)라는 새로운 검출기가 있다. 두 번째로 더 중요한 것은 중성미자 망원경은 매우 큰 크기여야한다. 수단2 검출기는 미국의 미네소타주 Tower-Soudan의 철광산의 지하에 위치하여 있고 크기는 강철 960톤 사이즈는 17 × 28 × 50 피트로 일반적인 관점에서는 거대하다. 그러나 중성미자 망원경은 질량은 그러한 크기에 비하여 50에서 200배 더 커야하고 우리 은하 중심부에서 발생되는 중성미자 데이터를 충분하게 받기위하여는 10년 이상 작동되어야한다. 세 번째로 아주 이상적인 중성미자 망원경은 공기가 희박한 지구 궤도나 공기가 거의 없는 달에 설치하는 것이 좋다. 이런 곳에 설치하면 고에너지 우주선 입자가 대기와 충돌하여 발생되는 많은 수의 대기중성미자를 피할 수 있다. 전기를 띤 우주선 입자들은 지구의 자기장 때문에 휘어져서 우주의 어디서 왔는지 알기가 어렵다. 지구상에 설치된 중성미자 망원경은 이러한 문제를 줄이기 위하여 대기 중성미자 에너지 보다 더 높은 에너지의 중성미자반응 또는 신호만 선택하거나 혹은 옆으로 들어오는 중성미자 반응만 선택한다. 이러한 어려운 조건에도 불구하고 지상에서 중성미자 천체망원경은 가능하다.

지금까지 생각했던 검출기보다 엄청난 규모의 검출기를 만들 것을 계획하고 있다. DUMAND(Deep Underwater Muon And Neutrino Detector)라 부르는 천체 중성미자 프로젝트는 깊은 바다 속에 설치하려고 하는데 중성미자를 검출하는데 바닷물을 이용한다. 다른 비슷한 실험은 육지의 호수 속에 이 검출기를 설치하는 것이다. 또 다른 특색있는 천체 중성미자 검출기는 AMANDA(Antartic Muon And Neutrino Detector Array)라는 남극 얼음 밑에 설치된 중성미자 검출기이다. 이러한 모든 실험은 물 속 혹은 얼음 속에 규칙적으로 배열된 광센서(photosensitive)들을 사용한다. 이들 광센서들은 중성미자 반응에서 생성된 하전 경입자들로부터 발생되는 체렌코프 광(Cherenkov light)에 반응하여 전기신호를 만들어낸다. 이들 실험 모두 초신성 중성미자를 검출했던 물탱크(water tank) 실험처럼 대략적인 중성미자

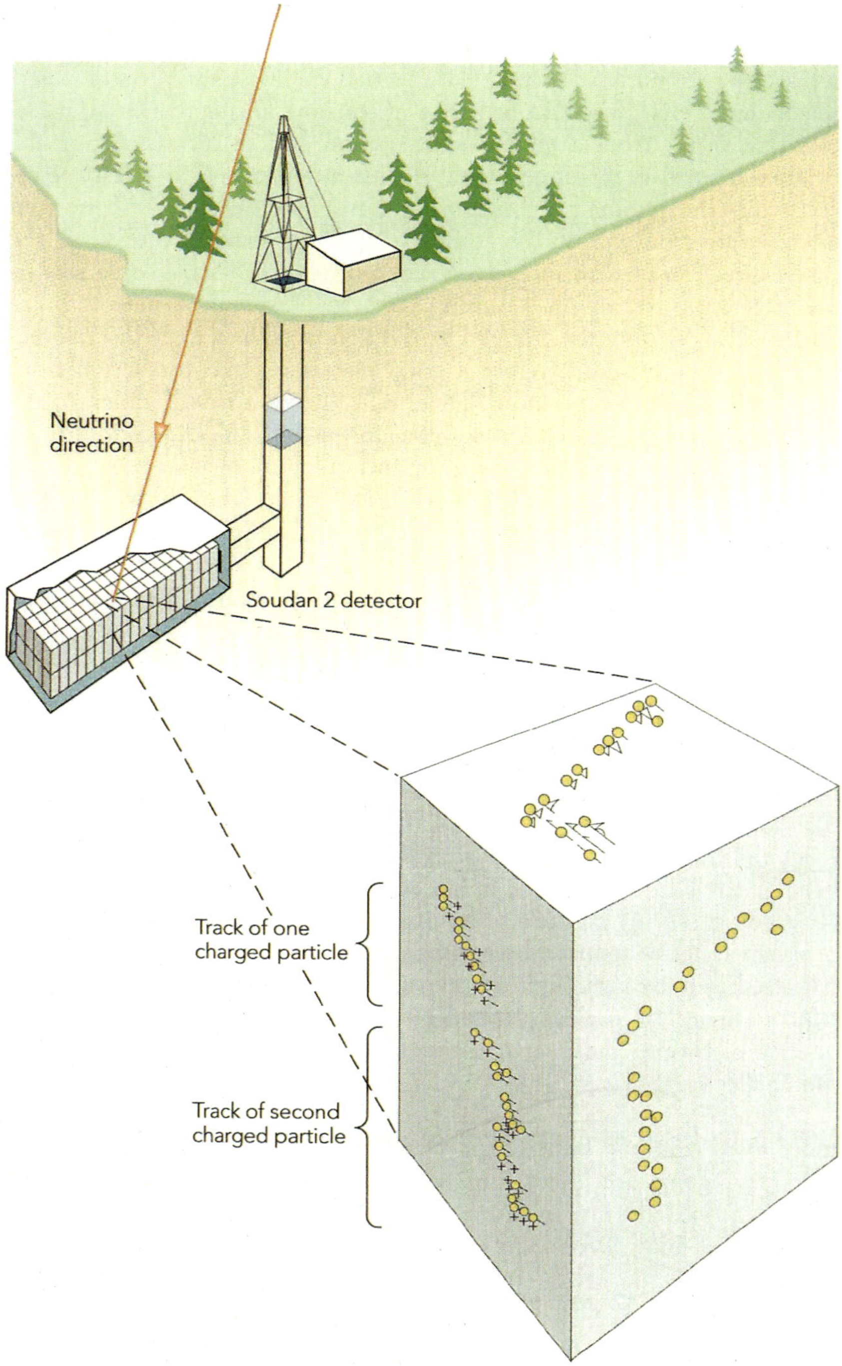


Soudan 2 검출기에 기록된 중성미자 상호작용. 이 검출기는 중성미자가 철 핵과 반응하여 발생된 두 개의 하전 입자궤적을 보여준다. 이 검출기는 중성미자의 초기 방향을 정확히 측정하기 위하여 궤적을 정밀하게 측정하는 초정밀 궤적 측정기기를 사용하여 중성미자 상호작용에서 발생되는 모든 입자 궤적을 측정하였다.

방향을 알 수 있다. AMANDA 실험은 수단2실험에서 중성미자 방향을 추정했던 방법을 사용하지 않는다. 또한 AMANDA는 대기 중성미자를 피할 수 있는 높은 궤도위에 있지도 않지만 대신 적은 비용으로 많은 중성미자를 볼 수 있는 엄청나게 큰 검출기를 만들 수 있다는 장점이 있다.

AMANADA실험은 처음 남극에 지을 때 테스트를 위하여 작은 크기로 만들었다. 남극의 얕은 얼음 속은 실험에 필요한 만큼 체렌코프 광에 투명하지 않았다. 그래서 연구자들은 얼음에 1마일 이상의 구멍을 뚫어 광센서를 줄에 매달아 넣어 이 어려움을 극복하였다. 이러한 깊이에서 얼음은 아주 균질하여 체렌코프 광에 투명하였다. 이러한 작은 광센서 배열로부터 여러 가지 중성미자 신호들이 잡히기 시작하였다. 이런 배열이 최종 계획대로 각 측면이 반마일 크기로 확장되고 남극의 추위를 잘 극복하였다면, 기능성 있는 중성미자 망원경이 되었을 것이다. 지금은 더 큰 AMANDA II가 만들어져 작동중이다.

현재의 이러한 어려움에도 불구하고 결국 우리의 우주에 대한 지식은 체계적인 중성미자 관측을 통해서 확대될 것이라고 확실하게 믿는다. 이러한 우주에 대한 새로운 비전을 1987년 초신성 폭발의 중성미자를 관측할 때의 감격처럼 강하게 믿는다. 1987년 당시 초신성 폭발을 중성미자로 관측이후 별의 붕괴에 대한 이해가 더 확실해졌고 또한 중성자별의 존재에 대한 증거를 확실하게 보여주었다. 이 장(chapter)의 과학적인 교훈은 우리가 이해 할 수 없던 것을 전통적인 방법에 의해서 계속 연구하는 것이 더 쉬울 수 있지만 가끔 좀 더 새로운 방법으로 연구했을 때 빠르고 경이적인 결과가 나올 수 있다는 것이다.

• • •

지하 깊은 입자 물리 검출기에 의해서 우리 은하 밖으로부터 죽어가는 별의 매우 큰 폭발로부터 오는 중성미자 신호를 볼 수 있었다. 이러한 검출기는 본질적으로 처음으로 작동되는 중성미자 망원경이 되었고 초신성 폭발에 관한 여러 이론을 직접적으로 시험한 기회를 제공하였다. 앞으로 더 큰 중성미자 망원경이 만들어지면 더 많은 초신성 폭발에서 나오는 중성미자를 관측할 수 있고, 우리 은하 중심부나 혹은 우리 은하와 가장 가까운 안드로메다 은하 중심부 혹은 더 신비한 퀘이사(quasar)나 혹은 활동하는 은하핵(active galactic nuclei)으로부터 발생되는 중성미자를 관측할 수도 있을 것이다.

새로운 중성미자 관측과 고에너지 감마선에서 발생되는 전자-양전자 쌍을 검출하는 감마선 관측은 매우 많은 공통점을 가지고 있다. 양쪽 모두 비록 같은 목적을 가지고 있지만 갈릴레이 망원경과 아주 다른 새로운 관측기구이다. 이러한 기구들은 새로운 눈으로 천체를 관측하고 이들은 이러한 천체를 이해하는데 많은 정보를 제공한다. 우리는 미래에 중성미자 망원경으로 우주를 볼 때도 많은 성공이 있기를 바란다.

# 제9장

# 중성미자 종류 수 결정

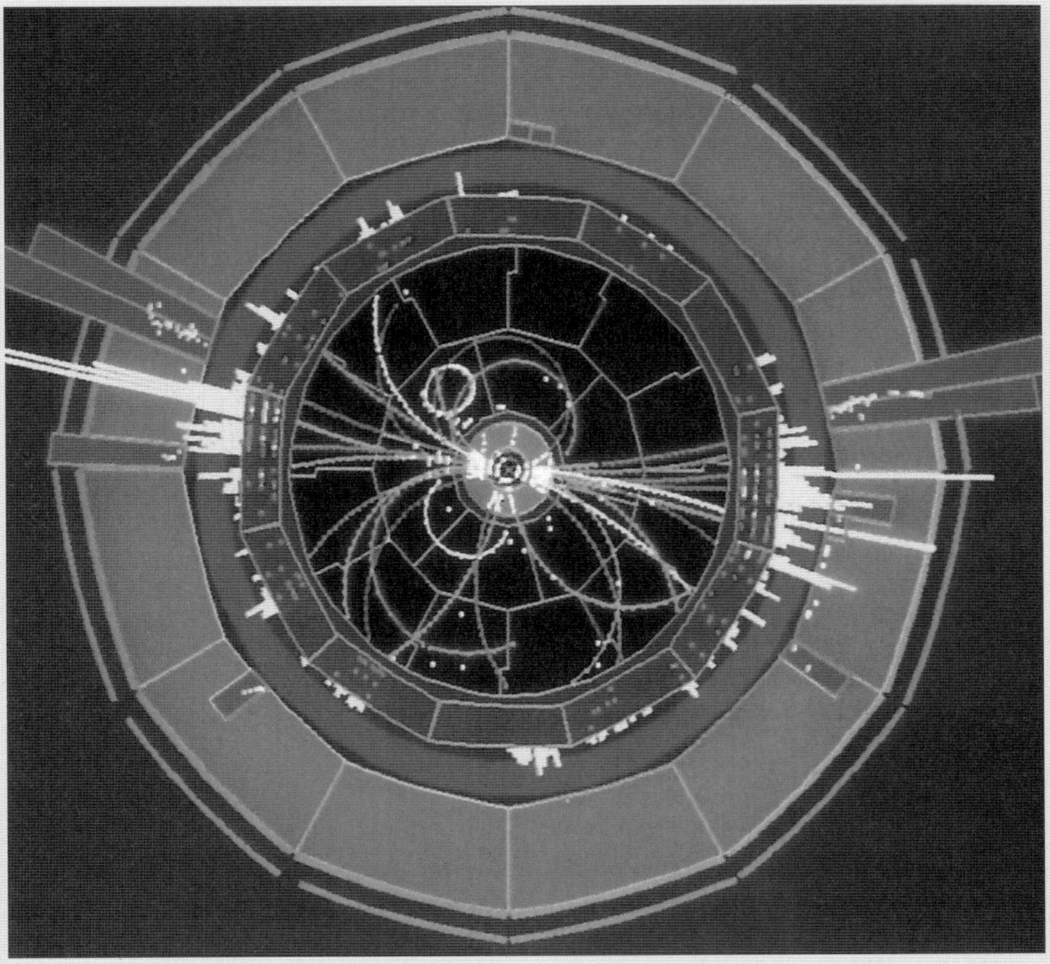

LEP에 있는 Aleph검출기가 전자–양전자가 충돌하여 Z입자를 생성하는 것을 보여준다. 여기 Z입자는 여러 입자로 구성되는 두 개의 제트(jets)로 붕괴된다. 이는 아주 복잡한 반응 중의 하나를 예로서 보여준 것이다.

1975년부터 1977년간의 2년 동안 경입자와 쿼크의 또 다른 세대를 검출하게 되어 스텐포드와 페르미 랩(the Stanford Linear Accelerator Center and Fermilab) 물리학자들은 매우 흥분하였다. 이미 발견된 두 종류보다 더 무거운 세 번째 전자와 비슷한 입자가 SLAC에 있는 M. Perl가 이끄는 실험에 의해서 발견되었다. 이 새로운 전자 비슷한 입자는 타우(tau)라 부르고 경입자 수가 보존되기 위해서는 세 번째 중성미자가 존재해야했다. 같은 해 SLAC과 Fermilab 양 실험에서 쿼크의 세 번째 세대(third generation)인 보텀(bottom)쿼크가 발견되었다. 또한 톱(top)쿼크를 실험적으로 증명하기 위해서는 더 많은 시간과 노력이 필요하겠지만 존재할 것으로 기대되었다.

타우 경입자와 보텀(bottom)쿼크는 앞의 두 세대(the first two generations)의 대응되는 경입자와 쿼크보다 더 무겁다. 각각의 입자는 새롭고 더 높은 에너지의 가속기를 사용하여 검출되었다. 이들 새로운 입자들이 발견되면서 물리학자들은 지금까지 알려진 쿼크와 경입자가 실제로 존재하는 모든 입자들인가에 대한 의문을 가지기 시작하였다. 아마 새로운 고에너지 가속기가 발명됨에 따라 더 큰 질량의 쿼크와 경입자들을 발견하게 되었을 것이다.

어떤 입자 물리학자들은 쿼크와 경입자의 세대 패턴이 무한히 계속될 것이라고 확신하였다. 그러나 천문학자와 우주물리학자들은 매우 초기의 우주가 지금까지 남아있는 천체를 연구함으로서 쿼크와 경입자들의 세대가 몇 개나 되는지 알게 되었다. 우주물리학자들은 중성미자의 종류와 몇 개가 되는지를 알면 우주에서 가장 큰 구조와 우주에서 가장 작은 입자사이에 놀랄만한 관계가 있음을 알게 되었다. 이것과 더 많은 것을 이 장에서 이야기 하려고 한다.

## 우주의 초기

우주 초기의 대폭발(big bang)이론은 앞의 2장에서 이야기했었는데 우주 팽창을 시간을 거꾸로 하면서 예측하는 것이다. 빅뱅이론에 따르면 우주는 한 점에서 출발한 것으로 생각할 수 있을 것이다. 이러한 폭발이 무엇때문에 되었는지는 풀기가 어렵다. 폭발 후 $10^{-43}$초 지난 극한 우주의 상황은 오늘날 우리가 현재 실험실이나 천체 관측에서 관측하거나 만들어 낼 수 없는 상황이다. 그래서 이러한 상황을 기술하는 어떤 이론도 완전 사색적일 수밖에 없다. 현재까지 가장 최상의 이론에 의하면 빅뱅 후 $10^{-43}$초 지나서 자연계의 모든 힘은 동일한 형태이고 어떤 하나의 초력(superforce)형태라는 것이다. 빅뱅 후 일초가 지나면 좀 더 세세하게 진행된다.

빅뱅 후 $10^{-43}$초 지나면 중력은 다른 힘으로부터 분리된다. 우주는 빠르게 팽창하면서 급속하게 냉각한다. 이때 물질은 오늘날 우리가 아는 형태로 존재하지 않는다. 오히려 우주는 쿼크, 글루온, 경입자, 광자, 그리고 약력을 매개하는 W와 Z입자의 집단이다. 물질은 에너지적으로 매우 뜨거워서 모든 힘을 매개하는 입자들 즉, 글루온, 광자, 그리고 W와 Z입자들은 거의 비슷하게 행동한다. 중성미자 같은 입자들은 현재는 거의 상호작용하지 않는 입자들이지만 그 당시에는 엄청 높은 에너지를 가지고 있고 입자들이 거의 통과하지 못할 정도로 매질 밀도가 커서 상호작용을 연속적으로 하였다.

중성미자를 포함한 기본 입자들의 상호작용에 의해서 빅뱅이후 $10^{-36}$초부터 $10^{-6}$초까지 빅뱅이 변화한다. 초기 우주는 지금의 우주와 기본 상호작용이 쿼크수준에서 일어났다는 것이 다르다. 이 시간동안 우주 크기는 포도에서 직경이 태양계 크기로 커졌다. 이 시기의 마지막 순간에 쿼크와 글루온이 우주가 차가워지면서 결합하여 안정된 상태로 변하면서 양성자와 다른 하드론(hadron)들이 만들어졌다. 처음 중입자(baryon)가 만들어질 때 물질과 반물질은 같은 비율로 존재하였다. 하지만 10장에서 설명될 이전 시간의 특이성 때문에 물질이 더 많아지게 되었다.

그래도 우리의 초기 우주 크기는 작고 쿼크와 글루온이 결합한 이후에도 뜨거웠다. 이 시기에는 단지 광자와 W, Z입자만이 관여하는 전자–약 상호작용만이 물질과 평형상태에서 남게 되었다. 이것이 의미하는 바는

$$\mathrm{p} + \mathrm{e}^- \leftrightarrow \mathrm{n} + \nu_e$$

$$\mathrm{e}^+ + \mathrm{e}^- \leftrightarrow \nu + \overline{\nu}$$

심지어

$$\mathrm{n} \leftrightarrow \mathrm{p} + \mathrm{e}^- + \overline{\nu_e}$$

베타붕괴 혹은 중성미자를 포함하는 어떤 반응도 어느 쪽으로든지 반응이 진행할 수 있다는 것이다. 현재의 우주 상태에서는 에너지보존칙에 의해 오른쪽으로만 반응이 진행된다. 그러나 초기 우주에서는 입자들의 에너지가 커서 위 세 가지 반응의 오른쪽에 있는 입자들이 반응하여 왼쪽에 있는 입자가 될 수 도 있다. 우주가 계속 팽창함에 따라 입자들은 차가와지면서 빅뱅 후 수 백 분의 일초가 지난 후에는 평균 입자들의 에너지는 1 MeV 이하까지 떨어졌

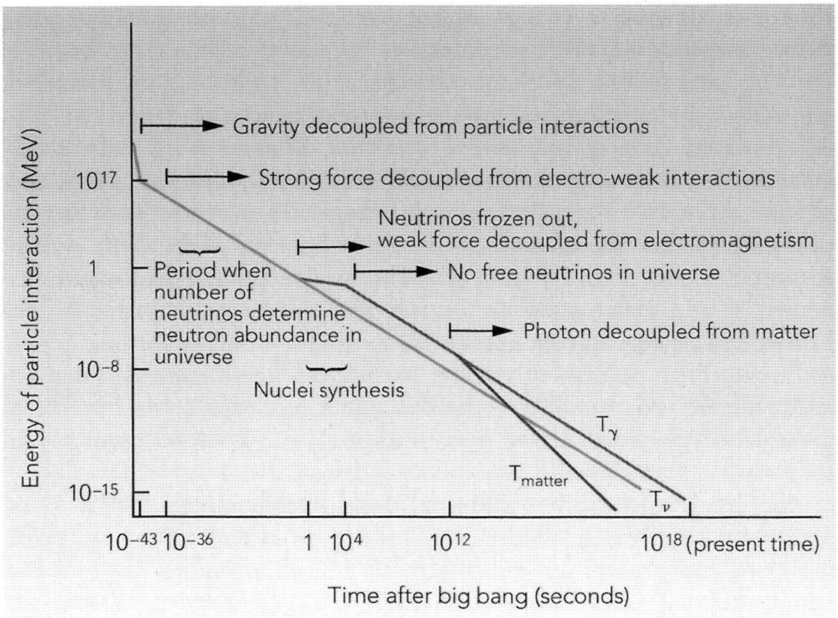


팽창하는 우주의 에너지, 즉 온도가 빅뱅 후 수분 만에 급격하게 감소되고 있다. 그래프에 어느 시점에서 힘들이 분리되었고 입자들이 온도가 낮아져 뭉치게 되는지를 언급하였다. 대략 빅뱅후 약 1분 지나서 물질과 반물질이 서로 쌍소멸되었고 이 과정에서 더 강력한 광자가 발생되면서 광자에너지 온도 곡선($T\gamma$)이 떨어지지 않고 더 유지되었다. $10^{12}$ 초경에는 물질의 온도 곡선($T_{matter}$)이 급격하게 광자 상호작용이 물질에서 분리되면서 하강하게 된다.

을 것이다. 이 시점에서 중성미자 상호작용은 잘 안 일어나게 되고 더 이상 반응이 양쪽으로 진행되는 평형상태가 깨진다. 이렇게 온도가 내려간 이후 중성미자를 포함하는 상호작용은 역반응이 일어나지 않게 된다.

수 백 분의 일초 시간 이후 생성된 모든 중성미자는 우주를 통하여 퍼져나간다. 이러한 예측이 옳다면 우리의 우주는 1 $in^3$ 당 1500개의 중성미자가 존재해야한다. 이렇게 중성미자 밀도가 높은 경우 만일 중성미자의 질량이 영(0)이 아니라면 2장에서 이야기한 우주의 암흑물질이 발견되지 않는 부분에 대하여 설명할 수 있을 것이다. 이러한 온 우주에 퍼져있는 중성미자 배경(background)은 같은 시기에 만들어진 광자에 기원을 둔 2.7 K 온도의 마이크로파 배경과 비슷하다. 그러나 평균 1/100,000 eV의 에너지를 갖는다고 생각할 때 중성미자 배경은 온도가 1.9 K 밖에 안 된다고 예측되고 있다. 중성미자의 배경 온도는 전자-양전자 쌍소멸(electron-positron annihilation)이 일어나기 전에 중성미자 상호작용이 평형상태에서 일어나지 않기 때문에 광자의 배경 온도보다 더 낮다. 오늘날 우리가 관측하는 흑체

복사 에너지 스펙트럼은 거의 전자-양전자 소멸에서 발생한다. 중성미자는 보통 물질과 거의 상호작용하지 않기 때문에 이러한 전자-양전자 쌍소멸에서 나오는 에너지를 흡수하지 못한다.

불행하게도 최초의 중성미자는 너무 낮은 에너지를 가지고 있어서 이들을 측정할 어떤 기술도 없다. 만일 이러한 최초의 중성미자 밀도나 평균에너지를 측정할 수 있다면 초기 우주에 대한 의문을 해결할 수 있고, 현재의 이론이 얼마나 정확한가를 추정할 수 있을 것이다. 물리학자들은 태양의 중심부에서 발생되는 중성미자들을 검출할 수 있었다. 왜냐하면 태양에서 발생되는 중성미자들은 최초 중성미자에너지보다 더 높은 에너지를 가지고 있어서 산란 단면적이 더 크기 때문이다. 심지어 8장에서 이야기 한 것처럼 초신성 폭발에서 발생되는 중성미자들은 더 높은 에너지를 갖기 때문에 더 관측하기 쉽다.

중성미자의 에너지가 낮아진 후, 우주는 원자핵이 합성되기 시작하였다. 양성자와 중성자들이 함께 합해져 수소 핵을 만들기 시작하였다. 이러한 수소 핵은 중성자와 합하여 무거운 수소 원자핵을 만들었고, 이러한 무거운 수소핵과 합한 양성자들은 헬륨 원자핵을 만들었다.

$$P + n \rightarrow {}^{2}H + \gamma$$

$${}^{2}H + n \rightarrow {}^{3}H + \gamma$$

$${}^{3}H + p \rightarrow {}^{4}He + \gamma$$

또한 핵 합성은 위의 작용 외 추가적인 상호작용을 통하여 이루어졌다. 하지만 이러한 상호작용에 의한 핵 합성은 비중이 그렇게 많지 않다. 이 시기에 광자 상호작용은 아직 평형상태에서 벗어나지 않았다. 그래서 전자들은 에너지가 너무 커서 핵 주위에 잡혀있지 않아 중성의 원자를 만들지 못한다.

높은 에너지의 초기 우주 상태에서 중입자와 핵의 상호작용은 오늘날 별에서 일어나는 핵 합성과정과는 완전히 다르다. 빅뱅 직후 이들 중입자와 핵의 에너지는 전자기 상호작용의 평형상태가 이루어 질만큼 에너지가 매우 컸다. 즉 중입자-핵의 전자기 상호작용 평형상태에서는 모든 반응들이 앞으로 진행되는 만큼 역반응이 바로 진행된다. 그래서 중성자들은 이러한 반응들에서 없어진 만큼 금방 다시 채워진다. 결과적으로 우주 탄생 1초 이후 입자들의 온도가 냉각되면서 광자(전자기) 상호작용은 평형상태에서 벗어나게 되고 중성자 상호작용

또한 평형상태에서 벗어나게 된다. 이제 자유로운 양성자와 중성자의 상호작용에서 안정된 핵들이 만들어진다. 그래도 양성자와 중성자는 핵보다는 숫자가 많다. 이들 새로 만들어진 핵들은 낮은 에너지를 가지고 있기 때문에 한번 만들어지면 단단히 결합되어 계속 안정된 상태를 유지한다. 1950년대 처음으로 이론 물리학자인 가모브(Jeorge Gamov)가 초기 우주에서 어떻게 핵이 생성되는지에 대한 연구를 하였고 이어받아서 페르미와 토니(Fermi and Tony Turkevich)는 가상적인 핵반응률을 확인하기 위하여 처음으로 이에 대한 실험을 진행하였다. 이들 누구도 그러한 실험이 입자물리에 있어 획기적인 안목을 주리라 예상하지 못하였다.

자유로운 중성자는 불안정하여 약 15분(881.5 초)의 반감기를 가지고 있다. 이러한 불안정성은 우주 초기 수소와 헬륨의 비율(abundance)에 중요한 영향을 주었다. 즉 중성자가 붕괴되기 전 까지는 핵이 계속 생성되고 중성자 반감기가 지나 약 한 시간이 경과하면 거의 모든 중성자들은 붕괴되어 없거나 다른 핵에 포획되어 우주 초기의 핵 합성은 끝나게 된다. 중성자가 별로 없이 양성자가 많은 핵은 불안정하여 빨리 붕괴한다. 가장 안정된 원소는 양성자와 같은 수의 중성자를 가지는 원소이다. 이러한 것은 핵자들 사이 작용하는 핵력과 관계가 있으나 자세한 것은 충분히 자세하게 이해되지 않았다.

헬륨과 수소가 우주에서 양이 많다는 것은 중성자의 반감기와 우주 초기 이들 입자들의 양과도 연관이 있다. 우주 초기의 양은 중성미자 에너지가 줄어들기 전, 엄청난 에너지를 가지고 다른 입자와 많은 상호작용을 할 때의 우주 팽창시간과 연관이 있다. 입자 상호작용에 참여하는 중성미자 종류의 수에 의해서 핵 합성에 필요한 총 중성자 수가 결정된다. 이러한 이유에 의해서 우주의 원소의 상대적인 양들이 결정된다.

중성미자의 평형상태가 깨지기 전 전자와 양전자는 매우 에너지가 커서 Z입자를 매개로 전자-약 상호작용을 한다. 이를 통하여 중성미자는 더 높은 세대의 경입자를 만들어낸다. 입자 상호작용에 참여하는 중성미자의 종류가 많을수록 더 많은 양성자가 아래와 같은 과정을 통하여 중성자로 변하게 된다:

$$\overline{\nu_e} + e^- + P \rightarrow n$$

$$\overline{\nu_\mu} + \mu^- + P \rightarrow n$$

$$\overline{\nu_\tau} + \tau^- + P \rightarrow n$$

타우 중성미자($\nu_\tau$ tau neutrino)가 존재하지 않는다면 양성자를 중성자로 바꾸는 과정의 수가 줄어든다. 그러나 더 많은 종류의 중성미자가 존재한다면 더 많은 중성자를 만들 수 있는 길이 있게 된다. 더 많은 중성자가 존재 할수록 더 많은 $^4$He가 만들어진다. 중성미자 종류가 많아지면 모든 자유 양성자는 중성자로 바뀔 것이다. 많은 중성미자 종류가 존재했던 우주 초기에는 수소 핵이 없는 100% $^4$He가 만들어졌을 것이다. (여기에 관여하는 추가적인 요소는 중성미자가 에너지가 줄어드는 시기와 자유 중성자가 핵을 형성할 만큼 에너지가 낮아지는 시점사이 간격이다. 이러한 시간 차이 때문에 자유 중성자는 붕괴할 수 있고 $^4$He 생성을 위한 중성자 수는 줄어든다.) 우주에서 $^4$He와 수소의 비율은 초기의 우주가 중성미자가 많이 존재할 때 팽창하는 동안 입자 상호작용에 참여하는 정확한 중성미자 종류 수에 따라 달라진다. 만일 중성미자 종류수가 3보다 크면 우주에 수소는 없고 거의 $^4$He만 남게 될 것이다.

$^4$He는 초기 우주에서 가장 많은 무거운 원소이다. 왜냐하면 빅뱅 핵 합성에서 최종적인 무거운 원소이기 때문이다. 질량수가 5인 모든 동위 원소는 불안정하여 곧 붕괴하기 때문이다. 우리가 지금 아는 무거운 원소들은 후에 별들에서 가벼운 원소들이 별의 중심부에 밀집되어 많은 상호작용을 하여 만들어진 것이다. 별 속의 핵, 용광로(nuclear furnace)는 핵을 보다 높은 밀도와 높은 압력 속에서 유지시킴으로서 빅뱅 후에 급속히 팽창하면서 식어지는 우주에 보다 더 많은 양의 무거운 원소를 만들어낸다.

초기 우주에 대한 이론적 모델에 의하면 중성미자 종류는 $^4$He같은 원소의 초기 생성에 영향을 준다. 그래서 과학자들이 초기 우주에서 수소와 $^4$He의 생성비를 결정하면 중성미자 종류가 최대 몇 개인지를 정할 수 있을 것이다. 많은 우주론자들이 얼마나 많은 중성미자 종류가 초기 우주 전개 과정에서 관여하였는지 독립적으로 연구하였지만 특별히 언급한 사람은 프린스턴대학의 P. J. E. Peebles이다. 1966년 그는 두 가지 종류의 중성미자로는 현재 알려진 $^4$He의 양을 예측할 수 없고 더 많은 중성미자 종류가 있어야 한다고 제안하였다. 그래서 천문학자들은 다양한 성간(stellar)물체를 연구하여 마침내 중요한 입자물리 매개변수가 얼마인지 알게 되었다. 이 매개변수를 알면 초기 우주의 수소와 $^4$He의 비율을 알 수 있다. 나이든 별들은 수소와 $^4$He을 연료로 태우기 때문에 수소와 $^4$He의 비율을 정확히 알기 어렵고 최초기의 별들을 찾아 연구 할 수밖에 없었다.

은하와 은하를 둘러싸는 성간 물질들은 이들 비율을 측정하기에 가장 좋은 별의 물질로 알려진다. 우리 은하 가까이에 있는 작은 은하들인 두 개의 마젤란 은하(Magellanic Clouds)는 은하 초기 생성단계와 가장 유사하다고 추정된다. 이들 은하는 헬륨($^4$He) 25%, 수소 75%

구성 비율로 더 무거운 원소는 거의 없는 것으로 알려졌다. 우리 은하 중심부는 헬륨($^{4}$He)이 29%가 존재한다. 우리 은하 내부 성간 구름(interstellar cloud)인 오리온 성운(Orion Nebular)은 34% 헬륨($^{4}$He)을 가지고 있다. 이들 두 마젤란 성운들에서는 가스로 만들어진 오래된 별들을 포함하기 때문에 진짜 원래 헬륨($^{4}$He)에 대한 수소의 비율을 예측하기 어렵다. 여러 번 측정을 거쳐 천문학자들은 원래의 원시 우주(primordial universe)는 헬륨($^{4}$He)보다 수소가 3배 많은 것으로 결정하였다.

1977년 이 분야에서 큰 진전이 왔다. 독립적으로 이 분야에서 일하던 Gary Steigman과 David Schramn은 중성미자 종류가 어떻게 우주의 헬륨($^{4}$He)과 수소비율에 영향을 미치는지 다시 연구 하였다. 이들은 관측된 자료와 이에 바탕을 둔 수치해석적 방법을 사용하여 중성미자는 5종류 이상은 존재하지 않는다는 것을 알게 되었다. 더군다나 측정결과와 가장 일치하는 것은 3종류의 중성미자였다. 이는 입자물리와 우주론을 직접적으로 연결시키는 입자가 우주에서 가장 상호작용을 하지 않는 입자인 중성미자라는 것을 밝히는 계기였다.

현 우주 관점에서 천체를 연구함으로서 아주 먼 우주를 조망할 수 있다는 것은 엄청난 현대과학의 쾌거이다. 똑같은 천체를 연구하여 입자물리의 아원자(subatomic world) 세계를 비춰 볼 수 있다는 것은 더욱 굉장한 일이다. 이러한 연구를 통하여 우리 주위의 우주를 구성

중성미자 종류를 천문학적 관측으로 어떻게 알 수 있는지에 대하여 Gary Steigman(중앙) David Schramm(오른쪽)이 컨퍼런스(conference)에서 논의 후 로키(Rockies)산을 오르면서 찍었다.

하는 구조를 알게 된다. 또한 물리학자들은 천문학자들을 도와서 천체물리에서 특이한 관측 현상을 더 잘 이해할 수 있고 다른 분야 과학자뿐 아니라 천문학자들도 물리학자들의 도움으로 우주를 더 깊게 이해할 수 있다.

## 중성미자 종류 측정

쿼크와 경입자의 세 번째 그룹(a third generation)이 발견된 이후 과학자들은 이들 세 그룹들(three generations)이 실제로 모든 기본 입자들을 설명하는지에 대한 의심이 들기 시작하였다. 많은 물리학자들은 더 높은 에너지의 가속기가 개발되면 추가로 더 많은 쿼크와 경입자들 그룹이 발견될 수도 있지 않을까 생각하였다. 입자물리 이론에서는 단지 그룹의 수에 대한 한계만을 알 수 있다. 즉 이론에 의하면 쿼크와 경입자 그룹의 수는 17이하였다. 비록 입자물리의 표준모형(standard model)에 의하면 잘 알려진 입자들을 모두 잘 기술하고 있고 심지어 아직 잘 알려지지 않은 입자들까지도 표준 모형의 예측으로 실험적으로 발견되었지만, 쿼크와 경입자들의 그룹의 수가 몇 개인지 아직 해결책은 제시되지 않고 있다. 오늘날의 표준모형에서는 1979년 G. t'Hooft가 처음 설명한 것처럼 경입자 그룹의 수와 쿼크 그룹의 수가 같아야한다는 것을 보여주고 있다. 이러한 결론으로부터 타우(tau) 경입자나 보텀(bottom)쿼크의 발견에서 3번째 쿼크 경입자 그룹이 존재한다는 것은 확실하다.

이론물리학자들이 쿼크와 경입자들의 그룹의 수를 명확히 보여주지 못한다면 물리학자들은 천체 관측 자료가 어떻게 그렇게 되는지를 이해하지 못할 것이다. 심지어 쿼크 경입자들의 그룹 수에 대한 우주론 학자들이 제안한 어떤 한계값에 대해서도 우주론 학자 스스로 의문을 가질 수밖에 없다. 그래서 입자물리학자들은 직접 가속기실험을 통하여 중성미자 종류의 수를 측정할 필요가 있었다. 그렇지 않으면 천문학적 예측은 실험적으로 확인되지 않은 채 남을 것이며, 앞의 중성미자 이야기에서 보여진 것처럼 틀릴 경우도 있을 것이다. 이러한 실험적 도전을 한 실험적 그룹은 CERN에서 일하는 과학자들이었다.

CERN에서 W와 Z입자를 성공적으로 발견한 이후 CERN에서는 LEP(Large European Positron collider)라는 새로운 프로젝트를 시작하였다. 이 프로젝트는 CERN에서 만들어진 가속기중 가장 큰 가속기를 사용하며 기존의 가속기를 이용하는 시스템이었다. 이름이 암시하듯 이 새로운 프로젝트는 7장에서 언급한 양성자－반양성자 충돌과 비슷하게 전자－양전자 빔을 서로 충돌시킨다. 전자와 양전자를 충돌시키는 것은 완전히 새로운 아이디어는 아니었

가속기 터널이 하얀색으로 표시된 스위스 제네바에 있는 CERN의 조망도. 제네바 호수는 왼쪽 위에서 찾을 수 있다.

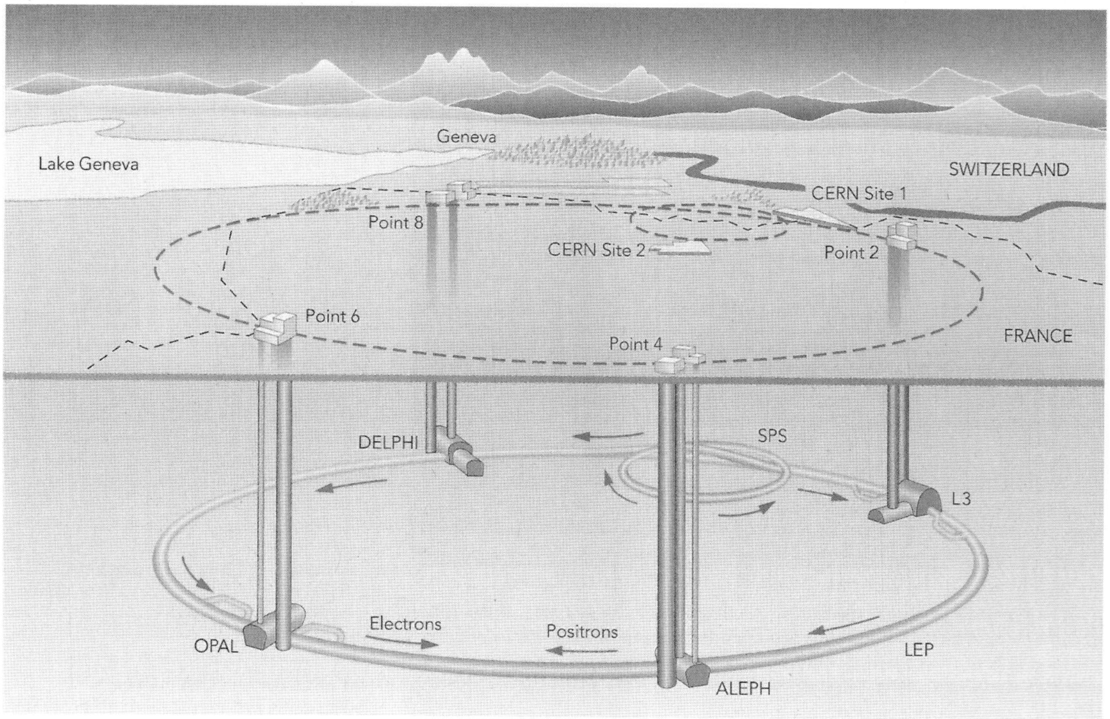


CERN 가속기 설비와 LEP 충돌장치의 구성도

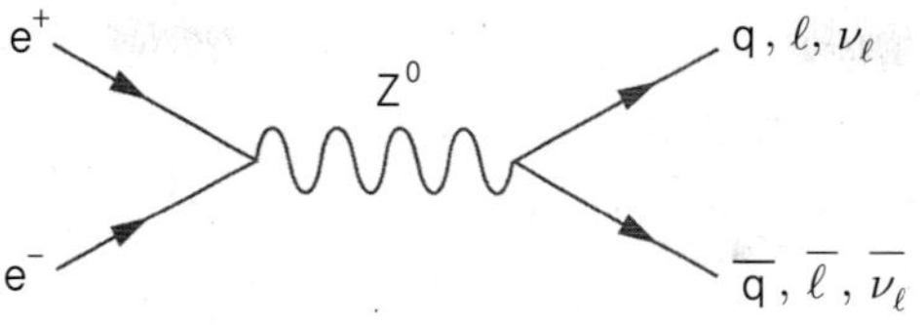


전자-양성자 충돌에서 만들어진 Z입자는 항상 쿼크-반쿼크, 경입자-반경입자($\ell$), 중성미자-반중성미자 등의 입자-반입자 쌍을 만든다. 이들 쌍을 만드는 입자, 혹은 반입자들은 똑같은 색이나 같은 종류일 수 도 있고 다를 수도 있다.

지만 여기서 새로운 점은 물리학자들이 가속기의 에너지를 Z입자의 생성 에너지에 맞게 조정하여, Z입자가 하루에 수천 개가 발생될 정도로 많이 생성되게 할 수 있다는 것이다. 이 정도로 많이 Z입자가 발생되면 약 상호작용을 정밀하게 측정할 수 있게 된다. 이렇게 발생된 Z입자는 곧 쿼크-반쿼크로 붕괴하거나 경입자-반경입자로 붕괴한다. 어떤 것은 중성미자-반중성미자로 붕괴하여 완전히 측정이 불가능한 경우도 있다.

비록 모여진 데이터는 많은 목적을 위하여 여러 가지 방법으로 분석되지만, 나는 여기서 주로 중성미자 종류의 수를 어떻게 직접 측정할 수 있는지에 대하여 초점을 맞추게 될 것이다. 그러나 LEP에서 전자빔은 한 방향으로 양전자빔은 반대방향으로 같은 빔 파이프에서 회전한다. 비록 두 빔이 같은 파이프를 사용하지만 전자빔과 양전자 빔은 16마일 길이의 가속기를 회전하면서 거의 떨어져 있게 된다. 자석에 의하여 빔은 조정되고 4개 지점에서 전자 양전자 빔들이 서로 부딪쳐서 전자와 양전자가 충돌하게 된다. 4개 충돌 지점에 각각 하나의 검출기가 있고 각각 그곳에서 일어나는 상호작용 특히 Z입자 붕괴에 대한 연구를 할 수 있다. 각 검출기의 디자인은 4개 모두 약간 씩 다르게 설계되어 그 곳에서 일어나는 물리적 현상을 다양한 방법으로 해석하게끔 되었다. Delphi라는 검출기에서는 발생된 모든 중간자와 중입자들의 입자 확인(가장 어려운 작업)을 아주 자세히 할 수 있고, 또 다른 검출기인 L3에서는 전자-양전자 충돌에서 발생되는 전자-양전자 붕괴의 에너지를 아주 정확히 측정할 수 있고, 또한 뮤온 추적도 아주 잘 할 수 있다. 다른 두 검출기인 Opal과 Aleph는 잘 알려진 일반적인 검출기 형태를 지니고 있다. 이들 4 검출기 각각에서는 검출기를 지나가는 입자들에 대한 정보를 컴퓨터에서 실시간으로 저장하고 모니터 화면으로 보여준다.

입자물리 연구의 초기에는 한 두 사람의 물리학자들이 그들 스스로 실험을 했던 반면에 오늘날에는 300-500명씩 혹은 최대 몇 천 명씩 팀을 이루어 실험을 한다. 그리고 실험이 점차로 복잡해지고 커짐에 따라 검출기의 각 부분들은 여러 대학의 팀들에 의해서 만들어지

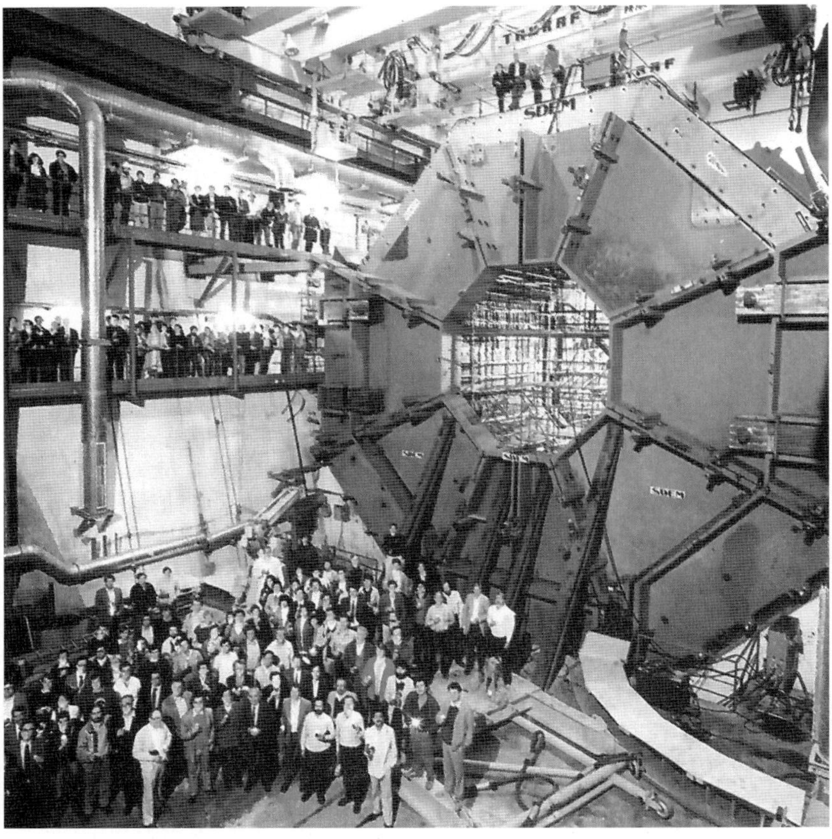

중성미자 종류가 몇 가지인가를 측정하기 위한 4개의 검출기중의 하나인 LEP실험 L3검출기가 조립되고 있는 홀(hall). 사진 속의 많은 사람들은 이러한 실험을 위해서 얼마나 많은 사람이 필요한지를 보여준다. 장비의 크기와 사람의 크기를 비교하면 현대 입자물리 실험에 필요한 거대한 실험시설의 크기를 알 수 있다. 이 사진은 실험 시설을 막 만들기 시작할 때 찍은 것이다.

고 운영된다. 이러한 팀들은 커져서 실험의 성공과 실패가 한두 사람에 의해서 좌우 된다고 말할 수 없게 되었다. Aleph실험의 공식적인 대표인 Jack Steinberg(전에 5장의 중성미자실험에 참여 하였던 사람)는 모든 물리학자 전부가 각 실험을 하였고 최종 결과의 정확성에 모두 책임이 있다고 언급하였다. 이제는 과학 커뮤니티에서는 개개인의 창의성대신 전 세계의 모든 사람의 재능을 투입하여 거대한 실험을 하는 것을 장려하게 되었다. 그러나 다른 기관이나 연구소에서 오는 사람들이 서로 하나의 언어로 대화하는 것이 어렵다는 것은 사실이다. 그럼에도 불구하고 이러한 어려움 때문에 전 세계 물리학자들은 과거 수십 년 전처럼 서로 경쟁하는 대신 서로 협력하여 일하는 계기가 되었다. 옛날에는 미국에 있는 한 실험 팀은 소련이나 중국 혹은 유럽의 다른 팀들과 서로 경쟁하였다. 특히 이러한 협력은 큰 과학적 진척을

이 사진은 OPAL검출기내에서 일어나는 반응 주위를 둘러싸는 통(barrel)납유리 크리스탈(lead glass crystal) 기기의 절반을 보여준다. 이들 크리스탈은 입자가 크리스탈을 통과하면서 내는 체렌코프광(Cherenkov radiation)을 측정함으로서 입자를 검출한다.

이루기 위한 엄청난 비용과 거대한 실험이 필요할 때 큰 힘을 발휘하게 된다.

LEP실험에서는 Z입자의 하전 입자들로 붕괴되는 것을 직접 관측한다. 이 붕괴 입자들의 에너지로부터 Z입자의 질량을 측정하게 된다. 실제로 관측하는 것은 Z붕괴입자들의 질량 혹은 에너지의 폭(width)이다. 우리가 Z입자의 질량이 실제로 91.2 GeV라고 이야기하지만 이 값은 질량 폭의 중심을 뜻한다. 어떤 Z입자는 평균 질량 값보다 약간 무겁거나 가벼울 수도 있다. 붕괴 폭(decay width)이라 부르는 Z입자 질량 분포 너비는 중요하다. 이렇게 관측된 붕괴 폭을 측정할 때는 Z입자가 중성미자-반중성미자로 붕괴되는 것은 고려하지 않았다. 왜냐하면 중성미자나 반중성미자는 검출기에서 검출되기 어렵기 때문이다. 그러나 Z붕괴 입자들의 에너지를 측정하여 Z입자 질량 분포를 측정하는 대신 또 다른 방법이 있다. 이는 Z입자를 만드는데 필요한 에너지 혹은 발생 너비(production width)를 측정하는 것이다. Z입자를 만들어내는데 필요한 에너지를 측정할 수 있다면 가속기 자체는 전자-양전자 충돌만 일으키기 때문에 중성미자와는 관계가 없을 것이다. 물리학자들은 가속기의 에너지를 Z입자 질량에너지 근처에서 미세하게 조정하여 Z입자 생성률을 측정한다. 가속기 충돌에너지가 Z입자 질량에너지 근방에 접근함에 따라 생성되는 Z입자 수가 증가한다. 그래서 물리학자들은 Z입자들의 발생 폭을 이런 식으로 얻을 수 있다. 관측된 붕괴 Z입자로부터 얻어진 붕괴 폭과

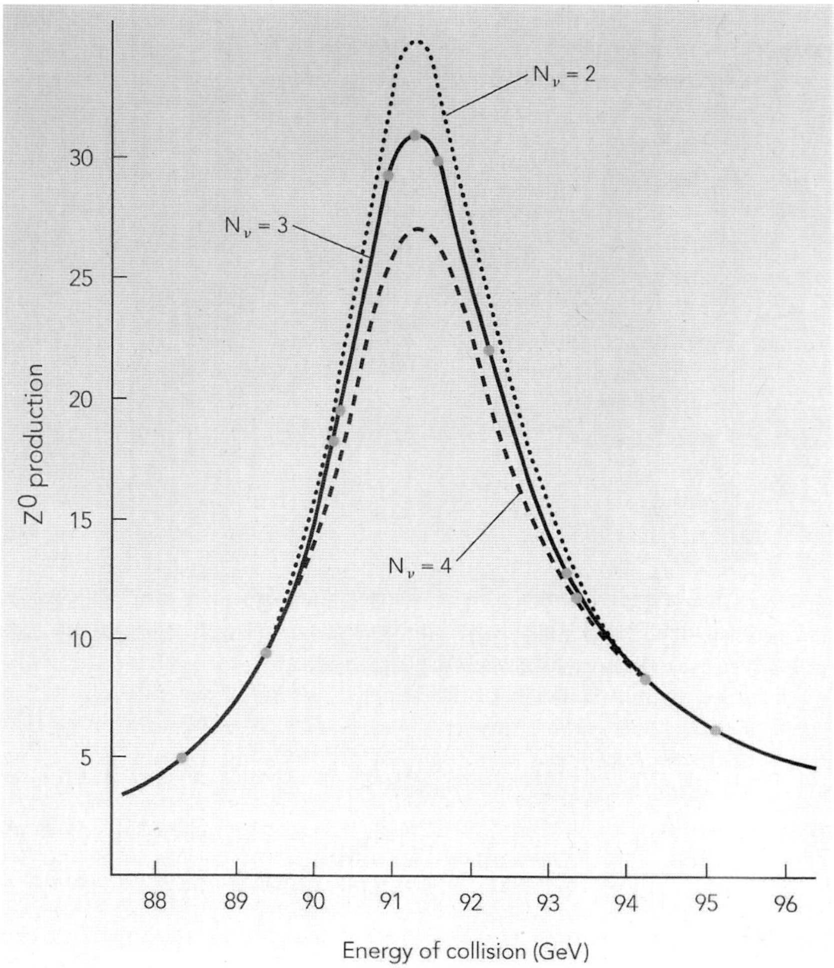


전자-양전자의 충돌에너지에 따른 Z입자 생성률. 중성미자 종류가 몇이냐에 따라 3개의 다른 곡선들이 보여진다. 데이터와 맞는 곡선은 중성미자가 3종류 있다는 것을 보여준다.

가속기의 에너지를 조정하여 얻어진 발생 폭의 차이로부터 Z입자에서 붕괴되어 나오는 중성미자-반중성미자의 종류 수를 알 수 있다. 그래서 본질적으로 입자의 발생 폭을 측정하면 얼마나 많은 종류의 중성미자가 약한 상호작용에 관여하는지를 알 수 있다. 이러한 실험에서 얻어진 데이터로부터 중성미자 종류 수는 정확히 3가지라는 것을 알게 되었다.

이러한 결과는 천체물리에서 관측된 우주의 수소-헬륨의 비와 일치한다. 천체 물리학자들이 중성미자 종류가 3가지라고 말했던 것을 실험 물리학자들이 지구 위의 실험을 통하여 증명하였다. 이러한 결과로부터 우리는 우주의 모델에 대한 신뢰성을 가지게 되었고 물리학의 힘을 더 느끼게 되었다. 삼백년 전 갈릴레이는 자기가 만든 망원경으로 별을 보면서 지구상의 뉴턴의 법칙이 다른 천체 행성에서도 맞는다는 것을 보여주었고 더 먼 별을 연구하는 현대의 천문학자들은 지구상의 원자 스펙트럼을 설명하는 양자역학이 또한 우주의 다른 쪽에서도 역시 적용된다는 것을 알게 되었다. 이러한 것은 대단한 것이다. 오늘날 실험실에서 배운 물리 법칙은 우주 초기의 빅뱅 시기에 발생되는 상황에서도 적용가능하다는 것이다.

실제로 중성미자 종류가 3개 이상이라는 가정을 해볼 수 있지만, 이론에 의하면 추가적인 중성미자가 있다면 이들의 수명은 매우 짧거나 질량이 매우 무겁다고 한다. 어느 경우든 추가적인 중성미자가 있다 하더라도 우주 초기에 일어나는 입자 상호작용에서 그렇게 크게 기여하지는 않았을 것이라고 생각된다. 하지만 우리는 현재 존재하는 3가지 중성미자들은 안정적이고 질량은 가볍다고 여겨진다. 만일 다른 종류의 중성미자가 있다면 이들은 3가지 종류의 중성미자와는 완전히 다를 것이고 이는 있음직하지 않는 시나리오다.

## 마지막 쿼크 탐색

1994년까지 입자물리학자들은 표준모형이라 부르는 입자 상호작용 이론을 확실하게 믿고 있었다. 단지 남은 하나의 문제는 톱(top)쿼크를 찾지 못한 것 이었다. 회의론자들은 톱(top)쿼크가 발견되지 못한다면 표준모형은 틀린 것이다고 이야기하였다. 톱(top)쿼크를 발견하여 질량을 측정하고 붕괴모드를 연구하는 것은 표준모형의 최종검증을 하는 것과 같다. 입자물리 역사에서 이시기에 모든 것이 예측한대로 이루어졌다.

이당시 입자 가속기의 에너지가 가장 높은 가속기는 페르미연구소(Fermilab)에 있는 Tevatron이었다. 이는 스위스 CERN에 있는 SPS 충돌형기속기와 비슷한 양성자-반양성자 충돌형가속기이다. 하지만 양성자 빔을 900 GeV의 에너지까지 올릴 수 있었다. (1 TeV는 1000 GeV이다) Tevatron에서 T는 TeV의 앞 글자를 나타낸다. 이 가속기에는 양성자 빔과 반양성자 빔이 만나는 4개 지점 중 두 곳에 Collider Detector Facility(CDF)와 D0라는 실험 검출기가 있다. 이들 검출기는 1980년대 초에 지어졌으나 가속기는 이후로 원래의 에너지의 두 배로 업그레이드되었다. CERN의 가속기가 고정 표적형에서 충돌형으로 바꾸는 경향에 따라 페르미연구소의 Tevatron가속기도 반양성자 공급 장치를 만들어 충돌형 가속기로 바뀌게 되었다. 이처럼 높은 에너지에서 톱(top)쿼크를 발견하는 것은 전의 실험보다 많은 이차입자들을 만들어내기 때문에 쉽지 않았다. 그래서 이러한 많은 이차입자 때문에 입자 궤적추적기(particle tracking apparatus)와 에너지 측정기의 성능과 정밀도를 상당히 높일 수밖에 없

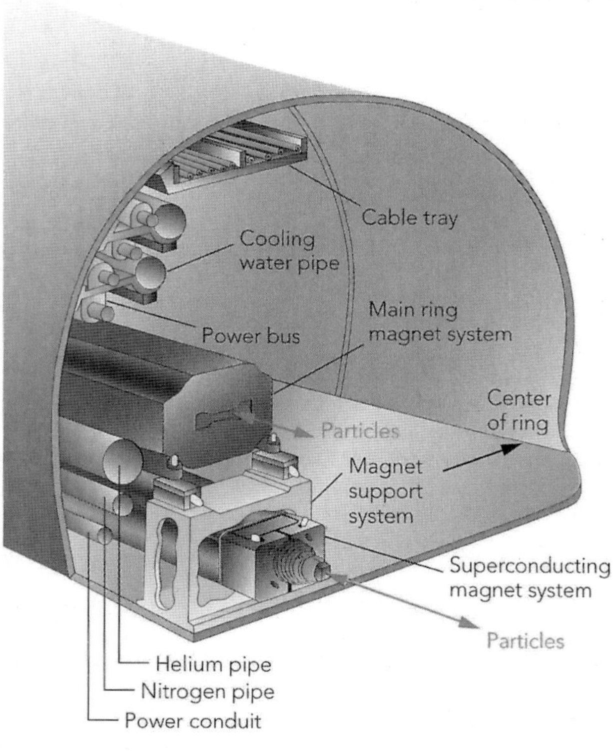


페르미연구소(Fermilab.) 가속기 터널 위에 있는 자석들은 1970년대에 만들어진 가속기 링(ring)주위에 있던 것이고 아래 가속기 링은 최근 만들어진 테바트론(Tevatron)가속기 주위에 있는 초전도 자석이다. 테바트론은 양성자와 반양성자를 1000 GeV 에너지 까지 올리고 이들 가속된 양성자와 반양성자들은 실험실 홀(hall) 중앙에서 충돌하여 매우 무겁고 새로운 입자 즉 톱쿼크와 반 톱쿼크(anti top quark)가 생성된다. 초전도 자석들은 액체 질소와 헬륨을 사용하여 거의 절대 영도까지 온도를 내려서 저항이 거의 영(0)이 되게끔 한다. 케이블 선들은 자석에 전원을 공급하기 위한 것이고 물 파이프는 자석을 식히기 위한 공급 장치이다.

었다. 이것 때문에 실험의 여러 부분에서 많은 시간과 노력이 필요하였다.

Tevatron실험은 톱(top)쿼크일 가능성이 있는 반응의 신호가 있을 때 실험 장치를 가동되게 하는 명확한 트리거(trigger: 여기서 트리거란 권총에서 방아쇠를 당기면 총알이 나가게 되는 신호를 뜻하는 것인데 여기서 방아쇠가 총알이 나가게 하는 신호역할을 한다. 입자물리 실험에서 트리거란 우리가 찾는 반응과 비슷한 반응이 나타나면 일단 전자 장비를 가동하여 후보 반응과 데이터들을 저장을 시작케 하는 신호 장치나 소프트웨어라 생각하면 된다). 방법이 필요하였다. 톱(top)쿼크는 항상 반 톱(top)쿼크와 같이 만들어지지만 검출기는 톱(top)쿼크를 직접 측정을 할 수 없다. 대신 톱(top)쿼크가 붕괴된 후의 입자를 찾는 것이다. 1990년까지 물리학자들은 톱(top)쿼크가 W입자보다는 무겁다는 것은 확실하게 알 수 있었고 그래서 톱(top)쿼크는 W입자와 3번째 쿼크-경입자 그룹의 보텀(bottom)쿼크와 결합을 선호할 것으로 생각되었다. 톱(top)과 반 톱(top)쿼크는 이런 식으로 결합하기 때문에 톱(top)쿼크 생성과정에서는 두 개의 W입자가 발생될 것이고 각 W입자는 같은 쿼크-경입자 그룹의 두 개의 쿼크와 두 개의 경입자로 붕괴하게 된다. 전자와 뮤온은 CDF와 D0 검출기가 확실하게 검출하기 가장 쉬운 입자들이다. 왜냐하면 검출기에서는 이들 입자를 명확하게 구분할 수 있고 에너지를 정확하게 측정할 수 있기 때문이다. 그래서 검출하기 가장 쉬운 반응은 하나의 W입자에 전자와 이에 대응되는 즉 같은 경입자-쿼크 그룹에 속하는 중성미자 반응과 뮤온과 이에 대응되는 즉 같은 경입자-쿼크 그룹에 속하는 중성미자반응이다. 그래서 트리거(trigger)로 확실하게 찾은 반응은 아마 하나의 높은 에너지 전자나 높은 에너지 뮤온이 있는 반응일 것이다.

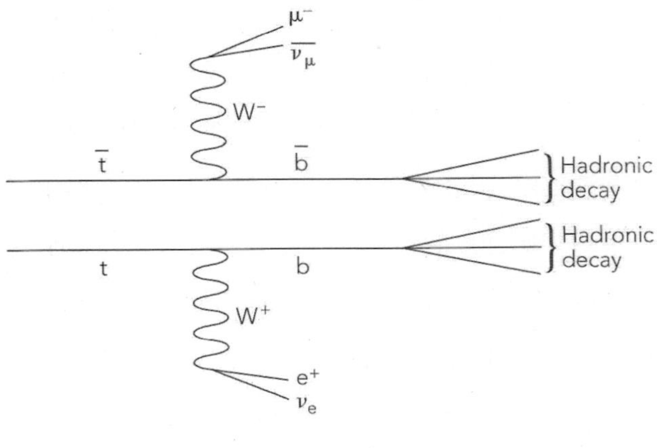


톱(top)쿼크 후보 반응을 선택하기 위한 톱-반 톱쿼크의 붕괴모드의 파인만 다이어그램

이런 트리거는 비록 톱(top)쿼크를 찾는 데는 가장 좋은 방법이지만 가장 효과적이지는 않는다. 이렇게 톱(top)쿼크 붕괴에서 만들어지는 W입자는 다른 쿼크들과 결합하는 더 많은 방법들이 있다. W입자는 경입자 그룹(전자와 이에 대응되는 중성미자)과 결합하는 것보다 9배 더 많은 쿼크 그룹(쿼크와 반쿼크)과 결합한다. 비록 전자나 뮤온 트리거가 단순하고 확실하지만 이러한 간단한 트리거 때문에 톱(top)쿼크 후보들 수가 줄어든다는 단점이 있다. 그러나 톱(top)쿼크가 존재한다면 이런 방법이 톱(top)쿼크를 찾는 가장 정확한 방법이기 때문에 Tevatron실험에서는 이런 트리거를 사용하였다.

1994년 CDF실험에서 하나의 뮤온과 하나의 전자를 갖는 반응 6개를 확실하게 보았다고 발표하였다. 이에 의하면 톱(top)쿼크 질량은 174 GeV/$c^2$이었다. 그 순간 다른 실험인 D0에서는 어떤 비슷한 반응을 찾지 못하였지만 데이터분석은 계속하였다. 1995년 봄까지 CDF실험에서는 톱(top)쿼크와 유사한 반응 25개를 찾았고 D0실험에서도 비슷한 반응을 찾았었다. 그 당시 CDF는 톱(top)쿼크 질량을 176 GeV/$c^2$, D0는 200 GeV/$c^2$(더 적은 반응 수 때문에)로 추정하였다(현재는 173.2 GeV/$c^2$). 비록 질량은 다른 붕괴 수단을 연구하여 더 정밀하게 측정할 필요는 있지만 이러한 새로운 측정 방법을 가지고 실험한 결과 톱(top)쿼크의 존재는 확실해졌다.

톱(top)쿼크를 찾으려는 실험 연구자들이 하나의 전자와 하나의 뮤온을 찾는 특별한 트리거를 결정했을 때 그들은 그들이 관측할 수 있는 반응수가 정확하지 못할 뿐 아니라 또한 톱(top)쿼크 질량을 측정하는 정확도도 떨어질 수밖에 없었다. W입자가 뮤온와 뮤온과 같은 그룹인 뮤온 중성미자에 결합되었을 때 뮤온 중성미자는 검출기에 거의 검출되지 않기 때문에 이로 인한 에너지 측정이 정확하지 못하다. W입자가 쿼크 쌍(예를 들면 톱(top)쿼크와 보텀(bottom)쿼크)에 결합되었다면 검출기에 그 쿼크들의 붕괴 후의 입자들은 복잡한 형태를 띠겠지만 입자들은 거의 검출되었을 것이다. 이런 반응들은 붕괴 후의 입자들의 수는 매우 많고 서로 가까이 붙어있어서 제트(jets)라고 부른다. CDF와 D0의 두 검출기가 제트를 확인하고 구분하는 능력을 가지고 있지만 이들은 제트를 가지고 있지만 톱(top)쿼크를 가지고 있지 않은 다른 많은 반응들에서 제트를 가진 톱(top)쿼크 반응을 구분할 필요가 있었다. CDF 실험에서는 이러한 구분을 바로 할 수 있었다. 그들은 두 보텀(bottom)쿼크들이 있는 반응들을 구분 할 수 있었고 이들 보텀(bottom)쿼크들은 각각 제트들을 가지고 있어서 톱(top)쿼크 반응에 대한 후보들임을 알 수 있었다. 이러한 4개 제트들의 초기 분석에서는 중성미자가 없었다. 그래서 톱(top)쿼크의 질량을 보다 정확하게 측정할 수 있었다. CDF그룹들이 톱(top)쿼

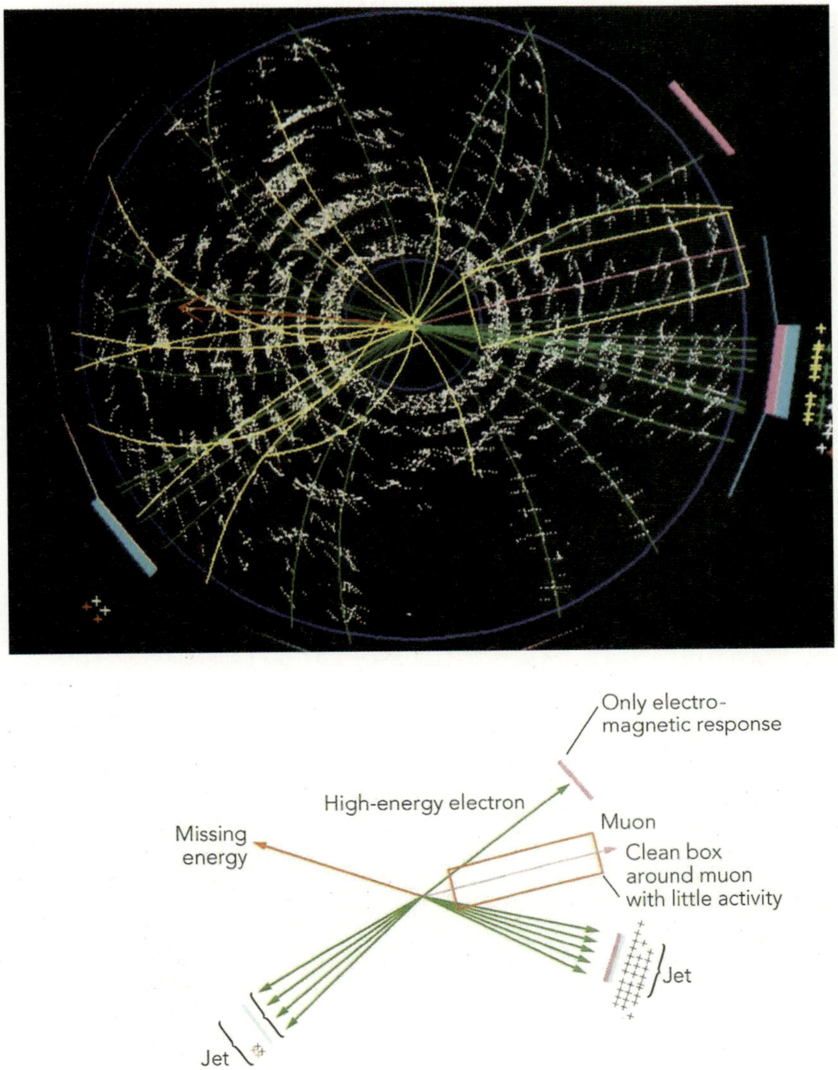


테바트론 가속기의 양성자-반양성자 충돌에서 톱-반 톱쿼크(anti-top quark)가 만들어질 때 찍은 사진. 양성자와 반양성자의 두 빔(beam)이 사진에 연직방향으로 들어오고 사진에 있는 흰 점들은 중앙 궤적 검출기에서 관측된 Hits이고 색으로 된 선들은 검출기의 반응과 컴퓨터 알고리즘을 사용하여 찾아낸 최적의 입자 궤적들이다. 바깥 원 주위에는 에너지 측정기기가 있고 측정된 에너지 량은 자주색과 파란색의 박스(box) 높이로 표시된다. 뮤온들은 에너지 측정기기들을 뚫고 나온다. 이들은 +로 표기되어있다. 빨간색의 화살표로 표시된 선은 중성미자로서 에너지를 측정할 수 없다.

크를 찾을 때 그들은 많은 톱(top)쿼크후보들을 볼 수 있었는데, 1995년 발표 때까지 거의 백여 개의 후보를 찾을 수 있었다. 그래서 그들은 보다 많은 톱(top)쿼크 반응들을 가지게 되었고 질량을 보다 정확하게 측정할 수 있었다.

처음으로 톱-반 톱쿼크(anti top quark)를 관측하였던 CDF 검출기. 여기 검출기는 일부가 해체된 상태로 두 개의 반 원모양의 기기는 서로 분리된 에너지 측정기기이다. 이들 반원 기기를 서로 밀어 합치면 중시부에 있는 궤적 추적측정기기(central tracking chamber)를 둘러싸게 된다.

회고하자면 위처럼 경입자와 쿼크가 포함된 두 가지 분석법 모두가 필요했었다. 하나의 뮤온과 하나의 전자를 갖는 반응에 대한 명확한 트리거 조건과 4개 제트를 갖는 반응에 대한 조건으로부터 가장 확실한 톱(top)쿼크 질량을 측정할 수 있었다. 그래서 CDF그룹에서 추정된 톱(top)쿼크 질량은 176 GeV/$c^2$이었고 이는 이러한 두 방법을 가지고 잘 측정한 결과였다.

톱(top)쿼크로부터 앞에 나왔던 다른 쿼크까지 입자를 찾는 과정에서 항상 모르는 것은 새로운 입자들의 질량이었다. 지금까지 어떤 이론도 새로운 쿼크나 경입자들의 질량을 예측하지는 못하였다. 왜 입자들은 다른 질량을 가질까? 이러한 의문은 마지막 장에서 더 이야기 될 것이고 오늘날 물리학자들도 계속 탐구할 주제이다.

• • •

우리는 앞 장에서 화학, 지구과학, 통계학 그리고 심지어 생물학까지 입자물리 실험에 상당한 기여를 하였다는 것을 알았다. 이장에서는 특히 입자물리학과 천문학 사이의 관계를 강조하였다. 관측이 대부분인 천문학과 달리 입자물리는 물질과 물질의 형성을 직접 연구하는 실험과학이다. 반면에 천문학은 입자물리를 연구하는데 많은 도움을 주었지만 실제에 있어서는 물리학은 천문학의 발전에 확실하고 강한 토대가 되었다. 모든 과학 분야는 학제간 연구(interdisciplinary study)에서 많은 성과가 나온다. 예를 들면 새로운 기술 발전 혹은 의학에서 진보, 우리가 사는 세상에 대한 철학적 논의에 관한 것은 학제간 연구로부터 출발한다. 이러한 연구를 함으로서 우리가 모르는 복잡한 우주가 어떻게 형성되었는지, 그 외 우리가 모르는 것을 알고자 하는 우리의 바램이 만족되어질 것이다.

우주 초기에 중성미자 상호작용은 핵의 형성에 영향을 미쳤다. 이러한 핵은 원자를 만들었고 원자들은 가스구름(gas clouds)을 만들었다. 그리고 이러한 가스 구름들은 모여 별이 형성되었고 별이 모여 은하가 만들어졌다. 아주 작은 검출하기 어려운 입자는 이런 식으로 우리가 보는 우주에 영향을 미쳤다. 이렇게 상호작용하지만 검출하기 어려운 입자(중성미자)를 현대 가속기에서 과학자들이 연구하게 되면 우주 초기에 이들 입자들이 어떻게 상호작용했는지를 더 잘 이해할 수 있을 것이다. 중성미자 종류 수에서 물리와 천문학이 일치하게 된다면 먼 과거의 우주와, 가속기 실험에서 얻어진 결과를 과학자들에게 좀 더 설득력 있게 이해시킬 수 있을 것이다. 이제 과학자들은 우리의 우주가 어디에서 어떻게 출발했는지에 대한 상황을 확신할 수 있는 입자물리 실험을 할 수 있게 되었다.

제10장

# 미소 우주(microcosm)에 대한 아직 답이 없는 질문에 대하여

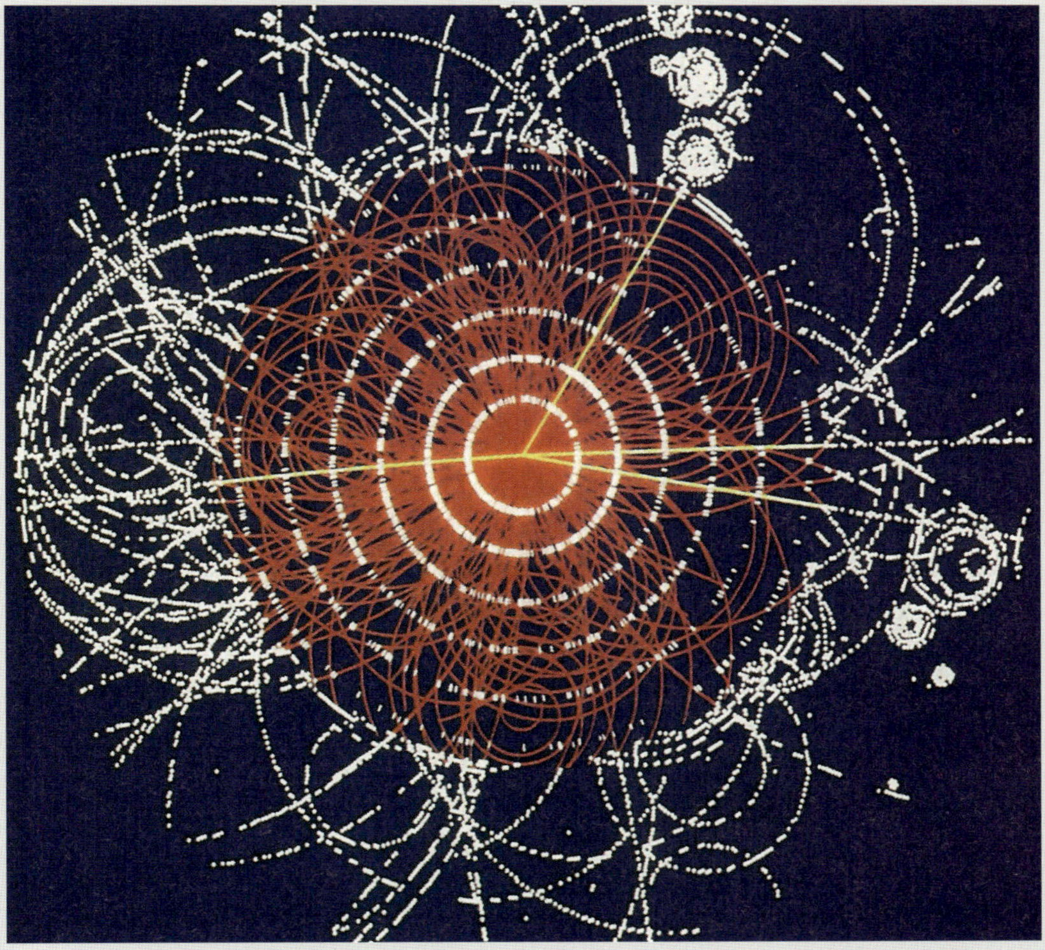

CERN의 중심에너지 7.5GeV에서 미래 양성자-반양성자 충돌로 만들어진 히그스입자(Higgs particle) 시뮬레이션. 여기서 노란색 선의 4개 입자 궤적은 히그스 입자의 붕괴에서 나온 뮤온이고 나머지 빨간색 선들은 낮은 에너지 입자들이다.

ELEMENTARY PARTICLES

| Quarks | Electric charge | Mass ($GeV/c^2$) | Leptons | Electric charge | Mass ($GeV/c^2$) |
|---|---|---|---|---|---|
| u | +2/3 | 0.002 – 0.008 | e | 1 | 0.511 $MeV/c^2$ |
| d | –1/3 | 0.005 – 0.006 | $\nu_e$ | 0 | <9 $eV/c^2$ |
| c | +2/3 | 1.3 – 1.7 | $\mu$ | 1 | 105 $MeV/c^2$ |
| s | –1/3 | 0.1 – 0.3 | $\nu_\mu$ | 0 | <270 $KeV/c^2$ |
| t | +2/3 | 175 – 200 | $\tau$ | 1 | 1.780 $MeV/c^2$ |
| b | –1/3 | 4.7 – 5.3 | $\nu_\tau$ | 0 | <350 $MeV/c^2$ |

FORCES

| | | | |
|---|---|---|---|
| Electromagnetism: | $\gamma$ | Photon | 0 mass |
| Weak force: | $W^{\pm}$ | Bosons | 86.9 $GeV/c^2$ |
| | $Z^0$ | Bosons | 90.1 $GeV/c^2$ |
| Strong nuclear force: | g | Gluon | 0 mass |

소립자와 힘의 표. 입자들이 왜 다른 질량을 갖는지는 아직 미스테리(mystery)이다.

물질과 이와 관련된 힘에 대한 연구가 지난 80년 동안 많은 진전이 있었지만 계속 아직 이해해야 할 부분이 훨씬 많이 있다. 쿼크 질량이 왜 그렇게 다양한가? 또한 미스테리이다. 이 문제는 정확하게 증명이 된다면 최신이론에 의해서 해결될 수 있다. 양성자와 중성자를 결합하는 강한 핵력(strong nuclear force)은 우리가 완전하게 이해하지 못한 또 다른 미스테리이다. 또 다른 수수께끼는 왜 우주의 물질이 반물질과 같은 양이 아니냐는 것이다. 하지만 CP깨짐은 몇몇 문제만 해결되면 물질-반물질 비대칭성에 대한 설명을 할 수 있다.

입자물리의 미소우주(microcosm)에 대한 이러한 미스테리들이 풀리기만 하면 물리학 너머 다른 분야 특히 우주론까지 확장될 수 있다. 과학자들은 지금 무거운 핵을 충돌시켜 쿼크와 글루온들이 용광로처럼 끓어올라 수프가 된 상태를 만들어 빅뱅 직후 우주의 환경을 시뮬레이션하고 있다. 이러한 무거운 핵 충돌 실험을 통하여 입자물리와 우주 초기의 진화과정에 대한 수수께끼에 대한 해답을 얻을 수 있을 것이다.

앞장에서 중성미자는 입자물리가 크게 확장되는 창을 여는 안내자로서 역할을 하였다. 이 장에서는 창을 더 넓혀 중성미자의 역할과 관계없이 다른 중요한 미스테리를 살펴볼 것이다.

중성미자는 소립자의 질량이 왜 서로 다른가에 대한 의문에 대한 어떤 특별한 역할을 할 것이다. 더해서 중성미자가 강력과 전자기 약력과 통합에 관련된 것으로 기대되는 어떤 새로운 힘의 매개입자와 어떤 상호작용을 하는지 아는 것도 흥미로울 것이다.

## 입자의 질량이 다른 원인

우리는 물질이 6개의 쿼크와 6개의 경입자로 구성된다는 것을 안다. 매일 우리가 접하는 보통의 물질은 3개의 입자 세대 중에서 첫 번째 세대의 쿼크와 경입자로 구성된다. 나머지 쿼크는 우리 우주의 다른 곳에서 발견될 수 있으나 특히 대폭발이 일어난 바로 직후에 많이 존재하였다. 이러한 쿼크와 경입자들은 질량이 모두 다르다. 그런데 이들 쿼크들은 왜 질량이 다르고 자연의 무슨 특성 때문에 질량이 다르게 되었을까?

자연에 존재하는 세 개의 힘 즉, 전자기력, 약력(weak nuclear), 강력(strong nuclear)은 어떤 특별한 입자에 의하여 작용하게 된다. 그래서 양자력(quantum force)이라고 한다. 이들 중 두 개 힘 즉, 전자기력과 강력은 질량이 없는 입자에 의해서 작용하고 약력은 질량을 가지고 있는 입자 즉, W와 Z입자에 의해 작용된다. 자연에 존재하는 네 번째 힘, 즉 중력은 중력자(graviton)라는 입자에 의해 작용된다. 현재 중력자는 직접 측정이 안되고 있어서 중력자가 존재하는지에 대해서는 확실하지 않다[주석: 2016년 2월 11일 레이저 간섭계를 사용하여 중력파를 관측하였다고 LIGO 실험 연구진이 발표하였다]. 과학자들이 이 중력자를 관측한다면 중력이 실제로 양자력이라는 것을 확인하는 것일 것이다. 또한 중력자가 존재한다면 질량이 없어야 할 것이다. 만일 중력자가 질량을 가진다면 중력이 그렇게 먼 거리까지 작용을 하지 못할 것이다. 힘 사이에 차이가 있다는 것과 매개입자들 사이 차이가 있다는 것이 필요하다고 자연은 어떻게 알았을까?

입자들이 어떻게 질량을 갖게 되었는지 물리학자들이 이해하기는 어렵지만 두 가지 좋은 이론을 연구하고 있다.

조상이 스코틀랜드인 영국 이론 물리학자인 히그스(Peter W. Higgs)는 1964년 두 이론중의 하나를 제안하였다. 입자들이 질량을 갖게 되는지에 관한 그의 이론은 지금은 입자물리 표준이론의 주된 핵심이론이 되었다. 히그스는 오늘날 히그스 장(Higgs Field)이라 부르는 장을 제안하였고 이 히그스 장은 고전압이 걸려있는 전력선 주위의 전자기장처럼 우주 전 공간에 걸쳐서 퍼져있다. 전자기장의 방향은 두 전하사이 힘이 미치는 방향을 따라 존재하지만

1964년 쿼크와 경입자들이 왜 다른 질량을 갖는가에 대한 혁명적 설명을 한 Peter W Higgs. 그의 이론이 비록 실험적으로 증명[주석: 2012년 7월 발견]되어야지만 그의 이론은 현재 가장 많이 인용된다.

반대로 히그스 장은 경입자와 쿼크를 끌어당기면서 결합 입자에 따라 질량에 차이가 있으면서 입자들과 결합한다. 그래서 입자의 질량은 입자가 어떻게 히그스 장과 결합하느냐에 따라 다르다.

정치와 비교하면 히그스 장의 효과를 잘 설명할 수 있다. 워싱톤에 있는 Capitol빌딩에서 어떤 큰 연회가 있다고 생각해보자. 모든 국회의원들과 유력 정치인들이 모두 이 연회에 참여하고 있다. 모든 참여자들은 연회장 전체에 골고루 퍼져있다. 더구나 의회를 민주당이 지배하고 있다고 가정하자. 대통령 빌 클린턴(Bill Clinton)이 이 연회장으로 들어와 연단으로 간다면 많은 민주당원들이 손을 흔들면서 환호하면 빌 클린턴 대통령은 걸음을 멈출 것이다. 또한 그 사람들과 악수를 하게 되면 클린턴이 앞으로 나가는데 시간이 걸릴 것이다. 이러한 많은 악수 때문에 클린턴은 상당한 질량(부담)을 느낄 것이다. 공화당원들은 그렇게 많이 없었다. 이때 부시 대통령(George Bush)이 이 연회장에 들어온다면 그는 악수로 인한 지연은 없었을 것이고 부시는 클린턴만큼 큰 질량(부담)을 느끼지 않을 것이다. 그러나 아직도 인기가 있는 레이건(Ronald Reagon)이 이 연회장에 들어온다면 같은 당의 가장 최근의 대통령보다 더 많은 악수 때문에 더 늦어 질것이며 소위 엄청 큰 질량을 느낄 것이다. 같은 당의 대통령들이라도 인기도에서 대통령마다 차이가 있는 것처럼, 같은 형태의 입자라도 입자가 다르면 히그스 장과 같은 결합력을 갖지 않는다. 국회의원과 별로 친하지 않는 로스 페롯(Ross Perot)이 연회장에 들어서면 별로 악수를 청하지 않을 것이고, 그는 많은 사람을 뚫고 지나가는데 문제가 없을 것이다. 이러한 페롯의 모습은 히그스 장에서 중성미자의 모습과 비슷하다. 중성미자는 히그스 장과 결합이 특이하게 적다. 이로 인하여 중성미자는 아주 적은 질량을 갖거나 전혀 질량을 가지고 있지 않다.

히그스 모델에서는 전 우주에 퍼져있는 이 히그스 장의 기원에 대하여 설명이 없다. 히그스 현상은 장이므로 이 장을 만드는 입자가 있어야한다. 이러한 입자는 매우 큰 질량을 가질 것이라고 예측된다. 이 히그스 입자를 발견하는 것은 질량이 히그스 장에 의해서 발생된다는 사실을 확인하는 것이다. 그래서 초전도 가속기(Super conductin Super Collider: SSC)를 계획하게 되었다. 하지만 이 계획은 1994년 취소되었다. 현재 CERN은 대형 강입자 가속기(Large Hadron Collider: LHC)라 부르는 새로운 가속기를 계획하였고[역자 주: 2017년 현재 가동되고 있음] 이미 가동되고 있는 옛 가속기를 이용할 계획이어서 건설경비가 줄어드는 이점이 있고 이미 존재하는 LEP가속기 안쪽에 위치하게 된다. LHC의 에너지는 SSC 에너지의 삼분의 일정도이지만 과학 발전을 위하여 아주 큰 기여를 할 것으로 기대되고 히그스 입자를 발견할 수 있을 것이다[역자 주: 2012년 7월 4일 발견, 125.09 ± 0.24 GeV]. LHC는 국제 협력 실험의 결과이므로 운영 비용은 어느 한 나라에 의존하지 않기 때문에 완공 전망은 밝다.

미래 히그스 입자를 발견하기 위하여 구축될 LHC (Large Hadron Collider) 충돌 시설이 설치된 LEP 가속기 터널.

이론적으로 히그스 장은 입자가 없어도 존재할 수 있다. 그래서 히그스 장은 진공상태에서도 입자-반입자 쌍을 만들 수 있다. 히그스 장의 바닥상태 에너지는 전자기 장의 QED와 다르게 영이 아니므로 진공상태에서 만들어진 입자는 상호작용할 수 있다. 그래서 물리학자들의 우주의 진공상태에 대하여 어떻게 이해했는가를 이야기하는 질량이 다른 입자와 반입자가 어떻게 생성되었는가에 대한 이해와 관계가 있다. 그래서 히그스 장은 우주의 진공과 깊은 관계가 있다.

질량에 대한 또 다른 이론적인 설명은 복합이론(Compositeness theory)인데 이 이론에 따르면 쿼크와 경입자는 프레온(preon)이라는 더 작은 입자로 구성되었다는 것이다. 복합이론에 의하면 프레온들이 고에너지 입자들과 상호작용하여 여기 되면 프레온들은 다시 결합하여 더 무거운 기묘쿼크나 매혹(charm)쿼크로 혹은 뮤온이나 뮤온중성미자로 바뀌진다는 것이다. 핵이나 입자물리 실험에 의하면 이와 비슷한 현상에 대한 많은 증거를 보이고 있다. 즉 같은 쿼크로 구성되지만 질량이 다른 입자를 만든다. 예를 들면 양성자와 델타입자($\Delta^{+}$)는 모두 두 개의 업(up)쿼크와 하나의 다운(down)쿼크로 구성되어있다. 하지만 델타 쿼크들은 여기된 상태로 있기 때문에 더 무거운 입자가 되고 양성자보다 수명이 더 짧다. 109쪽 그림을 참고하면 좋을 것이다. 그 그림에서 관측 가능한 입자들의 쿼크 구성 상태를 보여주는데 같은 쿼크 구성 일지라도 다른 입자가 되는 것을 알 수 있다.

러더퍼드(Rutherford)는 얇은 금에 알파입자(Alpha particle)를 산란시켜 원자 내부 구조를 연구하였다. 이 연구로부터 원자안의 양의 전하는 핵이라는 중심부에 모여 있고 그 주위를 전자가 돌고 있다는 것을 알게 되었다. 후에 스탠포드 선형 가속기 연구소(Stanford Linear Accelerator) 물리학자들은 전자를 사용하여 양성자를 때림으로서 원자의 구조를 연구하였다. 이 연구에서 양성자는 쿼크로 구성되었다는 것을 알게 되었다. 오늘날 독일 함부르크(Hamburg)에 있는 특별한 가속기로 더 깊게 원자를 연구할 수 있게 되었다. 헤라(HERA)라 부르는 이 가속기는 28 GeV 전자와 820 GeV 양성자를 서로 반대 방향으로 돌려 한 지점에서 충돌 시킨다. 이 헤라는 쿼크의 구조를 연구하였다. 즉 쿼크 속에 프레온이 있는지 여부를 알기 위함이다. 1990년도 초기에 시작한 이 실험[역자 주: 2007년 끝남]은 지금까지 양성자를 가장 깊은 곳까지 연구한 실험이다.

하나의 쿼크가 하나의 전하를 가진 프레온만 가진다면 전자로 이 프레온을 때리면 프레온이 설령 있다손 치더라도 관측되지 않을 것이다. 쿼크의 구조를 연구하는 또 다른 방법은 높은 에너지 중성미자로 양성자를 때리는 것이다. 중성미자는 아주 완전한 점입자(point particle)이므로 전자보다 쿼크를 더 잘 볼 수 있을 것이다. 중성미자는 전하를 가지고 있지 않기 때문에 전자처럼 전하의 영향을 받지 않을 것이다. 하지만 중성미자는 약한 상호작용을 하므로 전하가 없더라도 쿼크 속의 모든 입자들과 약한 상호작용을 할 수 있을 것이다.

## 강한 핵력의 이해

강한 핵력은 핵 속에서 양성자를 묶어두는 역할을 한다. 이는 양성자나, 중성자 등 다른 강입자(hadron)들 속의 쿼크들을 묶어두는 역할과 비슷하다. 하지만 이 힘을 이해하려는 사람들은 강한 핵력의 매개입자를 살펴보면 이 힘이 얼마나 복잡하고 어렵다는 것을 알게 된다. 매개입자 중 먼 거리까지 작용하는 것은 핵 속에서 구성 성분들을 구속하는 역할을 하고 짧은 거리에서 상호 작용하는 매개입자들은 양성자나 중성자 속의 쿼크들을 구속하는 역할을 한다. 글루온(gluon)들은 강한 핵력의 매개입자이다. 이들은 쿼크들을 강하게 묶는 접착제 역할을 한다. 하지만 각 쿼크는 하나의 색 상태를 가지고 있지만 글루온은 두 개의 색 상태(dual color states)를 가지면서 다른 색의 쿼크들을 서로 결합시키는 역할을 한다. 두 개의 중입자(baryon)는 서로 가상 중간자, 예를 들면 파이중간자($\pi^0$)를 교환함으로서 결합될 수 있다. 두 양성자가 가상 중간자를 교환하면 가상 중간자는 각각의 양성자로부터 하나의 쿼크를 얻는다. 이러한 가상 중간자 교환은 서로 반대방향으로 쿼크와 반 쿼크가 동시에 교환하는 것처럼 보인다. 이러한 가상 중간자 교환은 글루온이 교환하면서 강력이 생성되는 것과 같은 특성이다. 왜냐하면 글루온처럼 가상 중간자는 두 가지 색(중간자의 두 가지 색은 서로 반대색이나 글루온의 두 가지 색은 어떤 색도 모두 가능)을 가지고 있고 때문이다. 그러나 양성자 내 쿼크들 사이 가상 중간자 교환은 거의 일어나지 않는다.

전자기 상호작용에서 가상광자와 강한 상호작용에서 글루온 사이에는 매우 중요한 차이가 있다. 여기서 가상광자는 자유롭게 있지만 글루온은 항상 쿼크와 연결되어진다. 광자는 다른 광자와 상호작용할 수 없으나 글루온은 쿼크뿐 아니라 다른 글루온과 상호작용할 수 있다. 이러한 특성 때문에 강력은 더 다양한 상호작용을 할 수 있어서 어떤 간단한 이론으로 설명하기 어려운 복잡한 현상을 만들어낸다.

강력은 독일 DESY[역자 주: 독일 함부르크에 있는 가속기 연구소] 4곳에서 진행된 실험을 통하여 제트(jet)라는 입자들의 묶음을 관측함으로서 1979년 가장 잘 이해하게 되었다. 어떤 과학자들은 이보다 앞서 CERN의 ISR(Intersection Storage Ring)에서 1973년 수행된 두 실험에서 제트의 첫 번째 징후를 보았다고 주장할 수 있다. 그러나 CERN실험은 APS(Axial Field Spectrometer)기기를 사용하여 제트를 1979년 관측할 때 까지 실제로 관측하지 못하였다. 여하튼 이러한 실험에서 DESY의 13 GeV 전자-양전자 충돌형가속기를 사용하였거나 CERN의 26 GeV 양성자-양성자 충돌형가속기에서 ISR을 이용하였거나 제트의 존재를 확인하였다. 몇 년 후 CERN에서 진행된 UA2실험에서 두 제트가 앞뒤로 180도 방향으로 나가고 하나의 제트에 20개 이상의 입자가 뭉쳐있는 것을 확실하게 관측하였다.

제트가 어떻게 생성되는냐는 강력과 밀접하게 관련되어있어서 강력에 대한 많은 정보를 준다. 양자 전자기이론(Quantum Electrodynamics: QED)에 의하면 하나의 하전입자 주위에 많은 가상광자들이 둘러싸여있고 이들 때문에 전자기력이 형성된다. 이러한 전자기력은 거리(D)제곱에 반비례($1/D^2$)로 약해진다. 그러나 강력에 대한 QED와 유사한 이론인 양자 색역학(Quantum Chromodynamics: QCD)에 의하면 쿼크나 글루온은 주위에 색(color)을 갖는 가상의 글루온으로 둘러싸여있다. 하나의 쿼크가 다른 쿼크로부터 떨어지게 되면 강력은 멀어지는 거리가 커짐에 비례하여 더 강력한 인력이 작용한다. 두 개의 쿼크가 서로 밀접하게 가까이 있으면 그들은 거의 힘이 서로 작용하지 않는 것처럼 행동한다. 이러한 특성을 점근적 자유도(asymptotic freedom)라 부른다. 그래서 두 개의 쿼크가 조금이라도 멀어지게 되어 거리에 비례하여 강력한 인력이 작용하면서 다시 가까이 가게 된다. 쿼크들이 중입자나 중간자 속에 구속되어 있게 되면 이들 쿼크들은 다른 중입자나 중간자들 속의 쿼크들에 의한 강력을 차폐한다.

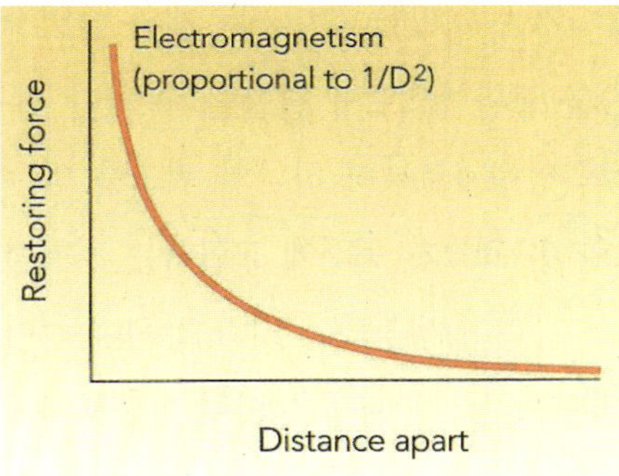


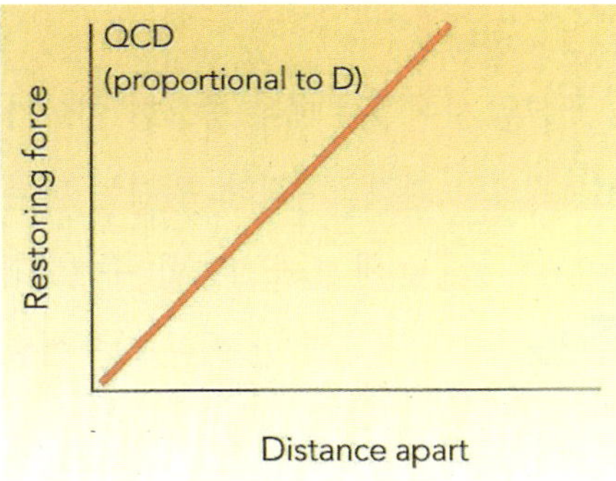


(위쪽) 전자기 인력은 $D^2$(여기서 D는 거리)에 역비례하고, (아래쪽) 강한 인력은 D에 비례한다. 한쪽 쿼크가 다른 쪽 쿼크와 떨어지면 무한의 인력이 작용된다는 것이다.

이러한 사실 때문에 쿼크는 개별적으로 발견되지 못한다. 우리가 어떤 입자 속에 있는 쿼크를 끌어내면 엄청난 힘이 반대로 작용하게 된다. 입자 속의 쿼크를 끌어내려면 엄청난 에너지가 있어야 되는데 이러한 엄청난 에너지는 불가능하므로 입자 속의 쿼크를 끌어내는 것은 불가능하다.

쿼크가 다른 쿼크와 붙어있다 서로 떨어지면 두 쿼크사이 작용하는 힘의 선이 중간에 끊어지면서 그곳에서 쿼크와 반 쿼크 쌍이 진공에서 발생된다. 가속기의 입자 충돌에서 엄청난 에너지가 쿼크에 전해지면서 그런 일이 발생된다. 이 쿼크가 또 다른 쿼크와 떨어지려고 하면 이들 사이 연결하는 힘의 선이 끊어지면서 쿼크-반 쿼크 쌍이 발생한다. 여기서 발생된 쿼크 쌍 중의 한 쿼크가 처음 쿼크와 가까이 있고 다른 쿼크는 상호작용하는 입자 안에 머무른다. 이런 과정을 예를 들어 설명하면 두 어린이가 비닐로 된 스프링 끈을 서로 잡고 있다고 생각해보자. 이들 어린이들이 쿼크를 나타낸다. 스프링 끈은 두 쿼크를 연결하는 강한 핵력을 나타낸다. 두 명 이상의 어린이가 스프링을 잡고 놀아야한다고 하면 원래 두 어린이는 스프링을 두 개로 끊고 잘려진 스프링 끝을 새로운 두 명의 어린이에게 잡으라고 하면 된다. 이 결과는 새로운 어린이는 원래 처음 어린이가 잡고 있는 스프링의 반대쪽 끝을 잡고 있게 된다. 이것은 진공에서 쿼크-반 쿼크쌍이 충돌전의 쿼크를 어떻게 끌어당기는지를 잘 보여준다.

하나의 중핵 이온이 물질과 충돌하면 수 백여 개의 하전 입자들이 방출된다. 이 사진은 CERN의 실험 NA-35에서 특별한 광 스파크 상자(special type of optical spark chamber) 로 찍은 한 반응을 나타낸다.

많은 에너지가 가해져 이러한 쿼크 쌍이 생성된다 할 때 이러한 과정은 연속하여 계속 발생할 수 있고, 이 과정에서 여러 입자들이 생성되면서 하나의 제트가 만들어진다. 그러나 왜 입자들이 모여 제트가 발생되는지를 이것만으로는 이해할 수 없고 강한 핵력에 의해서 이해된다. 즉 강력의 굉장히 큰 힘의 세기에 의해 제트가 설명된다. 즉, 쿼크 사이 힘선(force line)이 끊어지면서 많은 쿼크-반 쿼크 쌍이 발생되지만, 쿼크 사이 핵력은 계속 강하게 작용하면서 이들이 제트로 만들어진다.

하지만 강한 핵력에 의한 쿼크사이 상호작용은 아직 모르는 것이 많다. 아직 우리는 강력(strong nuclear force)의 힘선(force line)이 어떻게 끊어지는지, 왜 한 종류가 아닌 여러 종류의 쿼크-반쿼크 쌍이 만들어지는지도 모른다. 또한 강력의 긴 거리(long range)부분과 짧은 거리(short range)부분사이 상대적인 세기비율, 그리고 무슨 종류의 가상 입자가 상호작용에 어느 정도 기여하는지도 모른다. 이러한 문제는 입자물리학자들에게 새로운 탐험과제가 될 것이다.

또 다른 탐험과제는 중핵이온(heavy ion)을 충돌시켜 강한 핵력을 연구하는 것이다. 중핵이온 사이 충돌을 이용한 실험은 1950년대 버클리(Berkeley)에서 시작하였고 오늘날 브룩헤븐(Brookhaven)과 CERN에서도 하고 있다. 얼마 안 있으면 브룩헤븐에서 금핵(gold nuclei) 이온들 사이의 충돌 실험이 있을 것이다[역자 주: 이미 이 실험은 현재 거의 끝났다]. 이러한 실험에서는 높은 핵 밀도를 얻기 위해 중핵이온을 서로 강하게 빛에 가까운 속도로 정면충돌시킨다. 어느 정도까지 핵의 밀도를 올릴 수 있는지를 아는 것이 이 실험의 목표 중의 하나이고 또한 이런 충돌에서 만들어진 비정상적인 물질이 어떤 특이한 특성을 가지는지 아닌지를 정하는 것 또한 또 다른 목표이다.

양성자와 중성자 속의 쿼크와 글루온들이 좁은 공간에서 서로 밀집되게 실험을 잘 디자인하여 아주 높은 핵 밀도가 되게 한다. 이러한 상태를 쿼크-글루온 플라스마(quark-gluon plasma)라고 하는데, 이 상태에서는 어떤 중입자 특성이 없게 된다. 이런 실험을 통하여 물리학자들은 어떤 밀도에서 중성자나 양성자 같은 중입자들이 그들의 특성을 잃는지 연구할 수 있어야한다. 플라스마 속에서 쿼크와 글루온들은 좁은 공간에서 서로 충돌하며 거의 자유 입자처럼 행동할 것이다. 입자물리학자들은 바로 이런 비정상적인 물질상태(쿼크-글루온 플라스마)로부터 강한 핵력에 대하여 많은 것을 배우려고 기대한다. 기본적으로 양성자가 없어져 중입자 보존칙이 깨지지만 이러한 양성자 특성이 없어지는 것은 중요한 관심사는 아니다. 왜냐하면 이러한 경험법칙은 극한 상황에서 깨지기 때문이다. 중입자 보존칙은 에너지 보존칙이나 운동량보존칙처럼 근본적인 보존칙이 아니다. 에너지나 운동량 보존칙이 깨지면 물리

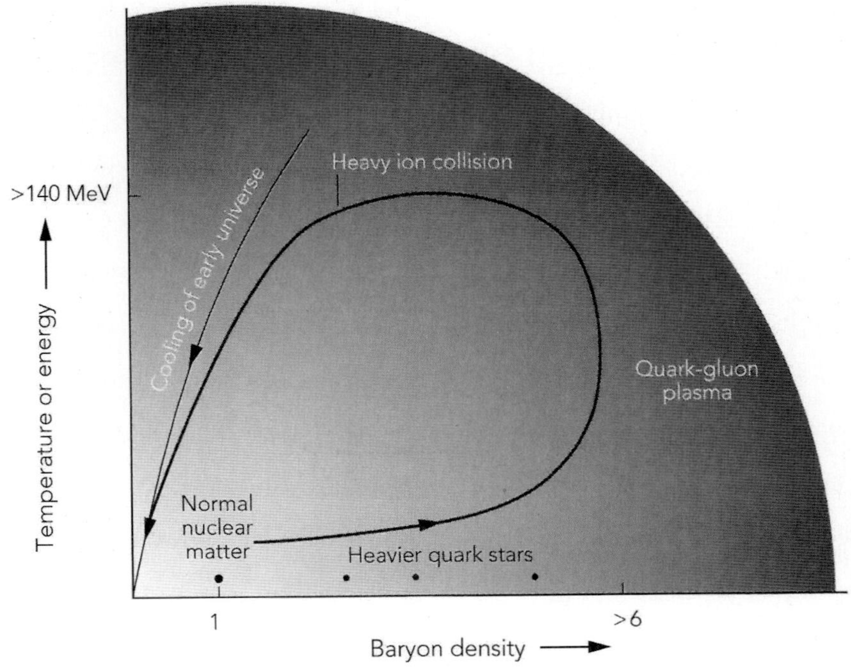


무거운 핵에 의한 충돌은 우주 초기의 매우 고밀도와 높은 온도에 이르게 할 수 있다. 이러한 조건에서는 쿼크-글루온 플라스마(quark-gluon plasma) 상태가 일어날 수 있다. 무거운 핵 충돌을 연구함으로서 물리학자들은 쿼크-글루온 플라스마가 어떤 온도에서 어떤 밀도에서 생성되는지를 알고 싶어 한다. 그런 연구를 통해서 물리학자들은 우주 초기 상태에 대한 정보와 높은 에너지에서 쿼크와 글루온들의 상호작용, 그리고 쿼크물질의 특이한 형태를 포함할 수 있는 중성자별의 내부를 더 알고 싶어 한다.

이론 자체가 없어질 것이다. 파울리(Pauli)가 중성미자 에너지의 개념과 씨름하면서 정확히 지적한 것처럼 보존법칙은 없앨 수 없는 모든 물리학의 지표이다. 그러나 중입자 보존칙은 아주 높은 에너지 충돌에서 깨질 수 있는 보존칙이다.

대폭발이론에 따르면 초기 우주는 브룩헤븐(Brookhaven)과 CERN에서 만들려고 시도했던 쿼크-글루온 플라스마 상태[역자 주: 현재 핵-핵이온 충돌에서 확인됨]와 비슷하게 아주 밀도가 높은 쿼크와 글루온의 수프(soup)상태였다는 것이다. 현재의 보통 물질들은 이러한 수프로부터 응축되어 생성되었다. 우주 천문 물리학자들은 이러한 중핵이온 충돌실험을 통하여 밤하늘의 관측을 통해서는 이룰 수 없는 것을 실험실에서 짧은 시간에 연구할 수 있는 기회를 얻게 되었다.

핵물리학자와 천체물리학자들 또한 이러한 중핵 이온 충돌연구에 관심이 많다. 왜냐하면 이러한 실험을 통하여 중성자별이나 쿼크별 같은 이상한 별의 구성 물질과 비슷한 상태인 초밀집(superdense matter) 물질을 생성하여 연구할 수 있기 때문이다. 이러한 실험에서 보통의 핵물질을 강하게 압축하여 밀도를 증가시키면 우리는 그러한 초밀집 물질에서 어떻게 가벼운 쿼크에서 제2 혹은 제3세대의 무거운 쿼크로 되는지를 알 수 있을 것이다. 그래서 우리는 매우 큰 중성자별의 중심에서 무거운 쿼크로 만들어진 기묘입자를 발견할 수 있는지 혹은 더 무거운 쿼크인 보텀과 톱쿼크들로 만들어진 안정된 별이 존재하는지를 알 수 있을 것이다.

강한 핵력에 관한 또 다른 미스터리는 EMC 효과(the European Muon Collaboration experiment)인데 EMC실험 그룹이 발견하였다. 러더퍼드 실험처럼 EMC 실험에서 원자적인 구조(atomic structure)를 밝히기 위하여 하전 입자 빔이 사용되었다. 즉 쿼크를 살피기 위하여 뮤온 빔이 사용되었다. 러더퍼드나 EMC 실험 모두 표적은 단순한 수소나 복잡한 탄소핵 또는 철 핵이다. 다른 산란 실험처럼 뮤온 빔은 표적 핵의 전하분포를 살필 수 있으나 뮤온은 전자 질량보다 200배 무겁고 일반 입자보다 더 작은 점 입자이므로 전자처럼 복잡한 상호작용을 하지 않는다.

중성자나 양성자가 큰 핵 속에 있든 작은 핵 속에 있든, 이론적으로 쿼크는 완전히 양성자나 중성자 속에 존재해야한다. 그러나 EMC 실험에서 뮤온은 큰 핵 속에 있는 양성자를 수소 같은 작은 핵 속에 있는 양성자보다 더 강하게 잘 떼어내는 사실을 발견되었다. 이러한 사실로 인하여 쿼크는 전에 생각했던 것처럼 양성자 속에 탈출하려는 희망 없이 양성자속에 갇혀 있던 것이 아니라는 것을 암시한다.

또한 큰 핵은 어느 정도 그 속에서 양성자와 중성자 사이에 쿼크를 공통으로 공유한다고 볼 수도 있다. 이러한 쿼크 공유가 핵의 바깥에서 일어나는지 아니면 핵의 중심부에서 일어나는지에 대한 것은 실험적으로 아직 확인하진 못하였다. 우리가 현재 알 수 있는 것은 이러한 흥미로운 현상을 잘 이해하면 핵의 구조를 보다 잘 이해할 수 있다는 것이다.

## 대 통일 이론을 향하여

일반적으로 물리학자들은 모든 소립자 여러 상호작용들은 어떤 식으로든지 서로 관계있을 것이라고 믿고 있다. 이러한 믿음과 약한 핵력의 상호작용이 전자기 상호작용과 같은 이론적 형식을 갖는다는 사실에 의하면 대부분 물리학자들은 대통일 이론도 같은 맥락으로 이해하고 있다. 이러한 통일이론을 확장하면 강한 핵력 이론을 전자기–약 상호작용과 통합하여 하나의 초이론(super theory)을 만들 수 있을 것이다. 하지만 이러한 초이론은 현재의 낮은 에너지 입자 상호작용에서 보이지 않고 훨씬 높은 에너지에서 나타날 것이라고 예측된다. 그리고 이렇게 높은 에너지에서 초이론은 바로 빅뱅의 첫 순간을 이해하는데 열쇠 역할을 할 것이다.

우리는 이미 7장에서 전자기 상호작용과 약한 상호작용이 하나의 통일 이론으로 통합된다는 것을 보였다. 그곳에서 힘이 어떻게 통일되는지 어떤 힌트를 보여 주었다.

낮은 에너지에서 –우리가 사는 세계에서 주로 사용하는 에너지– 약한 상호작용과 전자기 상호작용은 확실하게 구분된다. 그러나 Fermilab.의 SPS나 CERN의 LEP 그리고 독일의 HERA의 가속기에너지 크기는 Z입자 질량을 생성하고도 남는다. 이같은 가속기에너지에서는 약한 상호작용과 전자기 상호작용의 세기는 비슷하다. 그래서 비슷하게 좀 더 높은 에너지에서는 강한 핵력과 전자기–약상호작용의 세기가 비슷해질 것으로 물리학자들은 생각하였다. 이렇게 되는 경우 두 상호작용은 통합된다고 생각할 수 있다. 하지만 현재의 가속기 에너지는 그런 통합을 만들 정도의 에너지가 안되기 때문에 모든 힘들 사이의 대통합은 가까운 시기에 보기는 어려울 것이다.

초기 빅뱅시기의 약한 상호작용에서 발견된 것들을 자세히 살펴보면 두 가지 가능성을 알 수 있다. 첫째 약력과 약력 매개입자인 W는 핵 속의 중성자가 양성자, 전자, 그리고 중성미자로 붕괴되는 것을 설명하기 위하여 제안되었고, 두 번째로 약력의 중성류(neutral current) 매개입자인 Z는 약력의 중성류 상호작용을 설명하기 위하여 제안되었다. 비슷하게 통합에너지 조건하에서 쿼크와 경입자사이 상호작용이 전자기 상호작용이나 W나 Z입자 교환으로 설명될 수 없는 경우 이런 대 통합 상호작용을 매개하는 새로운 입자가 도입되어야한다. 이런 상호작용은 가상 매개입자만 존재하면 되므로 이런 가상 입자를 통한 새로운 입자의 붕괴나 쿼크와 경입자 사이 새로운 상호작용이 관측되면, 실제로 엄청난 크기의 에너지가 필요한 대 통합 매개입자를 만들 필요도 없이, 힘들 사이에 대통합이 있다고 볼 수 있다.

양성자가 전자로 변하는(양성자와 전자가 결합된) 어떤 반응을 발견된다면 이는 중입자 보존칙(baryon number concervation)과 경입자 보존칙이 깨지는 것이다. 이는 강한 핵력과 약–전자기 상호작용이 통합되는 것을 보여주는 어떤 힌트가 될 수 있다. 이런 통합 조건에서는 강력과 약력으로 설명 못하는 이런 반응이 발견되기 때문이다. 더구나 그러한 상호작용이 발생되면 전자와 같은 경입자인 중성미자조차도 양성자나 다른 강입자와 상호작용(결합)할 수 있다. 이러한 상호작용을 발견하는 가장 쉬운 방법은 중입자 보존칙을 깨는 양성자 붕괴를 발견하는 것이라고 오래전부터 가정되어 왔다. 확실히 양성자 붕괴가 발견되면 우리 주위 양성자로 이루어진 지구나 태양계의 물질들이 오랫동안 변함없이 존재하기 때문에 양성자는

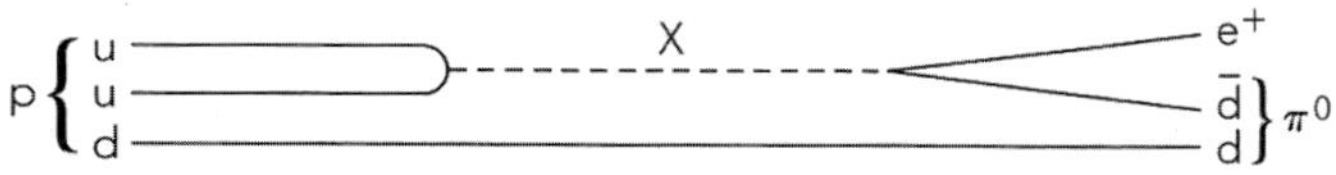


대통일 이론에서 가상의 매개입자(X)를 통한 쿼크와 경입자 사이 상호작용에 관한 파인만 다이어그램. 이 다이어그램에서 양성자 붕괴가 아직 발견되지 않는 가상의 매개입자 붕괴를 통하여 어떻게 진행되는지를 보여주고 있다.

매우 긴 수명을 가져야한다. 그럼에도 불구하고 이러한 대통합과 관련되고 쿼크와 경입자를 이어주는 두 개의 새로운 매개입자 X, Y가 존재할 것이라고 강하게 믿고 있다.

이러한 아이디어가 제시된 후 우주의 나이에 근거하여 양성자의 최소수명을 계산한 결과 $10^{24}$년 이상이었다. 이후 중입자 보존을 깨는 양성자 붕괴를 관측하기 위한 여러 실험이 수행되었다. 8장에서 전에 이야기했던 것처럼 초신성 폭발을 처음 관측하였던 지하 관측시설과 엄청난 추적능력(superior tracking abilities)을 가진 수단−2(Soudan-2) 검출기 등은 모두 원래 양성자 붕괴를 관측하기 위한 것이었다. 하지만 그렇게 원하였던 매개입자의 존재를 보여주는 증거인 양성자 붕괴는 관측되지 않았다. 그래서 물리학자들은 양성자 붕괴 수명을 늘려 이제는 $10^{32}$년 이상이라고 추정할 수밖에 없었다[주석: 현재는 $1.08\times10^{34}$년 이상].

전자−양성자 충돌형 가속기인 HERA 가속기는 예측된 매개입자 X, Y를 찾기 위하여 오래 동안 쿼크와 경입자 사이 상호작용을 관측하였다. 현재까지 데이터에 의하면 Z매개 입자

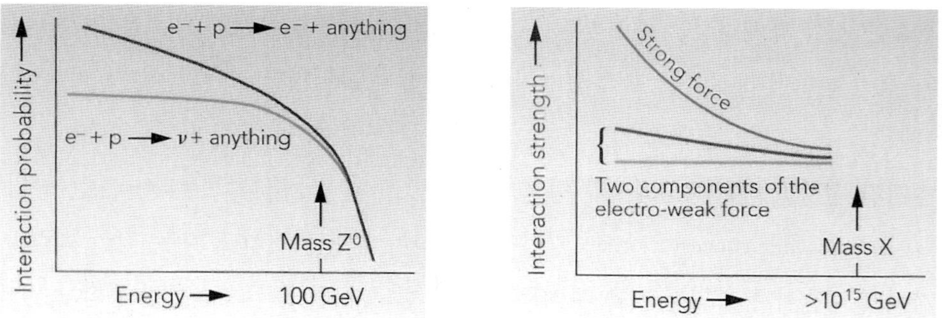


힘의 통합을 보여주는 두 가지 관점. (왼쪽) 전자기 힘과 약한 힘의 통합. 여기서 하전류 상호작용(charged current interaction)은 위에 있는 곡선이 나타내는데 약한 힘을 대변하고 있고 아래 곡선은 중성류 상호작용(neutral current interaction)을 나타내고 전자기 힘을 대변한다(비록 백퍼센트는 아니지만 위 두 상호작용은 두 힘 중 어느 것에 의해서도 일어날 수 있다). 하전(charged)과 중성(neutral)류에 의한 상호작용 확률은 HERA에서 이루어진 ZEUS실험에 의하면 에너지가 증가함에 따라 감소한다. Z 질량에너지 위에서는 두 상호작용은 서로 구분 할 수 없다. (오른쪽) 전자기, 강한, 약한 힘들은 상호작용 에너지가 커짐에 따라 상호작용세기가 줄어든다. 이들 힘들을 상호작용 에너지를 늘이면서 연장해보면 결국 어떤 매우 높은 에너지에서 합쳐져 하나의 초힘(superforce)이 나타날 것으로 보인다.

질량에너지 보다 큰 에너지에서는 예측한 것처럼 전자기 상호작용의 세기는 약－상호작용의 세기와 분명하게 같았다. 강한 핵력이 전자기－약 상호작용과 세기가 같아질 경우 분명히 Z 입자처럼 어떤 매개 입자가 존재하여, 그 입자 질량보다 큰 에너지에서는 강한 핵력 상호작용과 약－전자기 상호작용의 세기가 같아질 것이라고 예측된다. 그러나 그러한 에너지 스케일에 도달하기 전에 중입자－경입자 보존칙을 깨는 어떤 가상 입자 상호작용(virtual particle interaction)을 가속기에서 만들어 낼 수 있을 것이고 이러한 사실은 바로 쿼크와 전자가 어떻게 상호작용하는 가를 보여줄 것이다. 만일 실제로 모든 힘들이 하나의 통합이론으로 설명된다면 이러한 대통합을 뒷받침하는 증거들을 실험에서 발견하게 될 것이다. 그러나 진짜는 대통합 이론에 근거한 어떤 보존법칙(true conservation)을 찾는 것일 것이다.

## 신비한 CP깨짐의 연구

앞 3장에서 반전성(parity) 보존이 깨진 이후 전하－반전성 통합(combination of charge and parity)량이 보존되어야 한다고 생각했었다. 거기서 CP보존이 물리에서 좋은 원리라는 것을 말하면서 이야기는 끝났다. 하지만 완전한 이야기를 하지 않았던 것은 고의적인 것은 아니었다. 속이려고 했던 것이 아니고 진실이 밝혀지기까지 다음 장들에서 배워야할 것들이 많이 있었기 때문이었다.

CP깨짐에 관한 논의를 연기하면서 나는 물리 교육의 단순한 운동을 가르치는데 자주 이용되는 기술을 따르려고 했었다. 뉴턴과 갈릴레오는 삼백년 전에 운동의 물리법칙을 고안했었다. 오늘날 심지어 아인슈타인의 상대성이론이 물리의 운동에 대하여 보다 완벽한 설명을 할 수 있다는 것을 우리가 안다고 해도 결코 상대성이론을 처음부터 가르치지 않는다. 보통 일상의 자연에서 물체 운동은 복잡한 상대성 이론을 도입 안하더라도 뉴턴의 법칙에 의하여 잘 설명된다는 것은 사실이다. 또한 달까지 여행이나 별들 사이 우주여행이라도 상대성이론이 필요하지 않다. 달까지 가는 첫 번째 유인 우주선인 아폴로 8호의 승무원은 우주선은 실제로 뉴턴에 의해 날고 있다고 언급하였다. 그래서 교사들은 뉴턴의 가장 단순한 법칙부터 가르치고 약 일 년 후에 일반 물리 그다음 상대성이론을 소개하는 것이 최상이라는 것을 알게 되었다. 비슷하게 나는 첫 장에서는 아주 단순하게 기술하는 것으로 시작하였고 이제 CP를 소개하려고 한다.

CP깨짐의 이야기를 계속하기 전에 먼저 두 개의 미스테리의 중간자 입자에 대하여 언급하고자한다. 이들 입자는 1950년대에 처음 발견되었고 기묘쿼크가 들어있다. 미스터리는 무엇인가? 이들 두 입자들은 정확히 같은 질량을 가지나 다른 입자이다. 한 중간자는 두 개의 파이온으로 붕괴되고 양의 패리티(parity)를 가지고 있고 다른 중간자는 3개의 파이온으로 붕괴하기 때문에 음의 패리티를 갖는다[주석: 하나의 파이온은 음의 패리티를 가지고 있다. 여러 개의 파이온을 하나의 시스템으로 보면 그 시스템 전체의 패리티는 각 파이온의 패리티를 곱한 것이다]. 과학자들은 처음에는 이 두 개의 중간자들이 다른 입자라고 결론지었다. 이것은 그때까지 어떤 입자도 붕괴 후의 입자들의 전체 패리티가 다른 패리티를 갖는 경우가 없었기 때문에 옳을 것이라고 여겼다. 하지만 패리티가 약 상호작용 붕괴에서 패리티가 깨질 수 있다는 것을 안 후, 사실 이들 두 중간자들이 같은 입자일 수 있다고 생각하였다. 오늘날 이 입자는 $K$중간자(카온 kaon $K^+$)로 부르고 up쿼크와 반기묘(strange)쿼크로 구성되어있다. 즉 표기는 $u\bar{s}$이다. 이 중간자의 반입자는 $K^-$이고 반 업(up)쿼크와 기묘쿼크이고 표기는 $\bar{u}s$로 한다.

또한 우리는 두 개의 중성의 카온($K^0$, $\overline{k^0}$)이 있다는 것을 안다. 이들은 서로 혼합된 상태로 되어있으면서 공간을 나아가면서 이 혼합 상태 비율이 변하여 완전히 $K^0(\bar{d}s)$가 되기도 하고 $\overline{k^0}(d\bar{s})$가 되기도 하는 등 계속 변하면서 공간을 나아간다. 그래서 중간자는 어떤 시간에 $\bar{d}s$나 $d\bar{s}$가 된다. 이런 중성의 입자(중간자)들의 혼합(mixing)이 가능한 것은 6장에서 이야기한 기묘쿼크가 가끔 다운쿼크로 혹은 다운쿼크가 기묘쿼크처럼 행동하는 다운쿼크와 기묘쿼크의 특별한 성질 때문이다. 그러나 실제로 자연 상태에서 측정해 관측되는 것은 순수한 $K^0$나 $\overline{k^0}$가 아니고 다른 두 가지 입자이다. 이들 입자는 각각 $\overline{k^0}$와 $K^0$ 측정되는 비율이 다르다. 이들 두 입자를 $K_1$, $K_2$ 라고 부른다. $K_1$ 상태 입자가 전하와 패리티를 반대로 하면 다시 $K_1$ 상태 입자로 된다. 그러나 $K_2$ 상태 입자를 전하와 패리티를 반대로 하면 -$K_2$ 상태 입자로 된다. 이것이 뜻하는 바는 $\overline{k^0}$와 $K^0$를 발견할 두 가지 확률이 존재하기 때문에 두 개의 다른 중성의 카온이 존재할 수 있다는 것이다. 이 두 가지 중성 카온은 두 개의 쿼크 즉 기묘쿼크와 다운쿼크로 되어있고 이 두 중성 카온들은 모두 시간이 지남에 따라 $\bar{d}s$와 $d\bar{s}$의 혼합률이 진동하면서 변한다. 이들 중성 카온들을 구분하려면 패리티나 평균 수명을 측정하여야한다. 이들은 평균 수명이 하나는 짧고 길기 때문에 $K_L$(K long)과 $K_S$(K short)라 부른다.

또 다른 중성 카온 입자들의 특징은 재생성(regeneration)이다. 우리가 중성의 카온 빔을 만들어서 오랜 시간동안 먼 거리를 가게 한다면 모든 $K_S$ 입자들은 없어질 것이다. 그러면 빔은 모두 $K_L$ 입자로만 구성될 것인데, 이 빔을 얇은 판에 부딪히게 한 후 빔을 분석해보면 다시 $K_S$일부가 관측되어 모두 $K_S$와 $K_L$의 혼합 형태가 됨을 알 수 있다. 중성의 카온 중간자가 물질과 강한 상호작용을 하게 되면 $K_L$의 일부가 $K_S$으로 바뀌게 된다. 이것을 여기서 재생성이라고 부른다. 최근까지 중성 카온을 구성하는 쿼크들만이 재생성을 한다고 알려졌었다. 이제 페르미 연구소의 테바트론(Tevatron)이나 혹은 CERN의 LEP같이 더 높은 에너지를 가진 가속기로 자세한 분석을 하기엔 반응수가 충분하지 않지만 물리학자들은 B중간자들에서도 비슷한 재생성을 관측하였다. 이는 CP깨짐의 증거를 발견하기 위한 카온 시스템의 재생성 연구과정에서 진행되었다.

1964년 브룩헤븐 연구소(Brookhaven National Lavoratory)에서 James Christenson, Jim Cronin, Val Fitch, 그리고 Rene Turlay 등은 실험을 하면서 이상한 것을 발견하였다. 보통 3개의 파이온으로 붕괴하는 $K_L$이 천분의 일의 확률로 두 개의 파이온으로 붕괴하였다. 이는 CP가 보존된다면 안 일어나야한다. 실험자들이 그들의 결과를 의심하여 심지어 다른 가능성을 찾으려 노력하였다.

빔 라인을 구성하는 물질들이 카온들과 반응하여 데이터를 오염하는지 확인하였지만 카온들($K_L$, $K_S$)이 빔 라인을 통과하면서 반응하지 않았고, 대신 이는 양자역학적인 간섭효과임을 확인하였다. 이를 설명한 유일한 근거는 CP깨짐이었다.

페르미연구소(Fermilab.)의 새로운 KTeV실험에서 CP깨짐의 원인을 찾고 있다. 아래층에 크고 고정밀의 자석과 정밀 궤적 추적기 그리고 입자 확인기기(particle identification detector)가 보인다. 더하여 이 실험에서는 매우 좋은 에너지 분해능을 갖고 처리 속도가 빠른 전자가 에너지 측정기를 사용하고 있다. 이런 모든 기기들은 중성 카온(neutral kaon)의 붕괴를 측정하는데 이용된다.

CP깨짐이 발견된 지 30년이 지났지만[역자 주: 지금은 50년이 지났음], 아직까지 이 현상에 대한 만족할만한 설명은 없다. 이러한 CP깨짐 현상은 수천분의 일의 확률로 적게 일어나서 연구하기 힘들지만 많은 실험 물리학자들은 그 현상의 근원을 파악하려고 노력하고 있고, 이론물리학자들은 이론을 더 자세히 확인하고 있다.

CP깨짐이 발견된 이후 이론가인 Lincoln Wolfenstein은 흥미롭고 그럴싸한 설명을 하였다. 그는 중성 카온 중간자들에서 일어난 CP깨짐은 새로운 힘(new force)에 의하여 발생한다고 주장하였다. 이 이론(superweak)에 의하면 $K_L$, $K_S$의 붕괴로 인한 CP깨짐의 정도를 예측할 수 있었다. 입자물리학의 표준모형(standard model)에서도 이 비를 예측할 수 있다. 양쪽의 비는 실험 결과를 통해서 확인되었다.

그러나 이러한 연구는 카온 시스템에서만이 자주 적은 정보를 얻을 수 있고 CP깨짐이 일어나는 다른 입자 시스템이 없었기 때문에 힘든 점이 있었다. 표준모형이 옳다면 쿼크의 다른 시스템 B중간자 시스템 즉, $d\bar{b}$와 반입자인 $\bar{d}b$ 시스템에서도 카온과 똑 같은 현상이 나와야 한다. 그러나 CP깨짐을 찾을 정도의 B에 대한 반응 수는 너무 적었다[주석: 2001년 Belle실험에서 B중간자에서의 CP 깨짐을 발견하였다]. 한편 Wolfenstein의 superweak이론에 의하면 카온과 비슷한 다른 쿼크 시스템에서는 CP깨짐 현상이 꼭 있을 필요는 없었다. 카온과 비슷한 다른 쿼크 시스템을 연구하면 CP깨짐의 미스터리에 대한 더 결정적인 무언가를 얻을 수 있을 것이다. 현재 켈리포니아의 SLAC에서 CP깨짐을 측정할 정도인 하루 수 천 개의 B중간자를 만들어 낼 수 있는 실험 장치[주석: BaBar 실험]를 건설하려고 한다[주석: 이미 Belle실험과 거의 동시에 B중간자에서 CP깨짐을 확인 하였다].

자연에서 CP대칭성이 깨져서 이제 우리는 CPT 대칭성 즉 전하(C) 반전(reversal), 패리티반전(spatial inversion), 그리고 시간반전(time reversal)하에서 대칭만 남았다. 이는 자연의 마지막 대칭으로 예견되었던 것이다. 많은 실험자들이 이 마지막 대칭성의 깨짐을 찾았으나 지금까지 아직 발견하지 못하였다. 그럼에도 물리학자들은 계속 찾을 것이다. 최근 이론에 의하면 히그스(Higgs) 힘(coupling)과 CP깨짐이 연관될 수 있다는데 이는 히그스(Higgs) 입자를 가속기에서 찾는다면 연구할 수 있는 것이다[주석: 2012년 7월 히그스(Higgs) 입자가 CERN에서 발견되었다. 하지만 아직 CP깨짐에 대한 실험 결과는 없다].

## 물질과 반물질

CP 깨짐 발견은 천문학에 매우 중요한 영향을 미칠 수 있다. 천문학자들은 우주 어느 곳에서도 물질과 반물질이 서로 접촉하고 있다는 어떤 증거도 발견하지 못하였다. 비록 우리가 어떤 반물질의 징후를 못 찾았지만, 물질의 두 형태인 물질과 반물질이 서로 먼 과거에 완전히 동떨어져 있다면 우리 우주는 물질과 반물질이 서로 같은 양만큼 있다고 생각할 수도 있다. 그러나 그런 경우라면 우주 어느 곳엔 물질과 반물질이 접촉하는 부분도 있을 것이다. 천문학자들은 그러한 접촉부에서 일어나는 전자–양전자 소멸(annihilation) 혹은 양성자–반양성자 소멸에서 발생되는 X선 스펙트럼영역의 1 MeV 피크(peak) 감마선 스펙트럼영역의 2 GeV 피크를 반물질의 존재 징후로 찾고 있다. 이들 천문학자의 데이터를 살펴보면 계속 왜 우리 우주는 물질로만 만들어졌을까 하는 의문이 남는다.

강한 핵 상호작용이 전자기-약 상호작용과 분리되기 바로 직전의 $10^{-36}$초의 초기 우주에서는 쿼크-글루온 플라스마 수프(soup)상태였다. 이 단계에서는 강한 핵력으로 상호작용하는 쿼크와 반쿼크는 서로 쌍소멸(pair annihilation)되었을 것이다. 그러나 짧은 $10^{-36}$초 시간에 CP깨짐으로 인하여 물질과 반물질 사이에 평형[주석: 물질과 반물질의 양이 같다는 평형]이 깨져서 우주는 물질이 반물질보다 약간 많아졌다고 믿어진다. 이 약간의 CP깨짐 때문에 반물질이 물질로 되는 반응이 일어나고 반면에 물질이 반물질로 되는 역반응은 억제되었기 때문에 오늘날 물질이 반물질보다 많이 남아있다고 생각된다. 이러한 역학(dynamics)이 카온 시스템에서 일어난다할지라도 CP깨짐 때문에 일어나는 반물질보다 물질이 많아지는 현상이 초기 우주 당시에는 중간자가 없었기 때문에 많이 달랐을 것이다. 초기 우주에서 CP깨짐은 현대의 실험실에서 일어나는 CP깨짐과 완전히 다를 것이다. 왜냐하면 초기 우주에서는 대통합이론의 매개입자인 X, Y가 참여하기 때문이다. 우리의 물질이 반물질보다 많은 것을 설명하는 또 다른 이론은 반물질이 쌍소멸하지 않고 반양성자가 형성된다는 것이다. 이 반양성자는 불안정하여 자유 중성자처럼 붕괴되어 없어진다는 것이다. 현재 반양성자의 수명에 대하여 이야기할 수 있는 모든 것은 수명이 백만년 보다 커야한다는 것이다.

물질보다 반물질이 많다는 설명을 하는 CP깨짐 이론의 큰 문제 중 하나는 만일 CP깨짐이 물질이 반물질보다 많다는 유일한 이유라면 먼 과거에 CP깨짐의 비율은 현재의 측정값보다 수십 배 혹은 수백 배 커야 한다는 것이다. 우리가 측정할 수 있는 CP깨짐의 세기를 측정해 보면 CP깨짐으로 설명하기에는 물질이 반물질 보다 너무 많다는 것이다. 그러나 9장에서 보았던 것처럼 초기 우주는 보통의 물질이나 혹은 기묘물질(strange matter)이 더 많지는 않았다. 오히려 3번째 세대(third-generation)의 쿼크와 경입자들이 많이 있었다. 이러한 CP깨짐의 문제는 2번째 세대(second-generation)쿼크에서보다 3번째 세대 쿼크에서 CP깨짐이 더 많이 일어난다면 해결된다. B시스템은 3번째 세대 쿼크에서 CP깨짐을 측정하는데 아주 좋은 기회를 준다. SLAC에서 새로운 가속기와 검출기를 만드는 것은 이러한 점에서 큰 의미가 있다. 하지만 불행하게도 이미 이야기한 것처럼 물질이 반물질보다 많아진 시점에서 초기 우주는 무거운 중간자들이 없었고 오히려 중이온 가속기에서 만들려고 하는 쿼크-글루온 플라스마 상태의 쿼크와 글루온들이 자유롭게 돌아다니는 상태였다.

아주 밀도가 높은 핵에서 CP가 깨지는 비율이 더 높다면 우리 우주에서 물질이 반물질보다 더 많다는 설명을 할 수 있다고 알려졌다. 이러한 가정을 테스트할 아주 좋은 실험이 핵밀도를 보통 물질보다 6배 큰 핵의 상태를 만들 수 있는 중핵이온 충돌 실험이다. 이러한 중핵 이온 충돌 실험에서 CP깨짐 비율이 높다는 것이 발견된다면 초기 우주에서 매우 높은 CP깨짐이 있었다는 것을 증명할 것이다. 또 다른 천문학적 설명은 현 이론이 예측하는 것보다 초기 우주가 팽창하는 시간이 훨씬 길어지면 CP깨짐으로서 물질이 반물질보다 현재처럼 많아 질만큼 충분한 시간이 된다는 것이다. 그러나 이 경우에 우주의 열적 역사(thermal history)는 다시 쓰여질 것이다. 더군다나 천문학자들은 예측하는 초기 우주의 팽창 시간보다 현재의 우주 팽창시간을 더 확신하고 있다. 우주의 팽창 시간을 실험적으로 확인하는 방법은 초기 우주에서 만들어진 중성미자(primordial neutrino)의 열에너지를 측정하는 것이다. 하지만 그러한 측정은 현재의 기술한계 밖에 있다.

• • •

입자물리에 대한 우리 논의를 끝내면서 미래에 새롭게 발견될 입자에 대해서 이야기하는 것도 좋다고 생각한다. 여러 전공의 확인 안된 수수께끼 중 가장 활발하게 논의되는 것 중의 하나는 히그스 장(Higgs field)[역자 주: 2012년 7월 히그스 입자를 CERN에서 발견됨]이다. 이 장은 실제로 존재할까? 입자의 질량이 다양하게 나타나는 것을 우리가 이해할 정도의 이론을 만들 수 있을까? 혹은 우리가 기본 입자라고 믿는 입자들이 더 작은 기본 입자들로 구성되지는 않을까? 물론 이 질문들에 대한 답들은 이론을 확인하는 실험들에 의해서 얻어질 수 있을 것이다.

또 다른 수수께끼는 대칭성에 관한 것이다. 패리티가 약한 상호작용에서 깨진다는 것이 발견된 이후 물리학자들은 전하(charge)와 패리티(parity)가 결합된 CP가 보존되는 자연계의 마지막 대칭성일 것이라고 추정하였다. 하지만 이것 또한 신비한 중성(neutral) 카온(Kaon) 시스템에서 깨진다는 것이 발견되었다. 이런 현상을 일으키는 입자물리법칙에 의하여 잘 이해는 안 되지만 물질과 반물질 사이 균형이 깨지고 작은 입자물리와 우주에서 관측되는 큰 스케일의 구조사이에 관계가 있다는 것을 볼 수 있다. 이제 물리학자들은 중성미자를 포함한 여러 아원자 입자(Subatomic particles)에 관하여 더 알려고 노력하면서 CPT(Charge Parity Time) 대칭성이 맞는지 확인하려고 한다.

# 에필로그

중성미자는 검출하기 어렵고 질량도 알려지지 않은 미지의 입자로 남아있다. 물리학자들이 오랫동안 그 질량을 측정하려 했음에도 기술적 한계가 충분히 정확한 수준의 수치를 얻는데 장애가 되었다. 현재 중성미자의 질량도 이론으로만 존재하는 어떤 다른 입자의 질량처럼 예측할 수가 없다. 히그스 이론(Higgs theory)으로 간단한 원리에서 입자의 질량을 계산하게끔 하려는 희망이 바로 이 이론이 마음을 들뜨게 하는 원인인 것이다.

최근의 논란은 질량측정에 어떤 함정이 있다는 것을 알려준다. 1992년 통상의 베타붕괴에서 17 keV/$c^2$의 질량을 가진 새로운 유형의 중성미자의 보고로부터 물리학 사회에는 흥분이 퍼져나갔다. 다수의 유명한 물리학자들이 이 관측의 재확인을 언급했고 많은 다른 사람들은 회의적이었다. 비판적인 사람들은 그처럼 용이한 관측이 1950년대나 40년대 어쩌면 1930년대까지도 가능했을 장비를 가지고 훨씬 더 전에 행해지지 않았다는 것을 납득할 수 없었다.

이 새로운 실험은 실리콘으로 제작된 검출기를 사용했다. 새로운 관측방법이 더 통상적인 가스충전 다중선 검출기를 가지고 분석했을 때, 그 기구는 그처럼 무거운 중성미자에 민감할 것으로 기대되었으나 중성미자의 신호는 존재하지 않았다는 것이 밝혀졌다. 마침내 물리학자들은 17 keV/$c^2$ 중성미자는 실리콘 검출기 자체 생성물이었다는 것을 깨달았다. 이러한 혼란스러운 상황은 이 새로운 유형의 검출기를 사용한 물리학자들이 반복적으로 잘못된 결과를 확인하는데 2년 반을 끌었다. 심지어 그 과학적 과정의 검토와 보완이 현장에서 이루어진다고 할지라도 그 실험자들이 새로운 검출기의 미세한 차이에 익숙하지 못해 오류가 생긴다고 단순하게 받아들이는 경우가 지속되었다. 이제는 계획단계에서 실험은 중성미자 질량이 4 keV/$c^2$ 이하로 측정되어야 한다는 것을 용납할 것이다. 그러나 현재 가능한 최상의 질량측정에서 그 질량은 9 keV/$c^2$ 이하라는 것만을 예측할 수 있어 중성미자가 질량이 존재하는지의 여부를 말해줄 수 없을 것이다.

그와 같은 모호함이 과학자들을 어려움에 빠트리는 중성미자의 특성 중의 하나이기도 한다. 중성미자는 하나의 수수께끼이면서 수수께끼를 풀 수 있는 가능성을 동시에 보유한다. 중성미자는 우주론자들을 괴롭히는 주요 수수께끼에 대한 해답을 제공할 수도 있다. 우주에서 놓치고 있는 암흑물질은 무엇으로 구성되는가? 이미 전자－유형의 중성미자는 놓치고 있는 암흑물질의 유력한 후보는 아니었다라는 결론을 내리고 2단원을 마쳤다. 그 질량은 너무 적어 우리 우주의 운명을 결정할 수 없다. 그러나 중성미자는 한 종류 이상의 유형을 가진다. 역시 너무 질량이 적은 뮤온 중성미자가 있으며 9단원에서 주로 논의했던 타우 중성미자는 아직 미검출이다. 오늘날 어떤 이론 입자물리학자들은 이 제 3 유형의 중성미자가 우주에서 놓치고 있는 물질의 열쇠역할을 할 것으로 기대하고 있다. 타우 중성미자는 우주 대폭발 처음 마이크로초(10－6초)에 격렬하게 생성되었으며, 개략적 측정이기는 하지만, 다른 두 종류의 중성미자의 합보다 질량이 훨씬 더 클 것으로 추정된다. 이 입자가 우주의 운명을 제어할 수 있는 암흑물질이 될 수도 있을 것이다.

과학자들은 우주가 나이를 먹어감에 따라 물질은 은하, 준성(퀘이사), 블랙홀 같은 초질량체로 응축하는 것을 지속할 것으로 믿고 있다. 우주 붕괴를 가져오기에 충분한 물질이 있다면, 공간 모두는 한 점으로 축소될 것이며 우주는 새로 태어날 것이다. 만약 물질이 충분하지 못하면, 우주는 팽창을 계속하여 냉각될 것이고 별들은 사멸하며 물질은 붕괴할 것이다. 한 시나리오에 따르면, 우주는 종말단계에서 단지 세 가지 구성단위만 남을 것이라 한다; 블랙홀, 배경복사를 이루는 광자, 중성미자. 블랙홀이 증발된다는 스티븐 호킹의 이론이 옳다면, 중성미자와 광자의 배경복사 및 블랙홀이 증발되어 생성된 전자와 양전자가 남을 것이다. 중성미자는 이 두 시나리오에서 다 잔류한다. 그 사실상의 불멸성 때문에 중성미자는 다시 한 번 특별한 존재임이 드러났다.

아마도 중성미자의 가장 난감한 특징은 좌회전과 우회전 스핀을 다 보유하는 다른 어떤 입자와도 다르게 되어 있는 특성인 좌회전 스핀 상태일 것이다. 중성미자의 스핀 상태가 알려진 모든 다른 입자와 다른 이유는? 그 원인이 아마도 “0”의 질량 때문일까? 아니면 110쪽 표에 보여지는 입자들에서 전하가 없는 유일한 입자여서인가? 아니면 중성미자가 만들어낸 아직까지 알려지지 않은 힘의 결과로 그런 고유한 특성이 나타난 것일까?

과학자들은 결국 중성미자 자체의 탐구나 입자물리학에서 우리의 호기심을 자극하는 많은 다른 의문에 대한 탐구 등을 통해 중성미자의 수수께끼에 관해 더 많은 것을 알게 될 것이다. 동시에 중성미자의 연구는 우리가 살고 있는 우주의 물질구조에 관해 가치 있는 정보를 계속 제공할 것이다. 쿼크와 중성미자의 상호작용의 관측은 물리학자들이 전자기력-약력 결합과 같이 강력(핵력)을 결합하는데 필요한 자료를 제공할 것이다. 카온(Kaon)이나 $B^0$ 시스템에서 패리티 위반(CP violation)의 원인을 규명하려는 현재의 시도가 실패하면, 다음의 최선의 희망은 장기선 중성미자 진동 실험(long baseline neutrino oscillation experiment)에 걸 수도 있을 것이다. 중성미자는 확실히 그 자체 특성에서도 흥미로운 연구대상이면서 입자 상호작용연구의 유용한 도구가 될 것이다.

# 참고문헌

Biagioli, Mario. *Galileo Courtier*, University of Chicago Press, Chicago, 1993.

An excellent account of how modern science was conducted in its earliest days. It will interest those curious about the birth of modern science and the significant role that Galileo played. Perhaps its most amazing in-sight is to show how little the politics of the academic world have changed. Biagioli covers in depth the historical material touched upon in Chapters 2 and 8 of *The Elusive Neutrino*.

Feynman, Richard. *The Character of a Physical Law*, MIT Press, Cambridge, Massachusetts, 1967.

An account of how scientific laws are formed. Feynman gives the reader a sense of what is important to scientific methodology, although he gives too much credit to scientists as brilliant naturalists. His book is a good introduction to quantum mechanics and its subtle mysteries. It complements the scientific lessons of this book, and it provides a nice background to the quest for further scientific knowledge presented in Chapter 10.

Lederman, Leon M., and David N. Schramm. *From Qurks to the Cosmos: Tools of Discovery*, W. H. Freeman, New York, 1995.

An excellent book that describes the workings of many of the tools scientists use in both particle physics and astronomy experiments. *From Quarks to the Cosmos* covers more thoroughly the early days of particle physics presented in Chapters 1,3, and 5. It is interesting to read Schramm himself explain the importance of particle physics experiments to cosmology, present in Chapter 9 of *The Elusive Neutrino*.

Pauli, Wolfgang. *Writings on Physics and Philosophy*, C. P. Enz and K. von Meyenn (eds.), Springer-Verlag, Heidelberg, 1994.

The only opportunity left for us to learn directly from Pauli what he thought about the neutrino, particle physics, and quantum mechanics. A valuable book for anyone who wishes a scholarly understanding of the debates of the early days of elementary particle physics. Pauli's writings provide additional insight into the material presented in Chapters 1, 3, 4, and 6 of *The Elusive Neutrino*.

Polkinghorne, J. C. *The Particle Play*, W. H. Freeman, San Francisco, 1979.

A book that opened up the world of particle physics to me when I read it in high school. Polkinghorne shows how the physics before 1930, although deceptively simple, presented challenges as difficult as those of today. *The Particle Play* complements the material presented in Chapters 5, 6, 7, and 10.

Wald, Robert M. *Space, Time, and Gravity: The Theory of the Big Bang and Black Holes*, 2d ed., University of Chicago Press, Chicago, 1992.

A wonderful introduction to the adventure of scientific thought. Wald's book complements the material presented in Chapters 2,8, and 9.

Weinberg, Steven. *The First Three Minutes*, 2d ed., Basic Books, New York, 1993.

An excellent account of the big bang, including both the particle physics and the cosmology of the process. It is aimed at the general public despite the massive quantities of numbers, which, if ignored, leaves one with a book that is both entertaining and educational. Weinberg's book is an extended discussion of the early universe, a subject which is found in Chapter 9 of this book.

# 그림출처

CHAPTER 1

Facing page 11: R. Williams, STSCI, NASA

Page 13: Fermilab Visual Media Services

Page 14: CERN Photo

Page 15: The Corning Museum of Glass

Page 17: Archives Curie and Joliot-Curie, Paris

Page 19: Science Source/Photo Researchers

Page 25: The Pauli Archives, Geneva

Page 27: English translation of Fermi's letter from E. Amaldi, "From the Discovery of the Neutron to the Discovery of Nuclear Fission," *Physics Reports*, vol. III, September 1984. Elsevier Science Publishers, Amsterdam

Page 28: Elsevier Science Publishers, Amsterdam, from E. Amaldi, "From the Discovery of the Neutron to the Discovery of Nuclear Fission," in *Physics Reports*, vol. III, September 1984.

CHAPTER 2

Page 31: Ian Gatley, Michael Merrill/NOAO, Roger Ressmeyer/© Corbis

Page 33: © Anglo Australian Observatory 1980, photograph by D. Malin

Page 35: Spectrum by jtalbot@achilles.net © Digitized star spectra courtesy of the Astronomical Data Center and the National Space Science Data Center through the World Data Center A for Rockets and Satellites

Page 41: © Anglo-Australian Observatory, photo by D. Malin

Page 44: The three theoretical curves are from Fermi's original 1934 paper: E. Fermi, *Z. Physik*, vol. 88 (1934), page 161. The data on the right are from the University of Zurich result published in: M. Fritschi et al., *Physics Letters B*, vol. 173, page 485

CHAPTER 3

Page 47: Lawrence Berkeley National Laboratory

Page 48: Yukawa Institute for Fundamental Physics, Kyoto, Japan

Page 59: Columbia University, Department of Physics

Page 60: Adapted from a figure in: c.-S. Wu et al., *Physical Review*, vol. 105 (1957), page 1413

Page 65: Based on a description and simpler sketch in the original paper: M. Goldhaber et al., *Physical Review*, vol. 109 (1958), page 1015

CHAPTER 4

Page 67: Leon Golub, SAO and IBM Research

Page 69: Rutherford's letter was reprinted in: E. Amaldi, "From the Discovery of the Neutron to the Discovery Nuclear Fission," *Physics Reports*, vol. III, September 1984. Elsevier Science Publishers, Amsterdam

Pages 72-73: Einstein's letter is in the President Roosevelt Archives, Hyde Park, New York

Page 74: Argonne National Laboratory photo, sketch by Melvin A. Miller

Page 78: Sovfoto/Eastfoto Agency

Page 80: NASA, Corbis & Roger Ressmeyer/© Corbis

Page 83: Based on the theoretical work of: J. N. Bahcall and R. K. Ulrich, *Reviews of Modern Physics*, vol. 60(1988), page 297

Page 84: Brookhaven National Laboratory

Page 85: Courtesy of Raymond Davis

Page 87: Max Planck Institut für Kernphysik

CHAPTER 5

Page 91: CERN Photo

Page 94: Collection of E. Segré. Courtesy of C.F. Powell

Page 97: Based on a figure in: Leon M. Lederman, "The Two-Neutrino Experiment," *Scientific Americna*, March 1963, pages 66-67. © 1963 by Scientific American, Inc. All rights reserved

Page 99: Brookhaven National Laboratory

Page 100: Brookhaven National Laboratory

Page 109: Based on a similar drawing in: M. Aguilar-Benitez et al., "Review of Particle Properties," *Physics Letters B*, vol. 239, April 1990

CHAPTER 6

Page 115: CERN Photo

Page 117: Dr. Thomas Ypsilantis

Page 118: Adapted from two figures in: Emilio Segré and Clyde E. Wiegand, "The Antiproton," *Scientific American*, vol., 194 (no. 6), June 1956. © 1956 by Scientific American, Inc. All rights reserved

Page 120: Dr. Thomas Ypsilantis

Page 121: Lawrence Berkeley National Laboratory

Page 122: The Ettore Majorana Center, Erice, Italy

Page 126: Based on a graph by S. R. Elliott, A. Hahn, and M. K. Moe, in *Physical Review Letters*, vol. 59 (1987), page 1649

Page 127: H. V. Klapdor-Kleingrothaus, Max Institut für Kernphysik

Page 130: CERN Photo

Page 131: Fred M. Rick, Los Alamos National Laboratory

Page 133: Courtesy of David S. Ayres, Argonne National Laboratory

CHAPTER 7

Page 135: CERN Photo

Page 136: CERN Photo

Page 137: CERN Photo

Page 140: CERN Photo

Page 141: CERN Photo/Courtesy of Coline Musset

Page 143: Argonne National Laboratory photo

Page 151: From David B. Cline, Carlo Rubbia, and Simon van der Meer, "The Search for Intermediate Vector Bosons," *Scientific American*, March 1982. © 1982 by Scientific American Inc. All rights reserved

Page 153: CERN Photo

Page 154: CERN Photo

Page 155: CERN Photo

CHAPTER 8

Page 158: Dr. Christopher Burrows, ESA/STSCI and NASA

Page 159: Courtesy of H. Tananbaum, Harvard-Smithsonian Center for Astrophysics

Page 160: S. L. Snowden et al., 1997, *Astrophysical Journal*, in press, and ROSAT, PSPC, MMPE

Page 162 (top and right): Carl Fichtel, Goddard Space Flight Center, NASA

Page 163: Courtesy of Carl Fichtel, Goddard Space Flight Center, NASA

Page 164: NASA, STSCI

Page 167: Yerkes Observatory, photo by Stephan M. Kent, University of Chicago

Page 168: Joe Stancampiano © National Geographic Society Image Collection

Page 169: Daniel Sinclair 1MB collaboration

Page 170: Based on data published in: R. M. Bionta et al., *Physical Review Letters*, vol. 58 (1987), page 1494; and K. Hirata et al., *Physical Review Letters*, vol. 58, page 490

Page 174: Courtesy of David S. Ayres, Argonne National Laboratory

CHAPTER 9

Page 177: CERN Photo

Page 184: Dr. Gary Steigman, Professor of Physics and Astronomy, Ohio State University

Page 186: CERN Photo

Page 186: Based on a drawing provided by CERN

Page 188: CERN Photo

Page 189: CERN Photo

Page 190: Data points (from L3) published in: B. Adeva et al., *Physics Letters B*, vol. 249 (1990), page 341

Page 192: Fermilab Visual Media Services

Page 195: Fermilab Visual Media Services

Page 196: Fermilab Visual Media Services

CHAPTER 10

Page 199: CERN Photo

Page 202: Photo by Robert Palmer

Page 203: CERN Photo

Page 207: CERN Photo

Page 215: Dr. Nickolas Solomey

Many of the line drawings are based on original black-and-white renderings by Elizabeth Pod; the drawings on pages 70 and 174 are based on renderings by Richard Armstrong. Hudson River Graphics produced the final versions that appear in the book.

# 국문색인

ㄱ



ㄴ



ㄷ

### ㅇ



### ㅈ

**ㅊ**



**ㅋ**



**ㅌ**

### ㅍ



### ㅎ



### 기타

# 영문색인

## A



## B



## C

D



E



F



G

H



I



J



K



L

M



N



O



P



Q



R

S



T



U



V